U0094042

ERP

戎本結算實務入門

新手上路沒煩惱，人人都可輕鬆學成本！

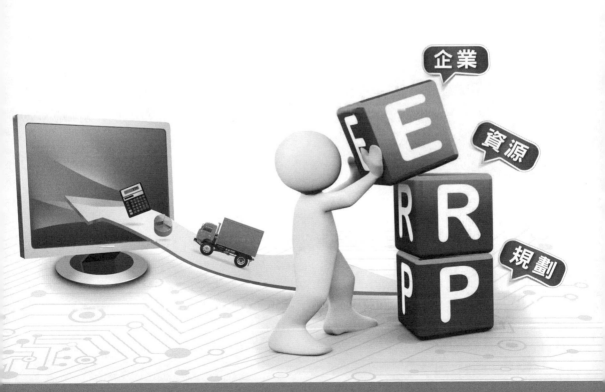

作者序

　　ERP 系統在台灣企業的普及率隨著資訊化的普及而日漸提高，例如在 104 人力銀行中輸入關鍵字「ERP」查詢所得的職缺數目從 2009 年的一千二百多筆到 2010 年底約三千多筆，2011 年到 2012 年均有超過 5000 筆的職缺資料。這代表不但使用 ERP 系統的企業愈來愈多，而且在職能上的分布也更廣，愈來愈多職缺都希望應徵者有實際操作 ERP 系統的經驗。

　　目前 ERP 軟體應用師(配銷/財務/生管/BI/CRM)證照的課程已在各大學推廣數年且成效卓著，而 ERP 軟體應用師培養的能力主要是為了業務、採購、倉管、生管、普會等職務所需。而在諸多需要擁有 ERP 能力的職務中，成本會計相較於其他職務更加需要倚重 ERP 系統，因為要計算數千甚或上萬品項的成本若要靠傳統方式利用 EXCEL 製作成本表的話，不僅沒有效率而且成本的準確度也會大幅降低。

　　但是有人會覺得 ERP 系統的成本結算不就是把成本月結程序執行完畢就有成本了嗎？但是 ERP 系統的成本結算不僅是最後的月結程序而已，重點在於如何讓 ERP 系統取得完整且及時的資料，了解成本的計算過程，進而在成本有疑慮時能夠進行成本的查核，確保成本的正確性或是找出成本的問題。因此從在 ERP 導入時，系統參數設定和基本資料規劃就已經決定成本結算的正確與否，除此之外還要搭配成本相關系統(庫存、採購、BOM、製令...)的單據性質規劃和資料建立，也就是說整個 ERP 要非常完整的上線之後，才有辦法順利的結算出正確的成本。

　　因此成本結算實務的內容也可稱作 ERP 導入顧問的先修課程之一，因為要作 ERP 導入規劃的時候就要先為 ERP 上線後能夠順利的結算出成本作好布局，每個可能影響成本正確性的參數都要十分謹慎，要依照費用分攤的結構來規劃前置系統的單據，考慮成本計算過程中產生的誤差來作為基本資料規劃的依據，也就是說如果沒有在導入 ERP 系統的時候就把成本作為終極目標的話，很可能最後跑出來的成本是很難令人滿意的。如果一開始前端系統的分類太細，到成本結算時來整

合還是不會有太大問題的，但是在規劃生產線或製令時只是依工廠的需求而沒有考慮到成本計算用較簡單的分類，那麼到後面的成本就會有很大一塊是用「估算」而無法進一步的「精算」了。

距離筆者上一本 ERP 成本書出版近五年了，雖然成本的理論並沒有新鮮貨出現，但是 ERP 系統的成本計算功能還是進化了，主要影響成本計算並不是現在正夯的 IFRS，而是已在台灣施行數年的十號公報，主要是將閒置成本納入考量、淨變現價值的認定標準要求要逐項比較而不能採總額比較法，因此一般教科書上用科目來算成本的方式就正式宣告開始不適用於台灣了。而這個改變影響最大的應該就是在學校很努力的學了半天成本會計的會計系學生，到了職場上才發現成本會計完全不是那麼一回事的時侯，可能就是無言吧...

如果要寫一本完整 ERP 成本結算的書，可能會厚到拿來作枕頭都嫌厚吧，但由於完整的 ERP 成本計算功能中有不少進階的功能並不是大部份的企業會用得到的，所以筆者就將結算成本的基本觀念及較基本的變化放在本書，同時也會作為 ERP 成本入門課程的主要教材。而進階的內容，例如多階成本滾算及分析、重工成本計算、在製成本調整等較為複雜的成本課程則歸為進階課程的內容，未來筆者將會開辦 ERP 成本入門及成本進階的課程，觀迎各位對本書多多批評指教。

本書的完成要感謝鼎新電腦公司同意筆者使用 Workflow ERP GP3.1 版的系統畫面，以及提供相關所需之協助。另外還要感謝鼎新知識學院總經理與總監的大力協助，本書才得以順利付梓。

推薦序

「擴大營收」、「降低成本」、「提昇效率」是企業生存的基本不二法門，近幾年歷經金融風暴與全球性不景氣影響，擴大營收的腳步受到制約，在開源有困難的同時，企業是否能作好節流，實決定企業能否在這一波波大浪的衝擊下，站穩腳步並生存下來的重要條件。降低成本是老話題，也是企業可一直透過新的管理方法、新的科技技術不斷追逐精進的好議題。

在企業內成本無所不在，攤開企業價值鏈的運作，其實可以很清楚的掌握成本發生的環節；當企業為滿足客戶需求，改變多樣少量的接單模式，已著實讓企業原有的生產節奏變調，從派工的次數、管控的頻率與著眼的細節…等來作觀察，都不可同日而語，因此為保有原本的低成本優勢，這樣的變化提醒著企業必需從精進成本管理方法著眼，才能掌握關鍵要素讓資源運用得當，也才能讓成本管理成為企業生存的利器。

ERP 是資訊技術日益發達下的產物，除了將企業走過的軌跡詳實記錄下來外，如何透過歷史數據洞悉問題，進而著手改善是導入系統的另一期待，若要說 ERP 的核心流程是圍繞著成本管理而行一點也不為過，回顧過去成功上線的企業客戶在邁入精進管理的下一個過程階段時，有很高的比率皆是以成本議題作為企業精進的一個新里程碑，但總是少了步驟性的作法來讓整個進行程序順暢與人員能力提昇有好的引導。

非常感謝胡德旺 顧問將自己多年豐富的實務經驗，轉化為讓企業客戶可容易上手並進行有效成本管理的教材，真的是有理想且有站在增進企業客戶資訊應用價值角度思考的眼界者，才能投入這麼多的時間來完成這一本大作，誠摯推薦此書給企業伙伴，相信隨著書本的引導，定能輕鬆的在成本管理的領域從入門到初階、從初階到進階。

鼎新知識學院 總經理

王敬毅

推薦序

市面上討論 ERP 的教本很多，較少看到有專門探討 ERP ＋ 成本結算的書，尤其是分享製造業成本實務的書。作者願意花時間將企業成本結算的程序，清楚讓讀者了解在 ERP 上如何運作，著實不容易。

成本結算表面看只是成會在每個月結算成本時的一個程序，但想要結算出正確的成本結果，過程卻是涉及每期每天每刻在企業營運過程 產、銷、購 每個循環每位執行者的準確性與即時性。也因此成本結算在 ERP 運作下也凸顯重要，畢竟要能掌控公司營運狀況，其中一個重要指標是毛利率，影響毛利率波動其一直接關係就是產品成本。能精準掌控成本結構組成間相互影響性，管理者就能針對關鍵影響要因而下判斷或進行立即行動。例如公司熱賣一商品，此商品成本其中一月份突然暴增 5% 的波動，這時大部份的管理者，一定要追究造成暴增原因為何，在成本結構 料、工、費三大結構下，是哪一環節出問題。是出在關鍵原料缺料影響購入價格上揚，還是上期採購一批生產設備造成影響。不論是哪一個面向的影響，對於管理者而言，最重要的事是找出問題、定義問題、判斷問題、給予行動。只要是我們可以掌控的就不是問題，真正的問題是我們無法掌控問題到底出在哪一個環節。

公司治理，數字是很重要掌舵依據，數字不能不清不楚，一定要能知道所有的來龍去脈，因為數字會說話。也因為成本所涉及的數字來源太過廣泛，感謝作者能將這麼複雜的數字脈絡，幫讀者抽絲剝繭，再一步一步帶領讀者進入成本的世界。當我們進入她，了解她後，會發現"成本"還滿可愛的。

鼎新電腦

電子暨光電事業部 總經理

陳采青

第一章　ERP 成本結算概論

　　為何本書定名為「成本結算」而不是「成本會計」呢？最主要是因為成本計算的確一開始是源自於會計部門的需求，因此傳統的成本計算是由會計部門以會計科目作簡單的運算而得到一個成本的總金額。在那個沒有電腦作為輔助工具的時代，若要求各項產品或商品逐一計算成本有實行上的困難。雖然會計人員也是有另外製作產品的成本表，但終究為了考慮到人力和時效，許多成本的細節只能用估算而無法精算，久而久之大家也就習慣估出來的成本數字了。

　　而現今大部份的企業都已經採用電腦作為管理工具，加上各行各業毛利比起十幾年前可說是瘦身有成，利潤能達到二成以上的公司可說是鳳毛麟角。以前毛利少個 1% 不是什麼太嚴重的事，但現在 1% 的毛利可能就是賺錢或賠錢的關鍵。因此對於企業來說，只知道企業整體有獲利是不夠的，或是得知某一類產品賺錢也是不夠的，而是需要知道每個單一品項的成本和獲利才有足夠的資訊進行成本分析，甚至某些產業還需要掌握到同一品項不同生產批次的成本。而這樣的工作量，當然很難完全倚靠人工作業及時產出正確的成本資訊，因此這個工作自然就落在 ERP 系統身上了，而為了能夠結算出滿足企業各項管理上需求的精確成本，ERP 系統以成本計算的理論基礎發展出符合實務要求的成本計算架構。

　　其實成本計算的方法並沒有因為使用了電腦而有所不同，但是從不同單位的角度和觀念來看成本，的確不是一般成本會計教科書上教的那麼的簡單，而究竟理論上的成本計算和實務上的 ERP 成本計算兩者有多大的差距存在？在本章中會為各位介紹成本計算的理論基礎和實務上的成本計算應用，希望在釐清一些觀念之後，各位能了解成本結算前該作好那些前置的規劃和設定，而在成本計算後若需要進行成本直核或適當調整時，可以掌握該注意的各個關鍵點，如此就能夠快速且有效率的獲得正確的成本。

第一節 成本計算四要素 TRMS

稍微接觸過成本的讀者，相信都知道成本有分料/工/費三部份，而這三部份在不同的產業中各有不同蒐集正確成本資訊的難度，但共同需要面對的難題就是「費用分攤」，因為費用要怎麼分攤才「合理」可是個大學問，因為合了 A 主管的「理」卻不一定合 B 主管的「理」，可以說「公說公有理，婆說婆有理」。

當然一般對於費用分攤的標準會有一定的共識，但還是要考量到不同的產業，因此不容易有個公認的標準。因此本書並不會特別探討各項費用該如何分攤才合理，而是針對如何就 ERP 系統所能蒐集到的各項資訊進行成本計算。而計算成本時一定要考慮到 TRMS 才能確保計算出來的成本是正確的(當然如果蒐集的資料是有問題的，再怎麼算還是算不出正確的成本)，而所謂 TRMS 就是：

- Timing　　時機-在正確的時間點計算成本才能有正確的結果。
- Range　　範圍-同一個品號在一個成本週期中只有一個成本。
- Method　　方法-品號成本之取得方式(計算或人工指定)。
- Sequence 順序-成本計算順序從當期成本結構由下向上滾算。

以一般常見的「月加權平均法」來看 TRMS 就是：
- T：每月月底進行成本計算。
- R：每一個品號在每個月只能有一個成本數字。
- M：品號成本的計算是期初成本和本期投入成本的加權平均。
- S：成本計算的順序是依「成本低階碼」的順序計算。

較少被中小企業採用的「標準成本法」，材料成本皆由人工來認定，製成品成本由 BOM 滾算成本，則 TRMS 為：
- T：每月月底進行成本計算。
- R：原物料在當月份只有一個人工指定的標準成本金額。
- M：製成品的工和費來自於人工設定的標準人工和標準製費。
- S：製成品成本計算的順序是依「低階碼」由大到小依序計算。

　　而國外 ERP 系統經常採用的「移動平均法」，其成本週期就縮短成每次的交易，TRMS 則就是：

● T：每次與成本相關交易發生時，即進行一次成本計算更新。

● R：每個品號每次交易後就會有一個新成本產生。

● M：成本的計算是期初成本和當次交易之成本異動進行平均。

● S：成本計算之順序是以各項異動發生順序進行即時成本計算。

3

　　後進先出(LIFO)已於十號公報中廢除，先進先出(FIFO)也愈來愈少被採用，就不多作討論。

　　本書是以大多數企業採用的「月加權平均」來作介紹，讀過成本會計的讀者或許會覺得，月加權平均不就是把前期結餘的成本加上本期投入的成本平均起來，需要特別說明嗎？那我們就用個簡單的例子來看看是不是真的那麼「簡單」囉。

　　首先假設某個產品 A，是由材料 B 和材料 C 各一個所組成的，而每生產一個 A 則需要付出人工和製費各 1 元，在不同時間有不同材料進價的情況下，各位來試著算看看 A 的成本是多少錢吧。

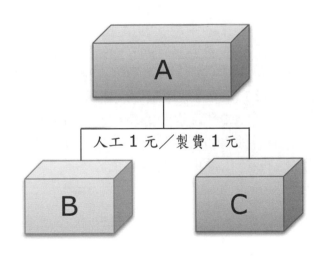

✎ 圖 1.1 簡易 BOM 示意圖 ✐

　　本章節之範例僅為說明加權平均的觀念，因此皆假設開立工單之後，廠商可以在當天就將材料送到，而且在第二天就能將全部的產品生產入庫，而且沒有期初庫存也不跨月生產。當然真正在計算成本時是很少有這麼簡單的狀況，後面的章節將就實務上常見的類型由淺入深來介紹，透過實例操作來學習 ERP 的成本計算。

4

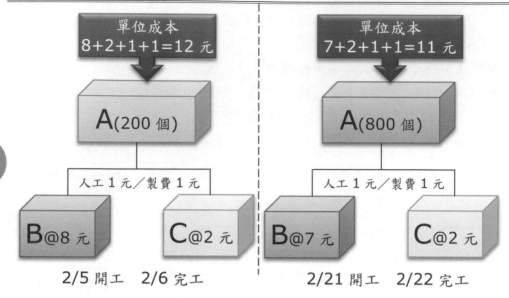

圖 1.2 同一品項同一月份的二筆生產資訊

　　如果圖 1.2 中兩次的生產分別發生在兩個不同的月份,而且當月只有生產這一次而且沒有期初庫存,那麼 A 的單位成本自然分別為 12 元和 11 元,但如果這兩次的生產是在同月份中發生,成本就不是 12 元也不是 11 元了。而正確的成本難道是只要把 12 元＋11 元平均一下就可以了嗎?當然沒那麼簡單。而正確的成本剛好是 11.5 的機率並不高,因為本書採用的成本計算方式是「加權平均」法而不是平均法,表示要考慮到成本的權重才能算出正確的成本,所以就先來認識一下加權平均法吧。

$$加權平均法＝\frac{期初成本＋本期投入總成本}{期初數量＋本期投入總數量}$$

　　由於沒有期初數量及成本,因此只要考慮本期投入的成本,那如果直接拿圖 1.2 中 A 的二個成本(12 元/11 元)作加權平均會是多少呢?

$$\frac{12×200+11×800}{200+800}=11.2$$

(雖然 11.2 元是正確的數字,算法卻是錯的,看出問題點了嗎?)

不論是用電腦或是靠人工計算成本，如果沒有考慮到計算成本的 TRMS，就可能會算出錯誤的成本。以圖 1.2 的成本計算來說，若直接拿 A 的成本來計算，等同只考慮 TRM 而沒有考慮到 S(Sequence)。正確計算順序應該是先將 B 和 C 的成本計算出來後，再向上滾算出 A 的成本。真的一定要這樣算嗎？請看下例的說明：

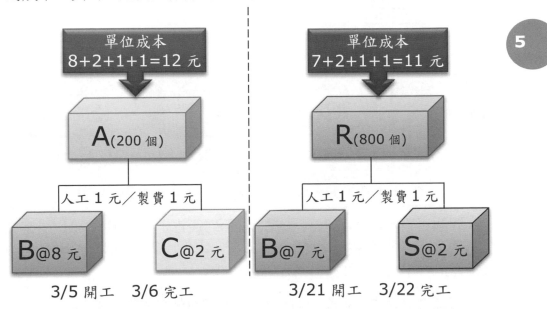

單位成本
8+2+1+1=12 元

單位成本
7+2+1+1=11 元

A(200 個)

R(800 個)

人工 1 元／製費 1 元

人工 1 元／製費 1 元

B@8元   C@2元

B@7元   S@2元

3/5 開工　3/6 完工

3/21 開工　3/22 完工

✎ 圖 1.3 不同成品相同材料之成本示意圖一 🖎

如果 A 和 R 的成本是在二個不同的月份，那麼圖 1.3 的成本就是正確的。但如果 A 和 R 是在同一個月份，那麼圖 1.3 中 A 和 R 的成本就錯很大。因為 B 在同一個月份有二次不同的進貨成本，所以必須要先計算出 B 的成本，才能向上滾算出 A 和 R 的成本，總不能把 A 和 R 二個不同的東西拿來作加權平均吧，而 B 的成本應該是多少呢？

$$B = \frac{8 \times 200 + 7 \times 800}{200 + 800} = 7.2 \text{ 元}$$

進貨成本的計算一樣是採月加權的計算方式，先套用月加權的公式將得到 B 的成本，然後再替換掉圖 1.3 中 B 的單位成本，再向上更新 A 和 R 的成本，而圖 1.3 的成本在月底成本計價後會變成圖 1.4：

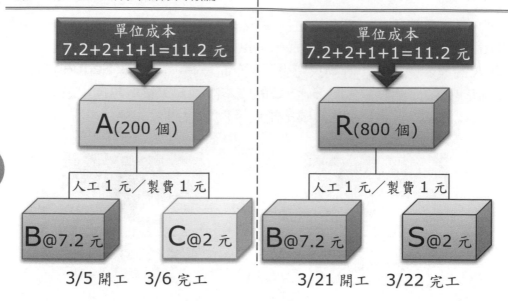

📝 圖 1.4 不同成品相同材料之成本示意圖二 🖎

　　同理可證，圖 1.2 在月底成本計價之後也是先將 B 的單位成本更新為 7.2 元，之後 A 才會得出 11.2 元，並非將 200 個 A 和 800 個 A 直接作加權平均而得出 11.2 元的單位成本。

　　而綜合上面的幾張圖，可以整理出 TRMS 的重要性：

T(Timing)：以圖 1.3 來說，計算成本的時機若在 3/15，那時只有一筆生產資訊，A 的成本是 12 元。而 3/31 時材料 B 有二筆進貨，A 的成本就變成 11.2 元，因此計算成本的 Timing 十分重要。

R(Range)：以一般的成本月結而言，是以每月月初起算，因此如果在 3/15 計算成本，那就是計算 3/1~3/15 間的成本，如果是月底計算成本，那自然就是將 3/1~3/31 的資料都納入計算了。

M(Method)：其實就算再複雜一百倍的成本，都還是用「加權平均」法來計算，可以說是一招打遍天下。

S(Sequence)：順序可以說是計算成本最重要的一件事，如果沒有按正確的順序向上滾算，幾乎是很難算出正確的成本，而在計算標準成本和實際成本的順序並不一定相同，後續章節有詳細的說明。

第二節 總額成本法 VS 成本逐項認定

以往會計上的銷貨成本是採「總額法」來計算，也就是利用會計科目的數字來計算當月銷貨成本【期初存貨＋本期進貨-期末存貨】。雖然行之有年但其實存在著很大的討論空間，因為對「總帳」來說應該是足夠的，但是對業務單位的訂價策略、各項產品的銷售分析、工廠管理績效的成本分析來說是無法滿足需求的。在 ERP 系統功能不夠完善或是未被正確使用的狀況下，許多成會人員需要另外用 Excel 再作一份存貨中各品項的成本表，因此以前會計人員結帳要延後半個月甚至更久，除了憑證的蒐集無法及時之外，可能就是和成本要算很久有關。

而成會人員為了加快產出成本表的速度，在很多薪工和製費分攤的細節上不得不採取能省則省的策略，或是直接套個約略的數字進去，只要總數合得起來就好。在以前很多製造業的毛利很輕鬆就有 15% 以上的時代當然是不會有太大問題，反正公司有賺錢就好。但是現在像電子業的毛利已經從金融海嘯時期的「保五保六總隊」到現在的「毛三到四」，等於是有千分之一的成本誤差可能就會讓某項產品的淨利有一成以上的差異，所以正確成本的重要性不言可喻。

在 2009 年十號公報實施後，企業存貨的評價方式均應以成本與「淨變現價值」兩者孰低來認定(淨變現價值是正常營業情況下的預期售價減去估計至完工尚須投入成本和銷售費用後的餘額)，若有跌價損失則須於當期認列，而且不能再以舊制的「總額」進行存貨評價，必須採逐項評價(因為要採分類評價有許多限制，故大部份企業不適用)；而 IFRS(國際財務報導準則)亦不允許採用總額比較法，原則上不接受將存貨按照原料、在製品及製成品分類比較，同樣需要逐項計算成本後進行比較，表示隨著時代的進步，成本計算的觀念也要跟上時代。

白話一點來說，如果倉庫裡面所有原料和成品有二十個品項，以前只要將合計起來共值 5,688 萬台幣記在會計報表中就可以了，但現在則規定要將二千個品項的成本逐一計算出來，然後再看哪一些品項的淨變現價值降到成本以下，就要將其差額認列存貨跌價損失。

例如有一個 256K 的隨身碟，當初生產成本可能是 300 元，但現在送人可能都沒人要，真的拿去跳樓大拍賣可能只能賣 50 元，所謂淨變現價值就是那 50 元要扣掉拍賣時租場地或請工讀生的費用(假設每一個隨身碟要分攤 10 元)後就是 40 元，而當初的取得成本減去淨變現價值【300 元 - 40 元 = 260 元】，這 260 元就是跌價損失。

照過去採「總額法」來計算存貨成本的話，如果有 1/5 的品項是成本高於淨變現價值共 300 萬(表示有跌價損失)，但另外 4/5 則是淨變現價值高於成本 500 萬(可視為合理的利潤)，二個數字加起來就變成淨變現價值高於成本 200 萬，雖然明顯是毛利偏低，但可以掩蓋那 300 萬的跌價損失，也就是財報數字的正確性就令人質疑。而如果採取逐項比較法就能很清楚的把那 300 萬的跌價損失呈現出來在當期列入銷貨成本，或許在某些產業對獲利有「負面影響」，但是呈現真實的財務數字難道不是企業基本道德和責任嗎？

而十號公報的施行相當於宣告用傳統會計大鍋菜方式(會計科目)計算成本的時代已經過去了，現在要把庫存裡每個原料、零件、半成品、製成品、商品...的成本逐項計算成本才算合格。而會有如此的轉變並不是說以前的會計制度有問題或是故意留下這些作帳的空間，因為當初建立這些會計制度時還沒有電腦，如果要求會計人員用人工去完成逐項成本的計算不僅要耗費大量人力和時間成本，算出來的數字還不一定正確，而現在有了能夠快速運算大量資料的工具，自然要將每一個品項的成本算得清清楚楚，最後再彙總出成本的總額。

因此要學會結算成本，就要先把每個料件或貨品當作成本的主角，先把會計科目放一邊。因為在成本計算的迷宮裡，會計科目或許是終點之一，但要達到這個終點之前的路都是由品號/BOM/進貨/製令/領料/入庫...等資訊所建構起來的，如果沒有把整個路線弄清楚，就算看到終點近在咫尺，卻可能怎麼走都走不到。

第三節 品號成本之多重角色

在筆者講授 ERP 成本結算實務的課程時，都會先討論一下品號在成本中的角色定位，第一個問題就是原料和物料的定義和差異在哪裡？發現似乎很少成會對這個問題作較深入的探討，因為在原料和物料定義上很難有十分明確且有共識的規範，因此近年來有不少企業的存貨科目不再分原料和物料，直接合併成「原物料」一個科目，以避免不同會計人員對於同一個料件的成本角色定義不同而造成差異。

在大學會計系時，筆者會問同學另一個有趣的問題：什麼是「商品」？幾乎所有的同學很直覺的回答：「可以賣的叫商品」。那麼生產製造出來的東西(包含最終成品和半成品)可以賣，那叫作商品還是成品？如果原料也可以賣出去，那叫原料還是商品？這時同學才開始認真思考，到底什麼才叫作「商品」(以存貨科目的定義為主)。

以一般會計的定義，如果是買賣業則存貨科目主要是「商品」，不會有原料或製成品的科目；而製造業的話通常會分「材料/半成品/成品」，有些公司會將材料分成原料和物料。現在從最單純的「商品」開始介紹：

● **商品：將其購入後直接銷售者。**

例如從國外進口服飾之後直接賣給客戶，中間沒有投入任何的生產或加工成本，這種屬於直接銷售的貨品就可分類為「商品」。但如果買進來的衣服還剪上幾個洞或是再縫上個飾品，有投入了材料成本或是人工成本的話，就不應稱作「商品」了。

● **原料：可直接歸屬用量於某一製成品上者。**

● **物料：無法直接歸屬用量於某一製成品上者。**

原料和物料該如何定義一直是成會人員頭痛的問題，因為會計人員不一定了解各項材料在實務上使用的狀況，可能會以該材料成本佔比在某個比率(例如 3%)以下定義為物料。但有些產業可能其中最關鍵的材料成本只有 1%不到，此時若用材料成本比率作定義不一定恰當，因此許多公司就直接把原料和物料合併成原物料的科目。

9

原物料之定義其實還是要從成本作出發點，原料(直接材料)之歸屬為材料成本、物料(間接材料)則歸為製造費用，需要有實際生產管理之經驗才能正確作出區分。通常如果某個材料在某個製成品上的用量如果是可以確實掌握的話，應該都會希望歸為材料成本；而無法明確掌握材料的用量者，則可定義為物料，因為物料產生的成本無法直接歸屬到某一個製成品上，於是只能用分攤的方式來作成本的處理。因此應該是以實際生產時，某一材料是否能取得在製成品中使用之耗量來決定是原料或是物料。

● **半成品：為其他製成品用料之製成品。**

● **成品：最終產出之製成品。**

半成品和成品的分類一般而言較無爭議，最簡單就是以生產的角度來定義：成品就是最後產出的製成品，意即某一個製成品生產出來之後，不會成為任何一個其他製成品的材料之一(重工之情形除外)；而如果某個製成品生產出來就是要作為另一個製成品的材料之一就是半成品，因此以生產的角度是不會有太多爭議的。

但這個定義如果從成本會計的角度就有些困擾，特別是現在許多企業作垂直整合後，除了成品是正常的銷售品項之外，半成品也可能成為銷售之品項，甚至於材料也可能在購入後直接進行銷售，這時就產生了單一品項卻有多重成本角色的問題。因此以生產製造的角度要分成品和半成品相當單純，但以成本的角度來區分則相當不易。因此如果還是要以品號作成本的區分，將成品和半成品合稱為「製成品」似乎比較恰當，因為「原料/物料/商品」就是單純的材料進貨成本，而「製成品」就是有料工費或加工的成本，特別是在客製化比例高的行業，客戶隨時要把成品再作組合或其他處理都未可知，這樣可能造成 A 品號上個月還是成品，這個月就變成半成品，不但基本資料的維護困難外，還會造成存貨成本很難作前後的勾稽。

原本將料件品號依成本的特性作分類是為了方便成會人員管理各類成本的存貨有多少金額，以便將各類的庫存成本金額和會計的存貨科目金額進行勾稽，但到了後來卻成為某些成會人員的困擾了。因為一個品號在只能賦予一個成本分類的身份(例如原料或製成品)，所以如果一

個料件被定義為製成品後，原則上就是代表這個料件的取得方式是自行製造或託外加工所得，而非經由採購進貨的管道取得，要確保這個條件一定成立，可能要有獨家專利吧！

在一般製造業中材料是為了生產製造而採購進貨，而半成品應該就是為了作出成品而製造的。但以電線電纜業為例，一根銅線從粗到細要經過好幾道加工，而中間產生各種線徑的銅線都是業界標準規格，也就是說從原料到各階段的半成品，不但都可以自行生產製造，也可以直接銷售，當然也可以在缺貨或產能不足時直接向同行採購材料或半成品，也就是說幾乎工廠裡的每個品項都可以採購/生產/外包/銷售。而且幾乎每階段的半成品都有相當的庫存，這些庫存會被拿去生產或銷售皆有可能，因此除了最終的電線或電纜是比較單純的成本角色外，其他的品項都是有多重成本角色的。因此在定義成本的角色時只能用 BOM 也就是生產製造的角度來定義是原料或半成品，但偏偏這個定義又是放在成本的分類中，由此可知要作品號的正確成本分類不是單一部門能夠完成的，企業內部需有人能進行資訊的整合或是借重資深的 ERP 導入顧問的經驗，才能讓成本的結算有個好的開始。

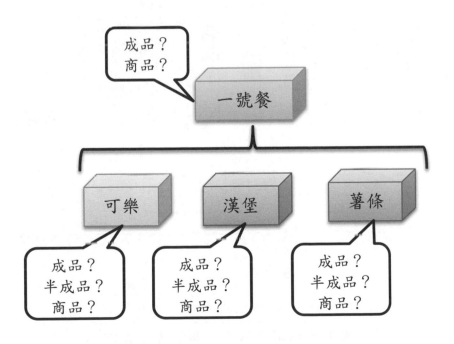

第四節 ERP 成本結算架構圖

製成品月檔(本期)　　製成品月檔(本期+下期)

期初成本　　產品成本(本期)　　進貨成本(本期)

生產成本計算作業

製費　薪工　材料　加工　進貨單

製令成本(廠內)　　製令成本(託外)

自動取得線別成本

線別成本產生作業

攤線比別率成本設定分

製費　薪工　材料　　材料　　加工

廠供料之領料需搭配「廠供料自動產生作業」

線別成本工／費

間接材料轉製造費用

1.直接材料　1.3.直接材料　廠商供料

2.間接材料

人工計算線別成本

線別成本建立作業

工時

生產入庫單　　領料單　　託外進貨單

製令工時建立作業　製令工時產生作業

廠內製令　　領料單材料成本　　託外製令

人工統計製令工時　報工單　　入庫單　移轉單　投料單　　月底成本計價　　原物料月檔(本期+下期)

原物料月檔(本期)　→　期初成本　　本期進貨

✎ 圖 1.5 ERP 之成本結算架構流程圖

　　圖 1.5 為單階之成本結算架構，也就是一個製成品的成本計算架構。若為二階 BOM 的生產架構，有半成品和成品，則圖 1.5 代表計算半成品成本的架構，半成品算出來之後再依圖 1.5 計算一次，才能算出成品的成本，若為多階 BOM 則就要重覆多次。而計算的順序則是依成本低階碼由大到小之順序進行計算，方可取得最終成品之成本。

　　廠供料用於外包廠商之管理流程，廠供料為託外生產時部份材料請廠商代購而且直接投入生產，意即廠供料並沒有進入企業的倉庫再發料給外包廠。但是外包件加工後進貨時仍要支付廠供料之金額，也就是同時支付廠供料及加工費給外包廠。但是外包廠通常不會將這二筆款項分開，因此會計很容易把材料+加工費都當作加工費。雖然總金額是一樣的，但是在成本分析時就無法真實呈現料/工/費的比例。要達到正確的成本分析，就需要正確使用廠供料的設定及作業流程。廠供料的應用請徵詢 ERP 導入顧問的專業意見，再視實際情形規劃生產入庫和領料流程，可提供成本結算正確之資訊。

　　通常「間接材料」都歸為製造費用，但是如果全部歸入製造費用之後，不論實際上使用的間接材料多或少，都要平均分攤間接材料所產生的成本，這對某些使用很少間接材料的品項來說就會有成本虛增的情形出現。若間接材料想要直接歸屬到正確的生產線，則須同時規劃對應之領料單別／分錄設定／部門／費用科目，才能由系統自動將不同生產線所使用的間接材料歸屬到正確的生產線上，讓費用的分攤更加準確，這部份的規劃會影響到整個 ERP 系統的設定及公司的流程，屬於進階成本的部份，本書將作簡略說明。

　　而重工成本之計算較之圖 1.5 更為複雜，而且變化更多，因此重工成本與在製成本之調整同樣為進階課程之內容，而入門課程是學習進階成本必備之能力，請各位務必先將熟悉本書內容，日後參加成本進階課程時才不會鴨子聽雷。

第五節 ERP 成本結算流程圖

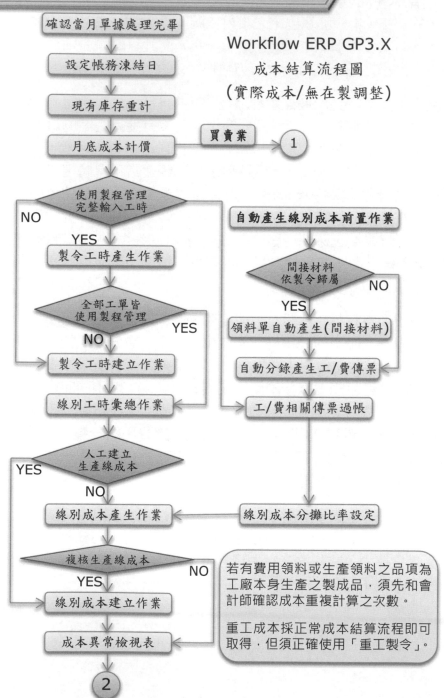

確認當月單據處理完畢

設定帳務凍結日

現有庫存重計

月底成本計價 → 買賣業 → ①

Workflow ERP GP3.X
成本結算流程圖
(實際成本/無在製調整)

使用製程管理完整輸入工時
NO / YES

製令工時產生作業

全部工單皆使用製程管理
NO / YES

製令工時建立作業

線別工時彙總作業

人工建立生產線成本
YES / NO

線別成本產生作業

複核生產線成本
YES / NO

線別成本建立作業

成本異常檢視表

②

自動產生線別成本前置作業

間接材料依製令歸屬
YES / NO

領料單自動產生(間接材料)

自動分錄產生工/費傳票

工/費相關傳票過帳

線別成本分攤比率設定

若有費用領料或生產領料之品項為工廠本身生產之製成品,須先和會計師確認成本重複計算之次數。

重工成本採正常成本結算流程即可取得,但須正確使用「重工製令」。

14

15

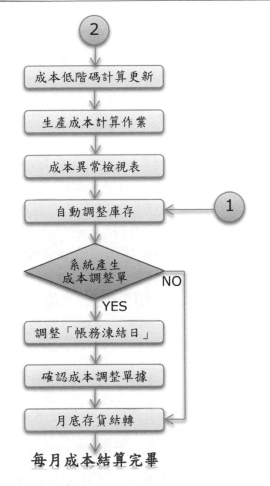

◆ 圖 1.6 ERP 成本月結流程圖 ◆

　　圖 1.6 是每月在進行月底成本結算時的流程圖，由於工時的蒐集方式和生產線成本的取得方式有不同狀況，因此流程圖看來較為複雜。一個企業原則上應該只有一種組合，因此各位可以依公司實際的狀況參考圖 1.6 繪製符合公司現況的成本結算流程圖。重點在於必須要有完善的參數設定和流程規劃，加上正確且及時的資料輸入才能結算出正確的成本，光靠成本結算流程圖是無法保證能結算出正確的成本。

本書重點在於介紹 ERP 的結算實務,而非著眼在討論各種成本計算的理論,其中一個因素在於大部份企業的成本結構都較一般成本理論更為複雜,例如想用純分批成本或分步成本來計算每一個庫存品項的成本幾乎是不太可能的事,因為大部份企業都需要將分批和分步混合應用才能算出實際發生的成本,因此在介紹各項成本計算觀念時會點到為止,如果讀者想深入了解各種成本計算理論的話,坊間有非常多的成本會計的書可供參考。

或許有些讀者會認為本書不是要教怎麼操作 ERP 系統結算成本嗎?如果只是要完成 ERP 系統標準的成本結算流程,那只要把圖 1.6 印下來就可以了,需要用上一本書的篇幅來介紹嗎?有些 ERP 系統結算成本十分便利,只要一支作業就包辦了整個流程,那為何鼎新電腦要把成本結算的流程分成十多個程序?筆者還看到大陸有人分享把圖 1.6 的成本結算程序整合起來,只要按一個鈕就能自動執行各個成本結算的程序,試問這麼簡單的程式難道鼎新電腦不懂得寫嗎?或是鼎新電腦故意要製造使用者的不便嗎?想也知道不是這麼一回事,該思考的是:

- 為什麼只是算個成本卻需要分成這麼多個步驟?

- 為什麼成本會計人員要花上好幾年才能培養出來?

- 為什麼成本結算會成為 ERP 導入成功的最後指標?

- 為什麼生管人員通常會比會計人員更適合擔任成會?

- 為什麼成本數字的正確性和 ERP 導入規劃有直接關係?

不論各位讀者之前是否修過成本會計這門課,都希望能夠按照本書各章節依序學習,配合實際操作 ERP 系統將每個步驟逐一練習,而不是覺得看懂就好,才能在實際應用時不致手忙腳亂。

因為要使用 ERP 系統來結算成本,不是只要知道按什麼鍵會出現成本,重點在於知道成本是怎麼算出來的,系統裡那一張單據裡的哪一個欄位影響哪一個成本,哪一個設定或基本資料會影響成本的正確性或精準度,才有能力去證明成本是正確的或是找出成本錯誤之處予以更正,這才是本書希望帶給各位的內容。

第六節 成本結構介紹

　　計算一個東西的成本主要分成材料、人工、費用三個部份，例如淡定哥用電腦燒錄光碟片出售，空白光碟片屬於材料，而淡定哥所花的時間成本就是屬於人工，而花錢買的電腦及所耗的電費就是費用。

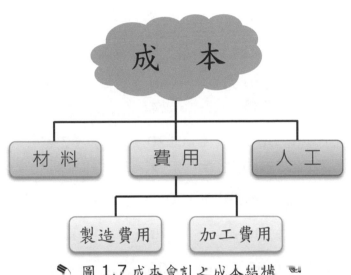

圖 1.7 成本會計之成本結構

　　如果淡定哥的電腦在安裝好 Diablo 3 之後被不淡定的女友砸爛了，這時淡定哥就只好淡定的拿著空白光碟片，請他死忠兼換帖的爆走哥幫忙燒錄光碟。由於親兄弟明算帳，爆走哥還是會向淡定哥討工錢，這時淡定哥雖然省下了時間和電費，但變成要支付爆走哥工錢。

　　淡定哥自己燒光碟片所產生的費用就稱作「製造費用」，而付給爆走哥的工錢就叫作「加工費用」，而不同的產業型態有可能出現不同的成本組合，或許是〔材料+人工+製費〕、也可能只有〔材料+加工費〕，當然也有可能是〔材料+人工+製費+加工費〕。

　　了解各種成本的結構，對於結算成本或事後查核成本都相當重要，因為漏掉一項就可能找很久都找不到成本錯在哪裡。

一、買賣業之成本

　　一般所謂的買賣業就是指單純將某一個商品買進來之後，沒有再作其他的加工動作就賣給客戶，例如淡定哥花了 **10,000** 元向批發商買了 **250** 個手機保護殼到夜市賣，那麼每個手機保護殼：金額

$$成本：10,000 元 \div 250 個 = 40 元/個$$
$$金額 \div 數量 = 單位成本$$

　　如果每個手機保護殼賣 **120** 元，那麼每賣一個手機殼：

$$毛利： 120 元 - 40 元 = 80 元$$
$$售價 - 成本 = 毛利$$

$$毛利率： 80 元 \div 120 元 = 67\%$$
$$毛利 \div 售價 = 毛利率$$

　　若因同行競爭而將售價降到 **100** 元，那麼每賣一個手機殼：

$$毛利： 100 元 - 40 元 = 60 元$$

$$毛利率： 60 元 \div 100 元 = 60\%$$

　　假設淡定哥租夜市的攤位一個月要 **2,000** 元，還有電費 **400** 元。那麼一個月最少要賣多少個手機保護殼才能收支打平？

　　以售價 **120** 元為例，賣一個賺 **80** 元，而固定支出的費用為 **2,000** 元 + **400** 元 = **2400** 元：

$$2400 元 \div 80 元 = 30 個$$

　　那麼損益兩平點(就是營業額達到多少才不賺不賠)就是：

$$30 個 \times 120 元 = 3600 元$$

　　也就是淡定哥收入要達到 **3600** 元才算收支打平(其實叫作白工)

　　Q：各位試著算一下售價 **100** 元損益兩平點是多少錢？

　　或許有念過成本會計的讀者會覺得不是應該用邊際效益來算損益兩平嗎？本書並非要討論成本理論，而是試著以最簡單的方式來讓大家了解什麼是成本，為什麼要懂成本。所以沒有學過成本的可以用輕鬆的心來學成本，學過成本會計的就當作用另一種方式來學成本吧。

　　相信大家對於什麼叫作「毛利」和「毛利率」應該有了基本的瞭解，雖然損益兩平算出來的只是一個作白工(因為沒把工錢算進去)的銷售金額，但基本上大家應該能感受到，有毛利不代表有賺錢，因此要看是不是真正有賺錢就要看「淨利」了。

　　假設夜市一週開三天，從開始擺攤到收攤平均每天花 5 小時，某個月淡定哥有十二天去擺攤，一樣是月租 2,000，電費 400 元。整個月賣掉了 96 個保護殼，那麼淡定哥平均一小時賺了多少錢？

```
毛利　＝　(96*120 元)-　(96*40 元)　＝　7,680 元
　　　　　　售價　　-　　成本　　　＝　毛利
※或是直接用數量乘上單位毛利　　80 元　╳96 個＝7,680 元
```

　　再來就是扣掉付出去的租金和電費(2400)，就是淨利了。

```
淨利　＝　7,680 元　-　2,400 元　＝　5,280 元
　　　　　　毛利　　-　　費用　　　＝　淨利

平均時薪　＝　5,280 元　÷　(12 天╳5 小時)　＝　88 元
```

　　從這個結果來看，一個月的淨利有 5,280，以學生打工來說還算可以，但是看到一小時 88 元的時薪就會覺得不太合算了吧。

　　淡定哥如果希望平均一時能賺 150 元以上，那一個月最少要賣幾個手機保護殼呢？如果在第一天到夜市就看到同行賣 100 元，淡定哥也只好降到 100 元，如果一樣希望時薪有 150 元以上，那最少要賣幾個？

　　如果淡定哥要利用兩週準備考試，請帥氣哥幫忙擺攤，但爆走哥要求一小時 120 元的代價，假設二個人的叫賣功力一樣好，淡定哥希望這個月他還是能有平均一小時120 以上的淨收入(不然沒錢買 D3 + iPhone 5S + 紅茶)，那這個攤子本月份最少要賣掉多少個手機保護殼？

二、純自製型之製造業之成本

一般自己有生產設備的工廠就可能屬於自製型的成本結構,純自製型的就表示所有的生產都不會發外包處理,可能是因為特殊的生產設備或是有配方的機密而不論如何都不能發外包生產,一般較小型或是有獨家技術的企業比較可能屬於純自製型。

而純自製型的成本就是最常見的由「料/工/費」三大部份組成:

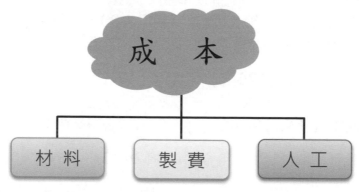

◆ 圖 1.8 純自製型態之成本結構 ◆

材料:指在生產過程中投入的材料成本,原則上要能夠很清楚計算在某個製成品上耗用多少的材料,才能計算該製成品的材料成本。如果在生產過程中有發生超領或不良而超耗的材料,應該清楚的記錄以便將超耗的材料成本計入。

製費:製費就是製造費用,就是生產製造過程中產生的成本,例如工廠的租金、水電、機器設備相關費用(折舊/維護/耗材...)等皆屬於製費,某些歸類為間接材料的物料成本也會被納入製費中。

人工:一般的人工指的是直接投入在生產上的人力,通常指的就是生產線上的作業員薪資,也就是會計上的直接人工。而如果是屬於生產線上的管理人員,例如廠長的薪資,通常認定為間接人工。但是組長或課長要歸類為直接人工還是間接人工?

製費和人工不像材料成本能夠很明確的歸屬(除非是論件計酬)，例如早餐店做出一個蛋餅能確定用掉一張蛋餅皮和一顆蛋(指有良心的早餐店…)，但是應該沒有人能保證一定會用掉多少的油或瓦斯吧！雖然做一個蛋餅的時間在熟手來說應該差不多，但是早餐店的大鐵板上通常是同時有蛋餅、蘿蔔糕或鐵板麵，那要怎麼去很精確的計算做一個蛋餅所花的時間呢？

一般來說材料成本可以較為清楚的歸屬，但是人工和製費被許多因素影響，欲精準的歸屬人工或製費難度頗高，因此一般在處理人工或製費成本時大多採分攤的方式。分攤總要有個基準，例如一間辦公室中有五個部門共三十個人在辦公，每月產生的電費要怎麼分攤才會公平？按人頭嗎？按辦公桌的面積？五個部門均分？或是抽籤決定…

因此在成本的正確性以及合理性上，費用的分攤最為不易。近年來許多公司採利潤中心制，就算是生產線也會對於算到自己頭上的費用斤斤計較，而這些費用的分攤就直接影響到製成品的成本。

三、純外包型之製造業之成本

如果企業本身完全沒有設置生產線，買進材料之後完全交由外包廠商加工製造，待完工後再將製成品進行銷售，此一類型可歸類為純外包的企業（例如 IC 設計業）。

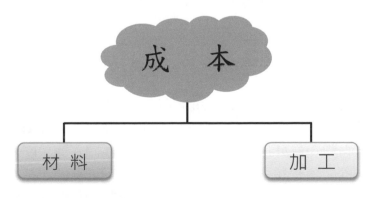

◆ 圖 1.9 純外包型態之成本結構 ◆

材料：外包生產的材料有分二種，一種指的是企業購入後交付給外包
廠商加工之材料，這部份成本自然就歸入材料成本。
而另一種材料叫「廠供料」，並非由企業購入後再交給外包廠商
的材料，而是直接由外包廠商提供或代購的材料。在外包廠交
付企業加工完成的製成品後，外包廠請款時除了收取加工費用
之外還會再加收廠供料的金額，所以對外包廠的應付帳款就是
加工費和廠供料的總和。

加工：委託他人代為加工所需支付的金額，就是通稱的加工費。由於
加工費有一定的收費標準，例如以數量或是以重量計價，不像
人工和製費大多採分攤，因此託外之加工費認定較無爭議。

從圖 1.9 中會發現託外生產品的成本理應最為單純，但是如果有廠
供料存在的時侯，就會衍生二個重大的問題：

➢ **廠供料之成本歸屬**：既然都叫作廠供「料」了，照理說應該是歸
屬到「材料成本」中，但可能由於會計人員貪圖方便，也可能是
ERP 系統沒有廠供料的處理程序，所以會計人員將外包廠商請款
金額直接切成加工費的科目，而沒有將廠供料成本切入材料成本
中，雖然總成本相同，但如果進行成本分析時將呈現失真的結果。

➢ **連工帶料之爭議**：託外生產時部份材料由企業提供時並不會有爭
議出現，若全部材料均由外包廠代購，此時該直接用採購進貨處
理還是用託外製令處理？

四、混合型之製造業之成本

許多工廠的生產型態以自製為主，部份半成品或成本採外包加工。
有時是某些關鍵技術問題、有時是產能問題、有時則是經濟效益問題。
由於結合了自製和託外加工的生產型態，因此在同一間工廠裡通常會同
時存在自製的品項和託外生產的品項。單一品項若非同時存在自製生產
和外包生產二種模式，則成本結構分別用純自製型和純外包型來分析即
可，否則就要用混合型來計算成本。

✎ 圖 1.10 結合自製和外包之成本結構 ✑

　　在製造業一般生產模式中,同一個品項同時有自製又有外包的機率較低,但若有這種情況發生時,成本結構就要參考圖 1.10。雖然 ERP 系統計算混合型成本是非常容易的,但混合型生產的品項其成本結構的成本分析會較前幾型複雜許多。

　　通常某一品項同時透過採購及生產二種方式取得的話,大多是產能不足才會向外採購。而產能會受到各種實際狀況影響,因此自製和外包的比例變成一個不可知的變數,除了會造成各期單位成本的波動(通常加工費會比人工加製費的總和還高)影響銷售毛利外,要分析該品項成本是否合理之難度也相對增加。因此對於混合型生產成本之實際生產細節需要更清楚的掌握,否則容易對於成本內容是否異常作出錯誤的判斷,容易錯失解決問題之先機。例如發現加工費比例過高或是逐月攀升時,就該有警覺性的去查工廠加班的情形,如果產能沒有滿載,那就可能有點問題囉...

　　或許有些人會覺得成本只要算出總金額能夠知道獲利多少就可以了,是材料費還是加工費有那麼重要嗎?知道成本的結構除了可以進行比較複雜抽象的成本分析之外,在成本總額出現異常時,更是找出成本異常來源的重要依據之一。因此成本的重點不在總額而是細節,魔鬼總是躲在細節裡。

第七節 常見成本計算法之比較

　　一般成本教科書上有教很多種成本計算方法，一般企業大部份使用的是月加權平均法，少部份企業則採取標準成本法或移動平均法。由於成本的取得方式和計算期間的差異，相同的進貨和銷貨記錄，在不同成本計算方式下將會產生不同的銷貨成本：

日期	進/銷	數量	單價	金額	標準成本	月加權	移動平均
1/5	進貨	100	10	1,000	10	9.2	10
1/12	銷貨	50	15	單位毛利	5	5.8	5
1/18	進貨	400	9	3,600	10	9.2	9.11
1/25	銷貨	200	15	單位毛利	5	5.8	5.89
一月底存貨數量		250		存貨金額	2,500	2,300	2,278
2/3	進貨	50	11	550	10	8.31	9.43
2/8	銷貨	200	15	單位毛利	10	6.69	5.57
2/11	進貨	1,200	8	9,600	10	8.31	8.11
2/15	銷貨	500	15	單位毛利	10	6.69	6.89
2/17	進貨	200	10	2,000	10	8.31	8.49
2/21	銷貨	500	15	單位毛利	10	6.69	6.51
2/23	進貨	1,000	8	8,000	10	8.31	8.16
2/25	銷貨	1,000	15	單位毛利	10	6.69	6.84
二月底期末存貨		500			4,000	4,155	4,082

✎ 表 1.1 各式成本計算法之比較 ☞

　　觀察表 1.1 的內容可以發現，採用標準成本法若一年內未調整標準成本的數字，則整年度的單位成本將不動如山；而採月加權平均法的成本則是在每一個成本週期(每一個月)中，都是同一個成本；而移動加權法的成本則是在每一次交易後都呈現不同的數字。

　　三種成本計算法除了在不同成本週期中呈現不同成本外，更重要的是可以發現在進貨價格波動較小且存貨數量極低時，不同成本法之結果差異較小；但若遇到進貨價格波動大且存貨週轉率低、造成庫存數量偏高時，不同的成本計算法計算所得之毛利率將會產生較大差異。相同交易產生不同銷貨的銷貨毛利，自然會影響相關營運報表及營運方針，因此如何選擇適合企業之成本計算方法十分重要。

國內外各家的 ERP 系統其實在主要功能上差異並不大，明顯的差異在於內控方式和成本計算這二點上。國外 ERP 系統多採移動平均法，而國內 ERP 系統則主要使用月加權平均法。二種方法各有特點，在理論上移動平均法較能反映即時成本，可以立即完成會計帳務上的統計和報表，對於以出財會報表為主的 ERP 系統自然是首選。

若以成本合理性來說，就有相當的討論空間了，因為移動平均法要算出正確的成本，必須有二個重要條件：一是要利用電腦來計算成本；二是所有單據一定要即時且絕無錯誤的輸入電腦。因為只有電腦才有可能在每次交易馬上計算出當下的成本，由於是每一次交易就計算一次成本，因此當下計算所得的成本只能適用在當下那一張單據，下一筆交易發生就會產生新的成本。如果在進行了第 1,000 次交易之後，發現了第 950 次的交易有誤，需要刪除或修改，那麼從第 950 到 1,000 這 51 筆交易時所取得的成本可能都有問題。若要電腦進行全面修正成本數字，技術上當然沒有問題，但是如果第 960 次交易後已經送出報表給公司，而且還用當時算出來的利潤發了業績獎金，某些費用也已經認列給各部門，對於採用利潤中心制的公司則影響面更廣，這時是該更正成本的數字還是 Let it be？

如果有一間公司的所有員工都能今日事今日畢，客戶和廠商都不會出狀況，所有的交易都沒有任何的錯誤發生，應該可被作為模範企業，作為學術研究的範本吧。但以筆者所接觸過的企業，資料修改、單據登打錯誤、資料補登、客戶或廠商要求修改交易單據或發票…都可說是家常便飯，能作到單據完全及時且正確的，可能只有紙上公司吧…

因此移動平均法要能夠落實在一般的企業，還要能讓會計師在稽核成本正確性時能夠對成本數字有絕對的信心，實在是件高難度的事，這也是一般企業鮮少人採用移動平均的原因之一。中小企業具有高度應變的能力，只要客戶講得出來幾乎都能作到，因此高度的彈性也帶來更多的不確定性，今天拿到的訂單說不定七天後會改得面目全非，明明談好的也可能隨時被砍單，所以如何能夠應付這麼多不確定因素還能掌握成本？因此大多採用容錯性較高的月加權平均法，因為許多公司改單有時不一定是上個月，上上個月的單要改都不稀奇…

一、分批成本 VS 分步成本

成本計算分類還有**分批成本**和**分步成本**，理論上這二種方式都有其適合的產業，也都能符合其需求，但是實務上要某一個產業的所有生產模式只適合純分批或純分步的話，機會應該不是很大。

製造業成本包含了料工費(材料/人工/費用)三大部份，而費用又分為製造費用和加工費用。計算成本時需要先利用加權平均或標準成本法取得材料成本，再用分批成本的方式蒐集齊某張製令的成本，最後再將同一製成品當月份所有製令成本彙總後與期初成本進行加權平均，即可以得到半成品的成本。依 BOM 架構由下向上逐層計算成本便是分步成本，因此 ERP 的成本計算可說是分批成本和分步成本的綜合體。

二、ABC 成本

至於 ABC(作業基礎成本制)成本法，理論上的確是比傳統的分批或分步成本法能計算出更為精準且合理的成本，但考慮到產業特性及產業規模，ABC 成本法並不適合大部份的中小企業，因為須投入大量的人力和資源才能蒐集到完整的資料，但將成本計算得更為精準之後，真的能夠減少的成本浪費有多少?如果投入的成本和產生的成效不成比率的話，是否該採用 ABC 成本法便須審慎評估了，一般而言服務業或大規模的製造業較適合導入 ABC 成本法。

第八節 閒置成本(十號公報)

Workflow GP3.X 的成本結算功能，除了可以自動從科目產生線別成本之外，最大的特色就是因為十號公報將「閒置成本」納入，因此系統會計算出某些固定製費或固定人工中發生的閒置成本，將其從生產成本中抽離而歸入銷貨成本，如此可以避免淡旺季明顯之產業(例如發熱衣 VS 涼感衣)，因為產能因素造成產品成本大幅波動，可使得各期之成本呈現合理之波動，進而提升成本分析之正確性及效益。

第二章 ERP 重要參數設定/基本資料

ERP 系統不像 OFFICE 軟體安裝完可以直接使用，而是要設妥參數及建立基本資料之後才能夠順利的操作。系統會有這麼多種參數主要是因為要符合不同的客戶需求，又不必針對每家客戶量身訂作而徒增許多成本。因此若企業轉型或擴編，不必再找廠商修改程式，只要適當調整參數即可達到期望的效果。既然參數功能如此強大，自然代表 ERP 各參數的設定會影響整個 ERP 系統的運作，因此參數的設定切勿任意為之。一開始最好請導入顧問作整體規劃後協助設定，若有修改之必要時，建議先與顧問討論之後再更動參數設定為宜。

而基本資料(品號/客戶/廠商...)則是 ERP 系統運作的重要元素，對於大多數企業而言都是一些既有之資料，可能覺得只要都建進電腦裡就可以了。但是如果基本資料的建立是沿用舊制或簡閒視之，而沒有將公司的未來發展和需求納入考量，或沒有把成本結算這個重要目標考慮進去，只是急著讓 ERP 系統可以打單、出貨、收錢，那麼在老闆想要看成本時就會發現問題層出不窮。如果問題出在基本資料通常最令人頭痛，因為基本資料通常數量龐大，而且所有的單據都是靠基本資料才能運作，如果基本資料出了問題，輕則動用大量人力更正資料和單據，嚴重時可能還不如重新再導入一次 ERP 系統還更有效率。

為了確保讀者按本書操作時能夠有完全相同的操作結果，也同時讓讀者能夠對於 ERP 系統的功能有更深入的了解，以利日後發現相關問題的時侯能夠快速的找到問題癥結所在，因此本書從全新的 ERP 環境（空白資料庫）開始逐一進行設定，同時會針對與成本有關聯之作業作詳細之說明，因此讀者請務必跟隨本書依序逐項設定，因為某些作業具有前後關聯性，若前置資料不完善則可能會影響後續的系統操作，如此將使學習效果大打折扣。因此請勿用只看重點的跳躍式閱讀法，因為可能漏了一個小細節就失之毫釐、差之千里了。本書以介紹成本為主，因此 ERP 系統基本操作請參考鼎新電腦之 ERP 軟體應用師教材。

27

第一節 ERP 之參數設定

　　ERP 的系統參數屬於十分重要的設定作業，可說是牽一髮而動全身，因此除了參數的內容要十分慎重之外，權限的控管更形重要。一般而言除了負責結帳的會計人員可以有「進銷存參數設定作業」的權限之外，所有參數設定之作業應該對於全體人員完全關閉，以免不慎被修改而影響到系統之運作及資料的正確性。

一、使用者權限建立作業

　　由於成本結算會需要使用許多的作業權限，為節省一一設定造成的時間，故在此處直接使用擁有「超級使用者」權限之帳號。

　　雖然「DS」同樣也是超級使用者帳號，但不建議各位在練習的時侯使用 DS 帳號，但是要設使用者帳號和權限時就要用 DS 了。

　　建議各位先在「管理維護系統→基本資料管理→登入者代號建立作業」中建立一個屬於您的帳號，然後再到「使用者權限建立作業」中勾選「超級使用者」，這樣您就可以開始設定參數和建立基本資料了。

管理維護系統 → 基本資料管理 → 使用者權限建立作業

🖋 圖 2.1 使用者權限建立作業之單頭 🖎

註 1:一定要注意「公司別」要選對，不然權限設了也沒用。

註 2:「群組代碼」要先建立之後才能維護「使用者權限」的內容。

註 3:群組代碼可參考部門組織設定，但不一定要和部門設定相同。

二、基本參數設定作業

此作業參數控管的是整個 ERP 系統各模組共通的參數，此處設定一旦更動，整個 ERP 系統就會馬上受影響，因此所有設定一定要十分確定之後才能設定。參數設定之後除非極為必要且與 ERP 導入顧問確認有修改之必要，否則切勿再作任何更動和修改。

基本資料管理系統→建立作業→基本參數設定作業

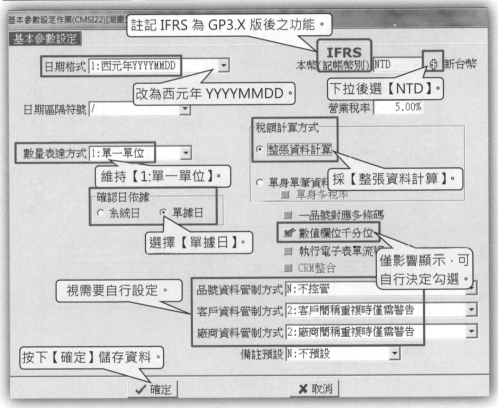

基本參數設定作業(CMSI22)[湖巖]

基本參數設定

註記 IFRS 為 GP3.X 版後之功能。

IFRS

日期格式 1:西元年YYYYMMDD   本幣(記帳幣別) NTD $ 新台幣

改為西元年 YYYYMMDD。   下拉後選【NTD】。

日期區隔符號 /   營業稅率 5.00%

稅額計算方式
數量表達方式 1:單一單位   ● 整張資料計算
維持【1:單一單位】。   採【整張資料計算】。
○ 單身單筆資料
確認日依據   ■ 單身多稅率
○ 系統日 ● 單據日
選擇【單據日】。   ■ 一品號對應多條碼
☑ 數值欄位千分位
■ 執行電子表單流程   僅影響顯示，可自行決定勾選。
■ CRM整合
視需要自行設定。   品號資料管制方式 N:不控管
客戶資料管制方式 2:客戶簡稱重複時僅需警告
廠商資料管制方式 2:廠商簡稱重複時僅需警告
按下【確定】儲存資料。   備註預設 N:不預設
✓ 確定   ✗ 取消

◈ 圖 2.2 基本參數設定作業 ◈

系統預設之本幣(記帳幣別)是【NT$】，請先至「基本資料管理系統→建立作業→幣別匯率建立作業」中建立【NTD】，再設定本幣(記帳幣別)為【NTD】。由於幣別匯率是第一個直接影響成本的基本資料，因此請要確認【NTD】的設定值與 P.43 中圖 2.14 內容完全相符，才能確保 ERP 計算出之成本資料正確，其他欄位則依圖 2.2 設定即可。

三、進銷存參數設定作業

　　進銷存參數設定作業除了控制 ERP 系統所有庫存相關異動之外，同時也直接影響 ERP 系統的成本計算。因為成本計算的時間區段就是「現行年月」，如果現行年月設定有誤，則成本一定無法正確的計算，因此進銷存參數設定作業之權限務必嚴格控管。除 ERP 系統管理人員及負責月底結帳之會計人員外，均不應有此作業之權限。

基本資料管理系統→建立作業→進銷存參數設定作業

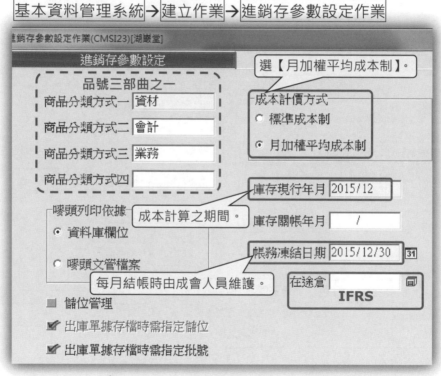

✎ 圖 2.3 進銷存參數設定作業 ✍

　　「成本計價方式」和「庫存現行年月」與成本有直接相關，請務必確認設定正確。其他欄位之功用可參考「鼎新 Workflow ERP GP 應用人才培訓系列-配銷模組應篇」一書。此處請依照圖 2.3 進行設定。

　　本書設定 ERP 系統於 2016 年上線，故現行年月設為「2015/12」、帳務凍結日設為「2015/12/30」，以便於在「2015/12/31」進行庫存成本之開帳作業。

四、成本系統參數設定作業

　　由於 Workflow ERP GP3.X 成本系統參數的設定會受進銷存參數設定影響(GP2.6 前之版本不受影響)，因此請務必按照本書之順序先設好〔進銷存參數〕後再設定〔成本參數〕。成本系統參數主要是為了製造業的成本而設，因此不影響純買賣業的成本計算。

　　「成本系統參數設定作業」需要一位對於整個企業的成本計算十分清楚的成會或顧問才能正確設定，切勿抱著試試看的心態改來改去，一定要在上線前就作出最終的定案，一旦設定之後就不能再更改。

　　「成本系統參數設定作業」的內容包含了 ERP 成本結算入門和進階的部份，因此有關於進階部份課程之設定採較簡略的說明，尚請見諒。同時因為「成本系統參數設定作業」會直接影響生產線的資料建立，因此必須先完成此參數之設定才能進行後續的生產相關資料建立。

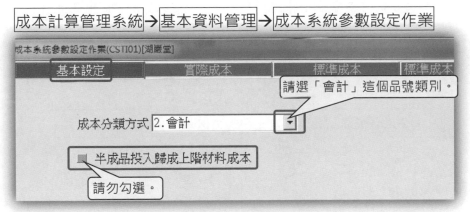

◈ 圖 2.4 成本系統參數設定作業→【基本設定】頁籤 ◈

　　在「成本計算參數設定作業中」的「基本設定」頁籤中「成本分類方式」主要應用於列印「直接原料明細表」，由於本書在「進銷存參數設定作業」(圖 2.3)中將「商品分類方式二」定義為「會計」，因此請在此將成本分類方式設為「2.會計」。如果 貴公司將「會計」設在「商品分類方式一」，此處請設為「1.會計」。

「半成品投入歸屬上階材料成本」則是比較有年代的計算成本方式，現在已經很少被採用。雖然算出來的最終產品的成本是正確的，但是如果要對成本進行分析的時侯，就會出現成本結構的失真現象。因為勾選後即使半成品是由料（4 元）＋工（2 元）＋費（2 元）組成的，但對於成品來說則視為材料 8 元(參考圖 2.5)。

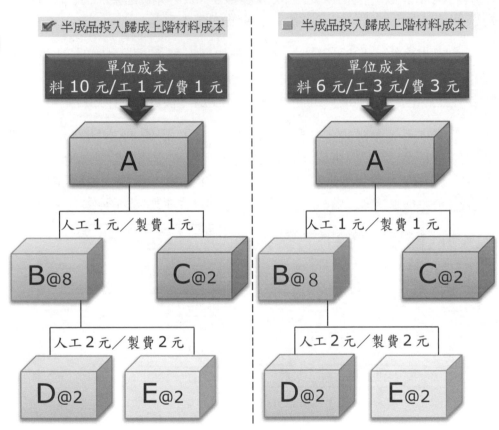

圖 2.5 半成品投入歸上階材料成本示意圖

勾選「半成品投入歸屬上階材料成本」對於只在意成本正不正確的企業不會造成太大的問題，但如果想從成本分析中去取得一些參考數據的企業就會造成資訊不完整，如果希望各階成本料/工/費各自滾算至上階成本的料/工/費中，切勿勾選此選項。

成本計算管理系統 → 基本資料管理 → 成本系統參數設定作業

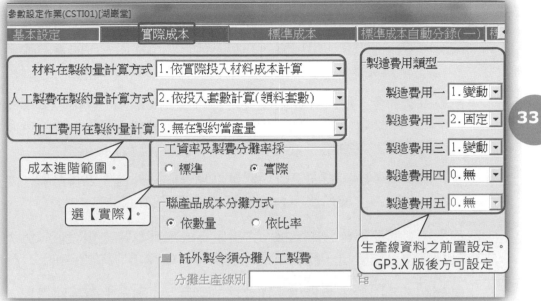

33

◆ 圖 2.6 成本系統參數設定作業→【實際成本】頁籤 ◆

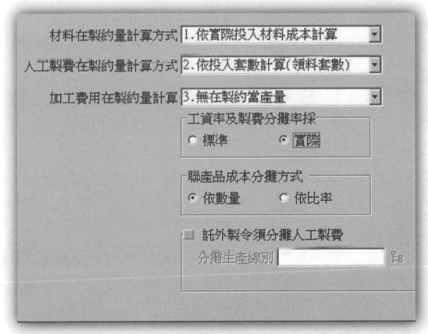

◆ 圖 2.7 成本系統參數設定作業〔GP2.6 版畫面〕◆

在製約量之計算及調整皆相當複雜，請先按照圖 2.6 之內容進行設定「在製約量」計算方式，此種組合適用於一般中小企業。

材料在製約量：用於計算材料之在製成本，大部份企業投料都可能並不成套，如果用發料套數來估算在製成本，可能會有較大誤差，因此大多選「依實際投入材料成本計算」

34

人工製費在製約量：用於計算人工及製費的在製成本，一般不會去細算到某一個零件加工或生產的進度，因此一般產業多會選「依投入套數計算(領料套數)」

加工費用在製約量：一般加工費用都是以實際收到外包件之後計費，大部份都不會去計算加工費用的在製成本。

而「工資率及製費分攤率採」之設定為成本計算時之預設值，每次成本計算時還可作變更，此處請選「實際」。（GP2.6 版請參考圖 2.7）

聯產品主要用於生產過程中所產生的副產品，例如生產石油過程中所產生的瀝青就是屬於可以出售的副產品，若將所有原油的成本都攤至石油中，那瀝青就等於無成本的超高獲利，因此在成本計算時如果將一部份成本分攤給聯產品，那麼主要產品的成本就會適度下降，而聯產品也有一個合理的成本來計算獲利。聯產品亦可應用於生產後會產出不同等級產品的產業。

圖 2.6 右方之「製造費用類型」設定為 GP3.X 版起新增之功能，除了把原本的製費分攤方式一分為五，可以將製費作更精細的分類歸屬之外，重點在於可以設定製費之類型為「固定」或「變動」。

變動：與 GP3.X 之前的成本分攤方式相同，將該期所歸屬的製費全數分攤予當月之生產品，一般會跟著產量而增加的費用可歸為此類，例如生產線所消耗的水費和電費及間接材料成本等。

固定：為此次新增之功能，在於計算因實際工時低於標準工時而產生之閒置成本，然後將閒置的製費成本從產品成本中移到銷貨成本，用以降低單位生產成本因稼動率所產生的波動。

註：閒置費用之處理原則源自十號公報。

　　若 A 生產線的製費需要採「變動」的方式分攤，B 生產線採「固定」的方式來分攤製費；C 生產線需要同時有「變動」和「固定」二組成本分攤方式。那就需要先在「成本系統參數設定作業」中增設二組的「製造費用類型」，才能在生產線資料中設定三組製費資料，可分別依人時或工時進行分攤，因此如何設定「製造費用類型」一定要經過 ERP 顧問與成本會計人員進行完整的討論和規劃，以確保成本計算的正確性。

　　圖 2.6 設定三組的製造費用類型，本書前七章只會運用到第一組（同時適用於 GP2.6 版），第二組運用在第八章（適用於 GP3.X 版），第三組各位可以自行運用及測試，這三組分攤依據功能規劃為：

一、變動：適用一般認知的水電費或會隨產量而增加的一些費用。

二、固定：用於分攤租金或機器設備的折舊或其他固定支出。

三、變動：用於分攤各生產線之製令所使用的間接材料成本。

上述規劃為方便教學之範例，實際使用請依各企業實際狀況規劃之。

　　除了「生產線資料建立作業」之外，還有「線別成本分攤比率設定作業」(進階課程)和「線別成本建立作業」也會同時受影響，因此結算之成會人員須對所有相關作業都完整掌握才能規劃出正確之設定。

　　若真的有必要調整「製造費用類型」且修改完畢後，所有相關作業操作和金額的計算核對均以最新的設定值為準，意即所有成本結算相關作業均需全部重新執行。為避免成本經常有異常的波動，請務必再三確認是否有調整之必要，以及選擇適當的時間點變更設定。

　　「成本系統參數設定作業」之權限應嚴格限制，除超級使用者之外均不應有此作業之權限，即使是成會人員也不應有修改之權限，因為若在某個月份變更「成本系統參數設定作業」的內容後進行成本計算，該月之成本計算原則與前月份不同時，便無法比較各期成本是否異常。

　　除非在測試區中測試或練習成本結算方可開放此權限，在正式資料區中切勿開放「成本系統參數設定作業」之權限。

第二節 ERP 基本資料設定

企業有組織架構，ERP 也有相對應的基本資料層級，而使用者可以依據公司組織架構的複雜度來建構 ERP 的基本資料，但同時也要了解成本計算的影響範圍，才不致於讓成本計算的結果與預期有落差。

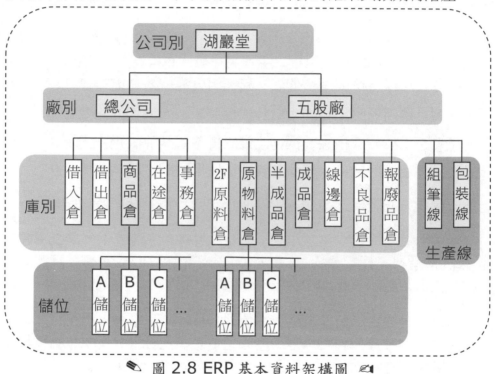

✎ 圖 2.8 ERP 基本資料架構圖 ◪

圖 2.8 原是用於介紹 ERP 各模組功能所用之基本資料架構圖，而在介紹成本結算實務入門時並不會全部使用到，因此本書只須建立部份和成本結算相關之資料即可。

從圖 2.8 可以看出各項基本資料的結構關係，而每個公司別就是一個 ERP 成本影響範圍，意即在這個範圍內同一個成本週期中只會有一個成本數字。在計算成本時會將同一公司下所有庫別都納入計算範圍，若同一品號同時存在於不同廠別下的不同庫別中，在成本計算後也會被更新為相同的單位成本。

一、公司資料建立作業

　　此作業相當簡單明瞭，需要建立公司基本資料，也是難得各位可以自由發揮的作業，各位想取什麼名字都可以，但可不能在正式的資料區盡情揮灑，因此「公司資料建立作業」權限不宜對一般使用者開放。

基本資料管理系統 → 建立作業 → 公司資料建立作業

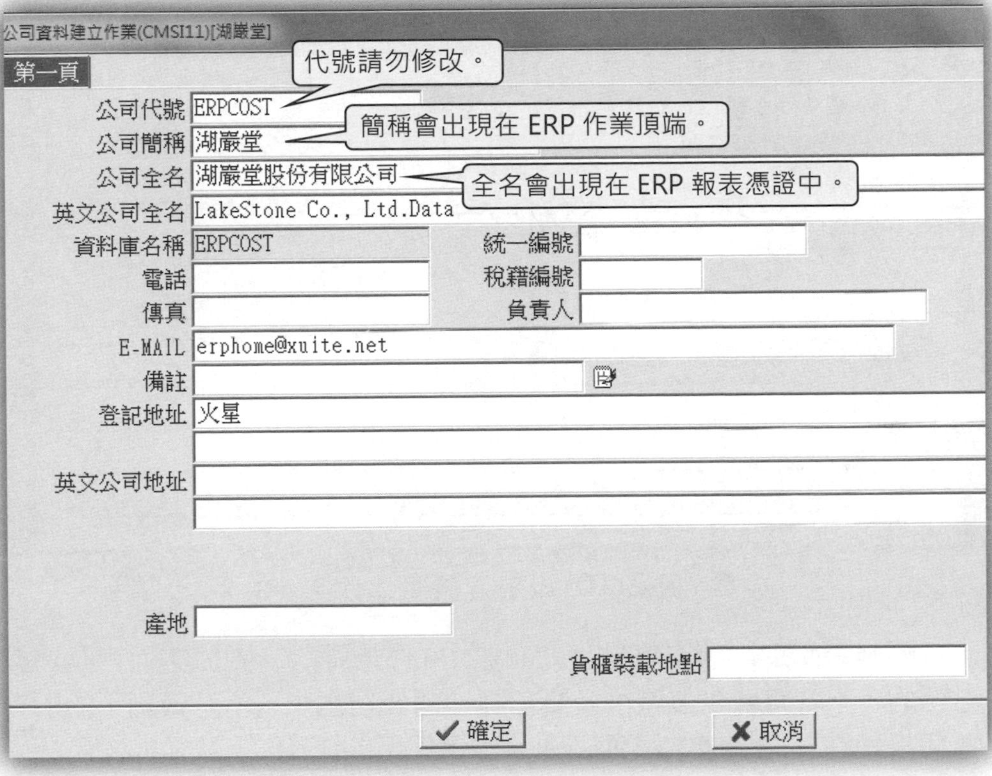

公司資料建立作業(CMSI11)[湖巖堂]

第一頁	

代號請勿修改。

公司代號 ERPCOST

公司簡稱 湖巖堂 ← 簡稱會出現在 ERP 作業頂端。

公司全名 湖巖堂股份有限公司 ← 全名會出現在 ERP 報表憑證中。

英文公司全名 LakeStone Co., Ltd.Data

資料庫名稱 ERPCOST　　　　　統一編號

電話　　　　　　　　　　　　稅籍編號

傳真　　　　　　　　　　　　負責人

E-MAIL erphome@xuite.net

備註

登記地址 火星

英文公司地址

產地

貨櫃裝載地點

✓ 確定　　　　　✗ 取消

✎ 圖 2.9 公司資料建立作業 ✍

　　除了公司代號、公司簡稱、公司全名之外，其他欄位請視公司實際資料建立，全部都空白亦可。此作業並不影響成本計算結果，但是卻會影響各作業抬頭顯示的公司名稱及 ERP 報表或憑證的公司抬頭。如果任意調整，可能會造成憑證審核上的問題，因此在 ERP 系統上線之初就要正確設定此公司之基本資料。

二、廠別資料建立作業

一個廠別不一定代表一個工廠，而是代表企業某一個運作的地點。因此就算公司只有貿易而無生產，同樣要先設一個廠別，因為沒有廠別就無法建立庫別，沒有庫別就無法入庫或出庫。

基本資料管理系統 → 建立作業 → 廠別資料建立作業

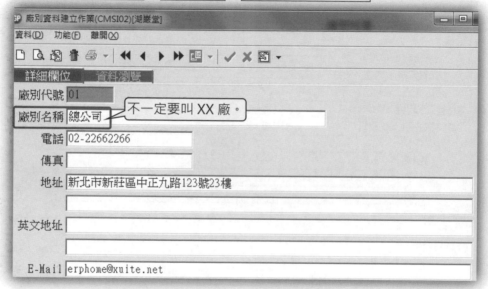

🖎 圖 2.10 廠別資料建立作業 🖎

不同廠別之影響主要是生產計劃中的物料需求，對成本而言是沒有影響的。不管有多少個廠，只要在同一個公司別中，所有廠別下的所有庫別都是在同一個成本影響範圍。本書採用的 ERP 系統並非採用分庫成本之管理方式，若要同一料件在同一成本期間有不同的成本存在，除了可以分別建二個不同品號外，就只能分開二個公司別管理了。

請參照圖 2.10 建立二個廠別：

廠別代號	廠別名稱	電話	傳真	備註
01	總公司	02-XXXXXXX	02-XXXXXXX	
02	五股廠	02-XXXXXXX	02-XXXXXXX	

🖎 表 2.1 廠別資料 🖎

三、庫別資料建立作業

庫別是直接影響成本的基本資料之一，因此在庫別資料的設定上請務必特別謹慎，一旦開始使用之後也儘量不要更改設定，特別是影響成本的「庫別性質」，因此建議只開放給倉管人員查詢權限即可，新增或修改還是由 ERP 的系統管理人員負責為宜。

基本資料管理系統→建立作業→庫別資料建立作業

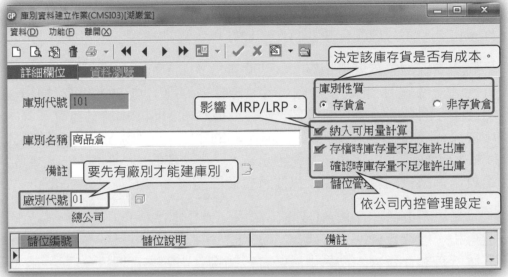

圖 2.11 廠別資料建立作業

庫別的規劃大致上可分二大類：一類是帳務管理用的庫別、一類是實物管理用的庫別。在某些以財務為主的 ERP 規劃方式，庫別的功能主要用於作帳，比較不考慮實務上倉庫的管理，因此會有很多事實上不存在的管理性庫別。當然針對會計需求量身規劃的庫別可為會計結帳時帶來便利性，但問題在於真正天天在使用庫別的卻是資材部的倉管人員，如果庫別是以管理性而把實體的庫別放存一邊，在面臨盤點作業時就會手忙腳亂。因為庫別規劃和實體倉庫不符時，倉管人員手中的盤點清單通常是依 ERP 系統庫別排序，一間倉庫卻出了四五個不同庫別的盤點清單，到底是要按照清單把所的料件重新分區整理，等盤點完再歸回原位？還是帶著會計師指著倉庫的某一角說這個料這裡有 250 個、那裡

有 120 個，所以帳上有 370 個，這樣就能讓會計師接受嗎？

　　倉庫的規劃看似不是成本會計的事，但如果倉庫規劃不良就會導致庫存管理不佳，直接的影響就是庫存數字混亂，更不可能算出正確的成本，因此良好的庫別規劃是成本正確的第一步。

40

　　有使用 ERP 系統的企業都會希望知道庫存品項的實際成本是多少，既然成本要實際，就要先有實際的庫存數字，要有實際的庫存數字就要規畫真實的庫別。因此在庫別的規劃和定義上，要拋去以往「原料」「半成品」「不良倉」的觀念，因為原物料不一定只放在一個倉庫中，一個倉庫也不一定只放某一類的料件，最好以「實地主義」來定義庫別。

　　所謂實地主義就是指有一個空間存放物品，而且有個門和有道鎖，可視為一個庫別，也就是一個可有效控管物品進出的空間就可以稱作一個倉庫。例某個公司的二樓有三個存放原料的房間，由於各自有不同的倉管人員負責管理，那就該定三個不同的庫別；但如果三樓的三個存放成品和半成品的房間是沒有特別上鎖，只在三樓的出入口安排一位倉管人員作進出貨的管控，那麼只要將整個三樓設為一個庫別就可以了。

　　如果有屬於非存貨倉(成本已費用化或是客供料)的物品時，存放庫別應和一般存貨倉(原料或製成品)不同，用以區別的就是「庫別性質」，當然所有非存貨倉的物品也最好有一個獨立空間來管理以免混淆。存貨倉和非存貨倉的差別就是有成本及沒有成本，意即非存貨倉是沒有存貨成本的，例如費用性採購的文具、已經完成向國稅局報廢程序的報廢品。如果庫別中的「庫別性質」設定錯誤的話，那麼整體的成本就會錯誤，因此規劃庫別的人一定要懂成本…(例如不良品倉的庫別性質是？)

請參照圖 2.11 建立下列四個庫別。

庫別代號	庫別名稱	廠別代號	廠別名稱	庫別性質	納入可用量計算
101	商品倉	01	總公司	1.存貨倉	√
211	原物料倉	02	五股廠	1.存貨倉	√
212	半成品倉	02	五股廠	1.存貨倉	√
213	成品倉	02	五股廠	1.存貨倉	√

✎ 表 2.2 庫別資料 ✍

四、生產線資料建立作業

　　生產線是製造業成本結算中最重要的成本蒐集單位，因為生產線的規劃會直接影響成本計算結果之精確度。例如在公司組織上的製一課有兩台重要的生產機台，但兩台的購置成本和生產效率皆有相當差距，在成本會計的角度會希望分別統計各機台的產量來分攤成本。但通常生產線是由生產單位建立，可能設定為一條生產線，如此就算生產單位能夠提供各自的生產資訊，但是進入 ERP 系統之後也只能將其加總之後平均分攤製費，無法依不同機台之成本及效能計算應分攤之成本。因此應將生產線的正確規劃視為成本結算之重點，請 ERP 顧問主導並協同成本會計與生產製造主管開會規劃出合宜的生產線。

基本資料管理系統 → 建立作業 → 生產線資料建立作業

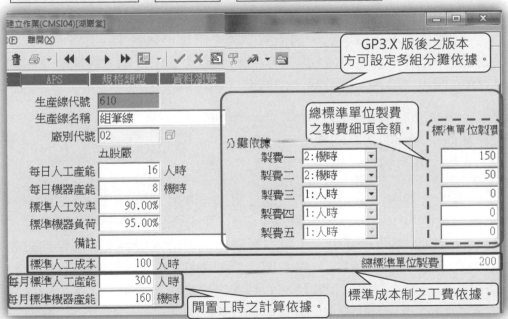

❧ 圖 2.12 生產線資料建立作業 ◎

　　若在生產成本計算時選擇工資率及製費分攤率為「標準」時，系統會以此作業設定之「標準人工成本」和「總標準單位製費」作為每小時之單位成本進行人工製費分攤；採「實際」時則不產生影響。

生產線代號	610			
生產線名稱	組筆線			
廠別代號	02	🔲 五股廠		
每日人工產能	16 人時	製費分攤依據	2:機時 ▼	
每日機器產能	8 機時	標準人工成本	100 人時	
標準人工效率	90.00%	標準製造費用	200 機時	
標準機器負荷	95.00%	備註		💾

✎ 圖 2.13 生產線資料建立作業〔GP2.6 版畫面〕 🖎

　　若成本系統參數設定作業中「製造費用類型」中有設「固定」，而且該生產線需要計算「閒置成本」時，需要在「每月標準人工產能」和「每月標準機器產能」中設定標準產能，以統計標準產能高於實際產能的時數來計算閒置成本，若不需計算閒置成本則可不建立標準產能。

　　分攤依據區五個製費分攤依據並非全部都可以選取，要視「成本系統參數設定作業」中設定幾組「製造費用類型」，此處才會開放幾組的分攤依據可供設定，而分攤之依據有三種可以設定：

1. 人時：單位製費＝製造費用／人工小時
2. 機時：單位製費＝製造費用／機器小時
3. 人工：單位製費＝製造費用／人工成本

　　製費分攤會因不同生產線之人工和機器的比例有所不同，如果該生產線製費的發生與機器的稼動率成正比，則分攤的依據自然依機時為主，反之亦然。如果同一條生產線中的製費只依人時或機時來分攤會造成成本失真的話，就可以設定二組的製費分攤依據，將與人工相關性高的製費以人時分攤；與機器相關性高的製費以機時進行分攤，這樣可以提升成本的精確度。因此成本會計人員和 ERP 顧問在設定基本資料時扮演了十分重要的角色，否則成本需要分兩組製費，但是來源的費用科目卻只有一組，這樣計算出來的成本準確性將大幅降低。

　　生產線的設定雖然和生產管理比較相關，但同時也是成本計算的主角之一，因此生產線的規劃應同時整合生管與成會的需求，避免由某一

部門負責設定卻在上線後才發現問題，那時要作增刪或調整都影響甚廣。本作業權限應嚴格管控，同時要以成本資料蒐集為前提來規劃生產線。

請參照圖 2.13 建立下列生產線 (GP2.6 版依第一組製費分攤設定)

生產線代號	生產線名稱	廠別代號	廠別名稱	製費分攤依據	每日人工產能
610	組筆線	02	五股廠	一:機時/二:機時/三:人時	16
620	包裝線	02	五股廠	一:人時/二:機時/三:人時	8

✎ 表 2.3 生產線資料 ✍

43

五、幣別匯率建立作業

幣別匯率在成本計算中可說是很容易被忽略其重要性的基本資料，因為幣別匯率的設定大部份的情況下只是影響成本的精準度，但是在某些情況下卻可能直接影響成本的正確性，這一切都是因為「四捨五入」，因為一旦取位設定不佳，就可能因為四捨五入造成較大金額之差異。

基本資料管理系統 → 建立作業 → 幣別匯率建立作業

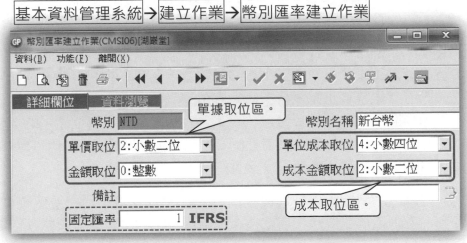

✎ 圖 2.14 幣別匯率建立作業 ✍

幣別匯率分為兩區，「單價取位」和「金額取位」屬於單據取位區，意即單據中的「單價」和「金額」二個欄位會受到此作業設定的影響進行數值的取位處理。

　　例如圖 2.14 中 NTD 的單價取位設「2:小數二位」時，如果在輸入單據時，「單價」欄位輸入 2.1456，在游標移至其他欄位時系統會自動將單價調整為 2.15。此處與 Excel 的設定顯示位數不同之處在於 Excel 只是顯示為 2.15，但是儲存格中的數值仍為 2.1456；而 ERP 顯示為 2.15 時代表系統中儲存的值就是 2.15。如果以 2.1456 為例，，其實四捨五入所產生的差異僅千分之二，大部份的情況下是可被接受的。但如果單價是 0.01456，那麼取小數二位的結果就是 0.01，產生的誤差達到 31%，萬一輸入的單價是 0.00456，那金額不也變成 0…

<有人看出上面這一段說明的陷阱在哪裡嗎？>

　　不知有沒有讀者看出上一段關於單價取位的說明其中有什麼陷阱？因為系統的確會依著上一段的說明進行數值的取位處理，但是真正在登打單據的時侯，如果是單價 2.1456，數量 10,000 個，系統會依單價取位的設定先將單價調整為 2.15 再乘上 10,000。金額欄位由於計算出來的 21,500 沒有小數點，於是就會維持原本的 21,500。但就算系統會將自動計算出 21,500 元，但會在「單價」欄位輸入 2.1456 就表示當初談妥的總價應該是 21,456 元，因此應該以人工調整「金額」為 21,456 元，於是系統記錄數量 10,000 和金額 21,456，看到這裡有沒有又覺得有點怪怪的？

　　首先就是這樣的結果不就單價 X 數量≠金額？系統不會有問題嗎？請放心，因為系統真正記錄會影響庫存的是「數量」和「金額」，單價主要是留作歷史記錄和計算金額的參考，因此單價因為取位產生的誤差可以用手動調整金額的數字使其正確，所以要是真的出現 0.00456 的單價，打單的人應該也會發覺總金額為 0 而改正為 456 元。

　　但從輸入的單價數值被取位四捨五入後會產生如此大的差異，就要注意到一個很重要的問題，那就是「單價取位」的設定是否適當？因為如果某些材料或商品的單價偏低，那就可能會在打單的時侯要經常人工調整「金額」欄位的數字。若有此疑慮則有二個改善方向可供參考：

一、增加金額取位的位數，例如二位改為四位，但通常是應用在美金或歐元等幣值較高的幣別，台幣取位到小數二位應屬合理。

二、單價偏低的品項，設定品號基本資料「單位」時，要考量單價是否偏低，不一定以最小單位為「單位」，像 SMD 電阻電容這類品項，用 KPCS 作為庫存單位不僅可以避免庫存數量有六個 0 還是七個 0，單位成本乘上 1,000 倍後也可以降低因四捨五入造成的金額誤差，這些問題在 ERP 系統上線前就應作好通盤的規劃。

　　單據取位區的「單價取位／金額取位」在設定時侯要依不同幣別的幣值作出適當設定，例如美金取位應和港幣不同，請勿完全仿照圖 2.12 設定，本書介紹成本而非進銷存，故不需建立其他外幣，只要設好 NTD 然後在「基本參數設定作業」中的「本幣(記帳幣別)」選擇 NTD 即可。

　　而「單位成本取位」和「成本金額取位」則是屬於成本取位區，意即在成本計算的過程和記錄時會參考這二個取位設定。由於 ERP 系統計算成本的方式會先將外幣依各單據不同之匯率先換算成本國幣別(本書為 NTD 新台幣)後再進行計算，因此成本取位區這二個取位設定只有在被設定為本國幣的幣別資料中才會發生作用，其他幣別可不必設定。

　　為何範例中成本取位區和單據取位區的設定方式並不相同？因為在登打單據時如果因為取位設定不佳而產生的數字差異可以手動調整，但成本是由系統計算所得，且自動更新至被賦予成本之單據。而一方面因為成本通常在報表中呈現而非單據中，因此無法像一般的單據作業可以進行調整；另一方面就是為了避免人工調整成本造成 ERP 系統成本數字的可信度下降，因此系統也不會開放人工修改成本金額。因此如果「單位成本取位」和「單價取位」一樣設為二位數，單位成本為 2.1456，領用數量為 10,000 個，那麼系統就會先將單位成本調為 2.15，然後領用的金額就是 21,500，而這個數字可能是某張製令的領料金額，而用這個數字算出來的製令成本也會馬上向上滾算至上階的成品直到最終成品，可以說是一錯就到底，有如變了心的女朋友一去不回...

　　單據的取位通常參考日常使用習慣，例如台幣的金額取位設個位數，因為通常發票也開到個位數。但在算成本的時侯為了怕有某些品號的單位設得太小導致單位成本過低而因四捨五入被捨去，因此設成本取位就比單據取位多了二位數，各位在實務上應用時可以視情況予以增減。

45

取位最多可以設到六位小數，並不建議設到太多位的小數，因為如果單位成本並不是非常小的值而設很多位的小數，對成本的精確度並沒有幫助，但卻會在成本核算和報表的呈現上造成一些困擾。

最後再次提醒，單據的取位影響成本計算的來源資料正確性，成本的取位設定則直接影響成本計算結果，因此請特別特別的謹慎。而幣別的取位同時須考量品號資料的基本單位規劃，如果在 ERP 上線之初未將幣別匯率和品號單位對成本之影響納入考量，等於埋下一顆定時炸彈，在計算成本的時候就會直接引爆，不可不慎。這也是很多企業 ERP 雖順利上線，但結算成本卻並不順利的主因之一。因為常把成本視為 ERP 最後一個導入的階段，殊不知成本才是 ERP 順利導入的基石。

六、品號類別資料建立作業

在 Workflow ERP 系統中要建立一個品號可不是件簡單的事，就算跳過新品號申請的流程，還是要經過「品號三部曲」才能夠順利建立一個品號，首部曲就是「**進銷存參數設定作業**」中「**商品分類方式**」，會影響品號類別建立作業中「分類方式」下拉選單內容；而二部曲就是「**品號類別建立作業**」，最後才能進入三部曲「**品號資料建立作業**」。

由於分類方式會因「進銷存參數設定作業」而更動，若只是把**倉庫**改成**資材**或**倉管**，並不會有太大問題。但若是在參數中將**會計**分類和**資材**分類對調，那麼已經建立好的類別和品號資料則都要全面跟著更新，不僅工程浩大而且已產出的相關報表將無法使用。若變更現有類別代號，一樣需要同步更新所有相關料號，因此建立每筆資料前請再三確認。

存貨科目和銷貨收入等的科目設定，通常用於會計的分類中，例如「1211:製成品」「4111:銷貨收入」「4171:銷貨退回」，但是每家的科目不一定完全相同，可自行依實際狀況輸入，而此處的科目設定影響「直接原料明細表」，並不影響成本計算，故可暫略。

庫存管理系統 → 基本資料管理 → 品號類別資料建立作業

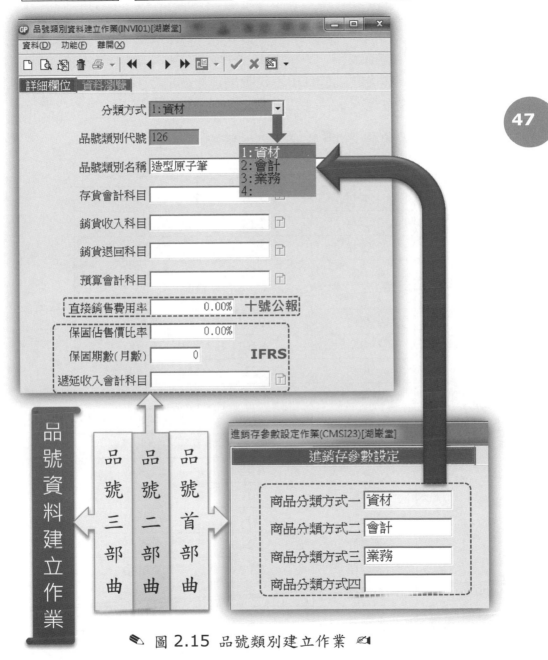

✎ 圖 2.15 品號類別建立作業 ✎

「直接銷售費用率」設定用於計算「淨變現價值」(源自十號公報)，用於以「市價與淨變現價值孰低法」計算跌價損失時，若目前尚不確定費用率可不必建立，不影響成本之計算。

「保固佔售價比率」／「保固期數(月數)」／「遞延收入會計科目」均為 GP 3.X 版後之功能(GP2.6 版則無)，同樣是屬於 IFRS 之範圍。若產品無需產生遞延收入，亦無需設定上述三個欄位。

各位請參照圖 2.15 建立下列品號類別資料。

分類方式	品號類別代號	品號類別名稱
1:資材	126	造型原子筆
1:資材	129	原子筆組合
1:資材	131	筆蓋中性筆
1:資材	211	便利貼(金黏)
1:資材	611	塑膠筆管
1:資材	612	塑膠筆蓋
1:資材	619	塑膠包材
1:資材	621	金屬前蓋
1:資材	633	中性筆芯
1:資材	675	紙盒
1:資材	676	貼紙/標籤
2:會計	10	原料
2:會計	20	物料
2:會計	30	製成品
2:會計	50	商品
3:業務	11	單品
3:業務	12	組合品
3:業務	51	訂製品

✎ 表 2.4 品號類別資料 ✍

七、品號資料建立作業

　　品號資料可說是整個 ERP 系統中最複雜的作業，若要逐一細說可能要佔去四五十頁的篇幅，因此目前只針對與成本有直接相關及與本次課程內容相關之欄位作簡要說明。由於品號資料中需要維護的相關欄位頗多，因此在建妥一筆品號之後，建議各位運用複製品號功能建立其他品號。本書重點不在談內稽內控，因此不必使用「新品號申請建立作業」，直接開啟「品號資料建立作業」執行「新增」即可。

49

庫存管理系統→基本資料管理→品號資料建立作業【基本資料1】

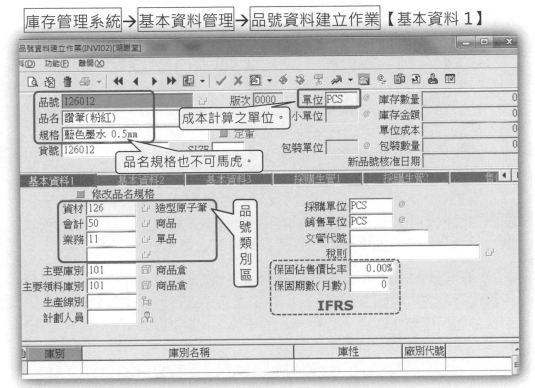

✎ 圖 2.16 品號資料建立作業【基本資料1】 ✍

　　品號是每個庫存品項的代號，同時也是系統計算成本的依據。意即 ERP 系統是計算每個品號有多少成本，而不是某個倉庫或是某一類料件有多少成本。因此品號規劃若不夠嚴謹或品號資料之管理不夠嚴格，ERP 系統會先面臨庫存數量可能會不正確，再來當然就是成本錯亂，因此以成本結算為重要考量的品號規劃是成本正確的第一步。

要談品號的規劃可簡可繁，最簡單就是用流水號或亂碼產生品號，不必編碼原則也不必擔心品號之擴充，更不用背一堆落落長的品號。但大部份的企業都是採用不上不下的編碼方式，就是有將品號作簡單的分類，期望能夠有系統有規則的編號，但常因品號的細部規格畫分得不夠細，造成原本希望品號不要混亂的編碼，會在運作幾年後愈見混亂。

要作好品號的編碼需要對所有的料件特性及未來擴充性充份掌握，不然就只能區分大分類及中分類，再向下就無法細分小分類或特性碼。為了省麻煩可能後面幾碼就用流水碼或由編碼人員自行決定，這樣就會造成表面上看似有作好品號分類，事實上還是愈編愈亂，因此編碼原則十分重要。此單元並非介紹編碼，主要提醒編碼務必注意的重要原則：

一料一號一成本　　先架 BOM 表再編碼

一般編碼會依物品本身的外觀、型號或特性進行編碼，一料一號是大家都認同的原則，但是在某些情況下可能同一個品項會有二個成本：成本差距過大導致成本會計人員希望能夠分別管理二個不同的成本，以便管理銷售利潤。例如台灣廠和大陸廠作同一個產品(十年前台灣製的成本高很多，但現在可不一定...)或是因產能不足而部份請他人代工，便會產生同一產品有不同生產成本。至於成本差距在多少以內是可視為同一項產品而進行加權平均？這就真的要問成會和會計師囉...

因此雖然一個品項應該只有一個品號，但是若成本差異過大需要分別管理時就要考慮編二個品號。但相對倉管人員是否能配合就成問題，因為外觀可能無法區別 A1 和 A2 的不同，導致扣 A1 的帳卻出了 A2 的貨，這就是所謂一料多號的風險。

而為什麼要先架 BOM 再建品號呢？因為在製造業中有分三大類：原物料／半成品／成品。而原物料和成品是一定會存在的自然沒有疑問，但是相同產品卻可能因為不同的生產技術或設備而產生不同的半成品(後面介紹 BOM 之章節會舉例說明)。完全用製令控管會有較多半成品，若全部利用製程管理則可完全沒有半成品。因此要先把 BOM 架階完成之後才會知道有多少的半成品品號要建，而每一個半成品都是要經過一次的成本計算才能得出成本，半成品愈多則計算成本就愈複雜，但相對

50

成本資訊就愈精細,如何取捨就看企業的需求,但千萬不要變來變去...

「單位」是一個很容易被忽略的成本地雷,因為很多人的認知中單位當然是以「最小使用單位」來建立,表面上似乎頗有道理,因為領 250 PCS 看起來是比領 0.25 KPCS 還好一些。當然如果每個 PCS 的單位成本在數元以上當然沒有問題,但萬一像電子零件是 1,000 個才幾十元,每個的成本可能只有 0.025 元,四捨五入到小數二位變成 0.03 元,這樣領用 250PCS 的成本就變成 0.03 X 250 = 7.5 元。

如果單位設 KPCS,那麼單位成本就是 25 元,領用 250 就是領用 0.25KPCS,領用成本就是 0.25 X 25 = 6.25 元。或許 1.25 元的差額並不多,但誤差達 20%。若此情形同時發生在許多材料上,那麼積少成多之後可能造成整體的材料成本有 5%甚至 10%以上的誤差,這樣對於成本分析和成本掌控上會有很大的影響,因此在設定單位時不可只以最小使用單位作為依據,而是要同時考量到對成本計算的影響。

例如飲用水可能以cc作為度量單位,但是 1L 的成本平均下來可能才 3.6 元,此時如果用cc作為品號的基本單位(也就是成本計算單位)四捨五入所產生的誤差就影響很大,此時會建議庫存單位設為 L,然後建立一筆「換算單位」的資料設定 1,000 cc = 1L,然後就可以直接使用cc來作生產領料,系統會先算出 L 的成本再換算到領用的cc數所耗之成本,這樣最多只有一次四捨五入的誤差,自然成本誤差的機率就會比用cc作為庫存單位低很多。

至於圖 2.16 左方的品號類別區中,第一個品號類別的欄位是黃色,意即最少要給這個品號一個品號的分類,至於其他三個分類如果沒有設定並不影響系統運作,也不會影響成本的計算。由於此次將會計類別設在品號分類二,如果未來有想要列印「直接原料明細表」或是想列印庫存的分類金額和存貨科目餘額作勾稽,就必須填入會計這個分類內容。

一般很少用到第三和第四分類,因此在「進銷存參數設定作業」直接讓品號分類四消失,將品號分類三規劃給業務部門運用,建立品號時只須指定品號分類一及品號分類二即可。主要庫別和領料庫別如果有輸入的話就能在輸入單據時自動帶出預設值。

庫存管理系統 → 基本資料管理 → 品號資料建立作業【基本資料 2】

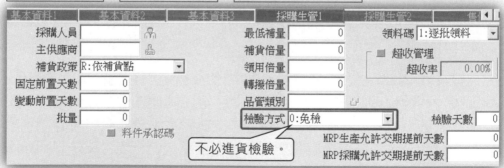

基本資料1　　基本資料2　　基本資料3　　採購生管1　　採購生管2　　售

條碼編號		務必正確設定。	品號屬性 P:採購件
庫存管理	保稅品		低階碼 99　ABC等級
循環盤點碼	切勿取消勾選。		P:採購件
批號管理 N:不需要	切勿手動修改。		M:自製件 / S:託外加工件 / Y:虛設件
有效天數 0　複檢天數 0		備註	F:Feature件 / O:Option件
進價管制　單價上限率 0.00%		產品圖號	
售價管制　單價下限率 0.00%		標準途程品號	
超交管制　超交率 0.00%		標準途程代號	

✎ 圖 2.17 品號資料建立作業【基本資料 2】

「庫存管理」請勿取消勾選，因為如果沒有勾選的話，此品號所有異動都不會影響庫存數，自然就不會有任何的成本出現了。而低階碼對成本的影響會在後面介紹 BOM 時詳細說明，請勿手動修改低階碼。

「品號屬性」是品號資料中的重要設定之一，因為除了會直接影響 LRP/MRP 的運作，也影響了生產製令，同時也影響成本的計算，因此千萬不能隨便選一個就好。而以成本結算的角度來看最簡單的規則就是「上三有成本，下三皆虛空」，相關應用會在第五章介紹。

庫存管理系統 → 基本資料管理 → 品號資料建立作業【採購生管 1】

基本資料1　　基本資料2　　基本資料3　　採購生管1　　採購生管2　　售

採購人員		最低補量 0	領料碼 1:逐批領料
主供應商		補貨倍量 0	超收管理
補貨政策 R:依補貨點		領用倍量 0	超收率 0.00%
固定前置天數 0		轉撥倍量 0	
變動前置天數 0		品管類別	
批量 0		檢驗方式 0:免檢	檢驗天數 0
料件承認碼	不必進貨檢驗。		MRP生產允許交期提前天數 0
			MRP採購允許交期提前天數 0

✎ 圖 2.18 品號資料建立作業 →【採購生管 1】

要學會成本一定要從源頭了解，因此整個課程中會有多次採購進貨，為了避免每次進貨都要作進貨驗收，因此請將所有品號的「檢驗方式」設為「0:免檢」。品號成本中的【成本】頁籤，是利用 BOM 計算出各品號的標準成本，但和成本設定的標準成本制又有些不同，在後面有單

52

獨的章節介紹，屆時再填入【成本】頁籤中的資料即可。

請參照圖 2.16～圖 2.18 的建立方式，依照表 2.5 建立本書所需之品號，欄位內容大致相同的品號請利用「複製品號」節省建立之時間。

品號	品名	規格	單位	品號屬性	資材	會計	業務	主要
126012	讚筆(粉紅)	藍色墨水 0.5 mm	PCS	P:採購件	126	50	11	101
126013	讚筆(橙色)	藍色墨水 0.5 mm	PCS	P:採購件	126	50	11	101
126015	讚筆(綠色)	藍色墨水 0.5 mm	PCS	P:採購件	126	50	11	101
126016	讚筆(藍色)	藍色墨水 0.5 mm	PCS	P:採購件	126	50	11	101
126018	讚筆(紫色)	藍色墨水 0.5 mm	PCS	P:採購件	126	50	11	101
129020	讚筆二色組合	紫色+粉紅色	PCS	M:自製件	129	50	12	101
129030	讚筆五色組合	藍+橙+綠+紫+粉	PCS	M:自製件	129	50	12	101
131530	中性筆 T109	黑色 0.38 mm	PCS	M:自製件	131	30	11	212
131532	中性筆 T109	紅色 0.38 mm	PCS	M:自製件	131	30	11	212
131536	中性筆 T109	藍色 0.38 mm	PCS	M:自製件	131	30	11	212
211333	金黏便利貼 L330	9.8 mm X 9.8 mm 黃色	PCS	P:採購件	211	50	11	101
211338	金黏便利貼 L330	9.8 mm X 9.8 mm 紫色	PCS	P:採購件	211	50	11	101
611530	塑膠黑色筆管 M109	半透明	PCS	P:採購件	611	10		211
611532	塑膠紅色筆管 M109	半透明	PCS	P:採購件	611	10		211
611536	塑膠藍色筆管 M109	半透明	PCS	P:採購件	611	10		211
612530	塑膠黑色筆蓋 M109	透明+LOGO	PCS	P:採購件	612	10		211
612532	塑膠紅色筆蓋 M109	透明+LOGO	PCS	P:採購件	612	10		211
612536	塑膠藍色筆蓋 M109	透明+LOGO	PCS	P:採購件	612	10		211
619201	熱縮袋 11 cm x15 cm		PCS	P:採購件	619	10		211
619251	透明自黏袋 5 cm x12 cm		PCS	P:採購件	619	10		211
619501	PVC 內盒 P1603	筆 x3 便利貼 x2	PCS	P:採購件	619	10		211
619502	透明硬盒(五支裝)	8x12	PCS	P:採購件	619	10		211
621001	中性筆金屬前蓋 R1	銀色	PCS	P:採購件	621	10		211
633530	黑色中性筆芯 M3	0.38 mm	PCS	P:採購件	633	10		211
633532	紅色中性筆芯 M3	0.38 mm	PCS	P:採購件	633	10		211
633536	藍色中性筆芯 M3	0.38 mm	PCS	P:採購件	633	10		211
675001	文具組紙盒 W23	8.5x12.5x3.5	PCS	P:採購件	675	10		211
676001	圓形貼紙 R103	湖巖堂 3.0X1.5	PCS	P:採購件	676	10		211

✎ 表 2.5 品號資料 ✐

八、供應商資料建立作業

ERP 系統中供應商為應付帳款之對象，因此不論是材料供應商或是外包加工廠，都需要建立供應商基本資料。

採購管理系統 → 基本資料管理 → 供應商資料建立作業【交易資料】

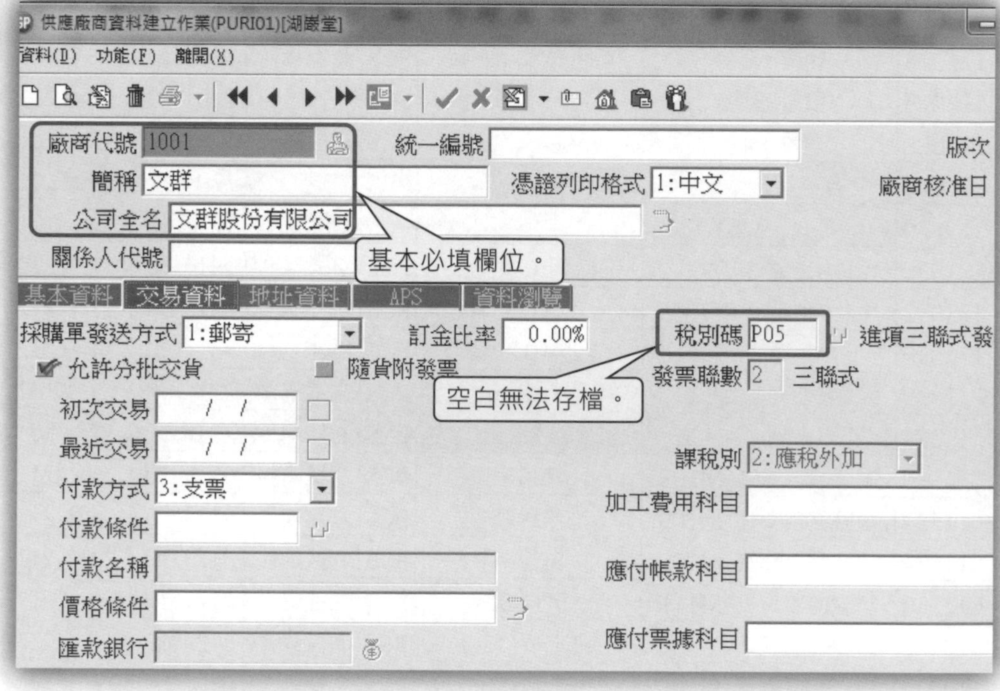

❧ 圖 2.19 供應商資料建立作業【交易資料】 ✍

供應商資料的建立並不複雜，只要把廠商代號和名稱建立之後，記得切換到「交易資料」頁籤，將「稅別碼」欄位填上 P05 之後就可以儲存。請參照圖 2.19 建立下面三家供應商資料。

廠商代號	簡稱	公司全名	核准狀況	交易幣別	稅別碼
1001	文群	文群股份有限公司	1:已核准	NTD	P05
1002	樹恩	樹恩股份有限公司	1:已核准	NTD	P05
6001	金鴻	金鴻實業	1:已核准	NTD	P05

❧ 表 2.6 供應商資料 ✍

九、客戶資料建立作業

　　客戶資料建立比供應商資料建立複雜，客戶在本書僅為銷貨對象，只需使其可用即可。實務上建立客戶資料需要注意信用額度、交易對象分類方式、取價順序...等設定，可參考 ERP 軟體應用師教材(配銷)。

訂單管理系統→基本資料管理→客戶資料建立作業【交易資料(一)】

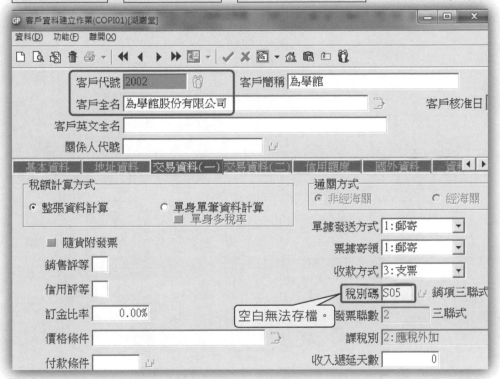

✎ 圖 2.20 客戶資料建立作業【交易資料(一)】 ✎

請參照圖 2.20 建立下面兩家客戶資料。

客戶代號	簡稱	公司全名	交易幣別	稅別碼
2001	晶石堂	晶石堂股份有限公司	NTD	S05
2002	為學館	為學館股份有限公司	NTD	S05

✎ 表 2.7 客戶資料 ✎

十、其他基本資料

其他與成本計算入門非直接相關之基本資料，如部門資料、員工資料、職務類別...等作業之細節請參考其他相關教材。部門資料和會計科目和傳票為成本進階課程，本書中並不會有相關操作故可暫不建立。

為提供各位自行練習時有個依據，筆者提供一個範例的企業組織架構和部門代號表供參考，有興趣可自行建立。

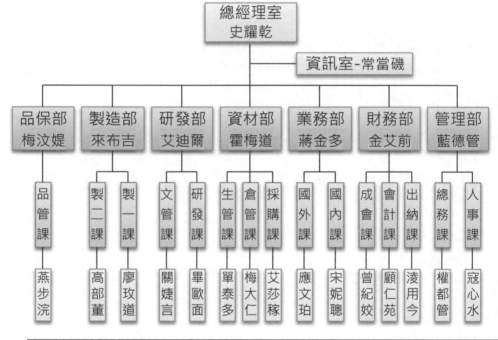

部門代號	部門名稱	部門代號	部門名稱	部門代號	部門名稱
100	總經理室	123	成會課	310	研發部
101	資訊室	210	業務部	311	研發課
110	管理部	211	國內課	312	文管課
111	人事課	212	國外課	510	製造部
112	總務課	220	資材部	511	製一課
120	財務部	221	採購課	512	製二課
121	會計課	222	生管課	520	品保部
122	出納課	223	倉管課	521	品管課

✎ 表 2.8 部門資料 ✍

第三節 單據性質設定

建立完各項基本資料之後，接下來就要設定各系統的單據性質了。善用 ERP 系統可以協助企業強化內控強度，前提之一是所有日常交易資料都需要透過單據建立後再經過簽核程序才能正式進入系統。

對基本資料建立管控較嚴格的企業可以設定重要的基本資料在建立(品號/客戶/廠商)時，必須透過單據簽核的流程才能建立，因此單據的功能可以說是綜合了資料管理和流程控制。

所謂單據性質就是設定各種單據的角色及管理功能，例如進貨單能直接增加庫存數量和庫存成本就是其扮演的角色。但允許直接建立進貨單或是需要核對是否有前置的採購單才能建立進貨單；或是進貨單確認之後是否要直接產生應付憑單，或是進貨單存檔之後即自動列印出憑證就是其管理功能，因此單據性質的設定通常也是 ERP 導入顧問輔導的重點工作之一，此作業之權限應只限 ERP 系統管理者擁之。

成本計算會用到的單據大多是企業日常運作所使用之單據，其角色功能有一定的規範。例如銷貨單記錄售價而非銷貨成本，銷貨成本是需要由 ERP 系統計算後回饋給銷貨單，之後才能算出正確的毛利。因此售價的功能是用來和成本進行利潤的計算而非用售價來計算成本，而銷貨單直接產生應收帳款和進貨單直接產生應付帳款也是的功能之一。

設定這些對成本的影響無法更改的單據時，本書將僅作簡單說明；而在設定能由使用者決定是否直接影響成本的單據時則會詳加說明，請各位特別注意直接影響成本單據的說明及其應用。

雖然善用直接影響成本的單據可以調整成本呈現合理的結果，但也請勿濫用導致成本失真。因此在設定單據性質之後同時要注意的就是各單據的使用權限，避免單據不當使用導致成本錯誤。

57

一、庫存管理系統

　　庫存管理系統的單據是 ERP 系統中唯一可以指定對於成本影響效果的單據,也是部份製造費用的來源,一般用於開帳和結算後成本調整。也就是說從成本的源頭到中間成本的計算,直到成本的結算後調整都在庫存管理系統,因此正確的設定庫存系統單據可以確保成本的正確性。但若庫存系統單據設定不佳或誤用;甚至被有心人士濫用時,對成本造成的傷害也是遠超過其他系統的單據。

　　庫存管理系統→基本資料管理→單據性質設定作業

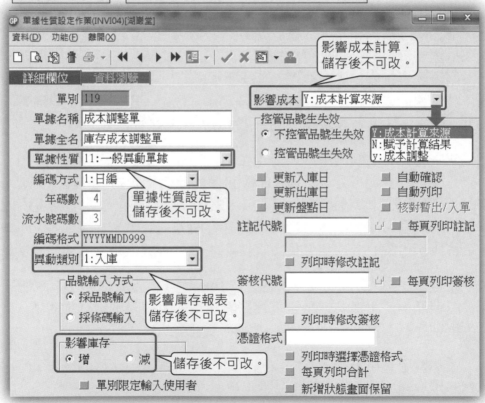

📎 圖 2.21 單據性質設定作業(庫存系統) 📯

　　單別 / 單據性質 / 異動類別 / 影響庫存 / 影響成本這幾個欄位資料在新建資料時務必正確,因為欄位內容一經存檔之後就再也無法修改。如果單據性質確定錯誤:已使用過的單別要更改單據名稱(標明已作廢);

尚未使用過則可將該單別資料刪除之後重新建立正確的單別。

　　「影響成本」欄位設定此單據之成本碼，所有影響庫存數量的單據都可能會影響庫存成本。非庫存系統的單據其影響成本碼都是固定的，例如進貨單是 Y、銷貨單是 N。而單據性質為 11、17 的單據則可以指定成本碼是【Y：成本計算來源】、【N：賦予計算結果】或是【y:成本調整】，可參考圖 2.20 的 ERP 系統成本碼關聯圖來了解各成本碼之間的關係，其他單據皆為轉撥性質故皆不會影響存貨成本。

59

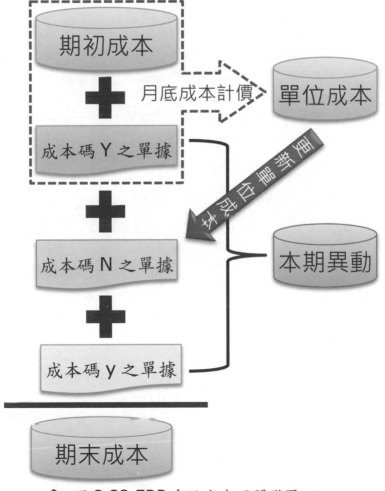

ERP 系統成本碼關聯圖

📎 圖 2.22 ERP 系統成本碼關聯圖 📑

Y：成本計算來源

一般「影響成本」碼為「成本計算來源」的單據，通常用在買賣業開帳單或是作為庫存金額調整單據，如果盤盈虧的調整除了數量之外還要指定調整金額的話，也可使用成本碼為「Y:成本計算來源」的單據。但盤點調整單通常是以月加的平均單價作為調整的依據，所以調整盤盈虧的單據成本碼大多設為「N:賦予計算結果」。

「Y:成本計算來源」的單據對成本的影響相當於進貨單(退貨單)，正常運用採購系統之進貨單來記錄進貨資訊的話，應該是不可能使用到成本碼是「Y：成本計算來源」的單據。

因為直接改變庫存成本的結果可能會造成庫存成本的增加跟採購貨款的數字不平衡，例如只付了 100 萬的貨款購買貨品，因此會計的存貨金額就增加100萬,但若庫存金額因成本調整單據而變成102萬,就會造成庫存金額和會計存貨金額無法相互勾稽,因此企業在正常運作狀況下，成本碼為「Y：成本計來源」的單據應該完全派不上用場。如果因為行業特性或其他因素而不得不進行成本調整的話，請務必先與會計師取得共識，以免被視為作假帳。

一般而言財會人員才有看見成本的權限，但財會人員卻不應直接確認影響庫存數量的單據，因為庫存數量應該是倉管人員的權責；而一般實際負責貨物處理及建立異動單據的倉管人員應該沒有權限看見成本，自然也就沒有辦法改變成本金額。成本碼「Y：成本計算來源」的異動單據不但會影響庫存數量而且會直接影響庫存成本，因此在此類單據的權限控管上要特別注意，最好是啟用「限定輸入使用者」防止非成會人員使用此類單據。

倉管人員有建立庫存異動單據及修改數量和確認單據的權限，但不能有成本之權限，因此看不見金額欄位的內容，自然不能修改；而成會人員有修改成本之權限。所以流程的設計上可以請倉管人員建立單據後交由成會人員修改成正確的成本，最再請倉管人員進行單據確認之工作；或是由成會人員調整正確成本數字後直接確認，如此可避免成本碼「Y:成本計算來源」的單據被誤用。

N：賦予計算結果

　　若要調整庫存數量而不影響成本金額，例如庫存盤點的盤盈虧調整，盤點數量可能和帳面數量不同而需要進行調整，但單位成本應參考月加權平均成本較為合理，因此盤盈虧調整單建議設定「N：賦予計算結果」。一般費用性領料，例如研發人員領用材料用於研發(研發費用)；業務人員領樣品送給客戶(營業費用)；或是領至各部門使用，例如公司庫存有滑鼠、筆記本、原子筆等事務性用品列為部門費用(利潤中心)；生產單位領料用於生產製造(製造費用)...等單據都適用「N:賦予計算結果」。

　　所謂賦予計算結果的意義在於這些單據之單位成本是根據系統計算成本(買賣業：月底成本計價；製造業：月底成本計價作業＋生產成本計算作業)之後的結果。以採取月加權的公司而言，無法在月底前將整個月單據資料的輸入完成的話，將無法取得該月正確的平均單位成本。那麼這些單據為何還是會有成本出現？為了在未取得當月最新成本之前能夠有個參考的成本，系統會搜尋該料號歷史月檔資料中日期最接近的單位成本作為參考成本，如果是全新料號就為 0 元。

　　因此採用月加權平均法的企業會產生一個現象，就是性質為「N:賦予計算結果」的單據，在執行月結程序之前所呈現的單位成本，經常會跟執行完月結之後的單位成本不同。例如在 5 月 15 日銷貨之後列印銷貨毛利分析表時出現成本 200 元，但到 6/2 作完 5 月份的月結之後再列印同一張銷貨單的銷貨毛利分析表，成本可能會變成 208 元，這時毛利就少了 8 元，所以如果要用毛利算業績獎金，記得要等成本月結。另一個要注意的就是費用領料單(或研發領料)切分錄的時機，因為就算是 5/5 就領了一百個零件作為研發之用，但當時單位成本可能是 10 元，但是在 6/2 作完 5 月份成本月結之後單位成本可能就變成 9.8 元，因此只要是從倉庫裡領料作費用的單據要確定月結程序執行完畢之後再切傳票的分錄，以確保以正確的成本計算出正確的費用金額。

　　庫存數量在成本計算前後不會有所不同，但庫存金額卻可能在成本計算後產生變化，有庫存金額的報表亦在成本計算後出現不一樣的結果。因此在什麼時點列印什麼報表來進行分析及管理，便需要把月結程序對成本的影響納入考量，才能避免在不正確的時機列印出錯誤的報表。

y：成本調整

「y：成本調整」除用於期初成本開帳之單據性質「17:成本開帳調整單據」之影響成本碼設定外,主要用途為成本差異調整(分庫及尾差),搭配之單據性質為「11：一般異動單據」。

一般計算成本的想法,只要將當期的期初加上當期異動之後應該就是期末的金額,但由於每次的庫存進出都可能會有四捨五入的情況發生,累積到月底就可能會有尾差或分庫差(將在第五章詳細說明)出現,而要把這些成本的差額調整完畢之後才算有合理的期末成本,此時就可利用成本碼為「y：成本調整」的單據進行成本最後調整。

Y 和 y 主要差異為：Y 影響本月月檔成本；y 影響次月月檔成本

請參考圖 2.19 及依照表 2.9 各欄位的內容建立庫存系統之單別。

單別	單據名稱	單據全名	單據性質	異動類別	庫存影響	影響成本	自動確認
111	一般領料單	一般(雜項)領料單	11:一般異動單據	3:領用	減	N:賦予計算結果	N
112	一般入庫單	一般(雜項)入庫單	11:一般異動單據	1:入庫	增	N:賦予計算結果	N
119	成本調整單	庫存成本調整單	11:一般異動單據	1:入庫	增	Y:成本計算來源	N
121	庫存轉撥單	庫存轉撥單	12:庫存轉撥單據	4:轉撥	減	N:賦予計算結果	N
171	成本開帳單	期初成本開帳單	17:成本開帳調整單據	5:調整	增	y:成本調整	N
178	尾差調整單	尾差成本調整單	17:成本開帳調整單據	5:調整	增	y:成本調整	N
179	分庫調整單	分庫成本調整單	17:成本開帳調整單據	5:調整	增	y:成本調整	N

✎ 表 2.9 庫存系統單據性質 ✐

註：庫存轉撥單是將存貨從 A 倉移到 B 倉,貨品沒有離開公司,照理說是不會影響存貨成本的。事實上的確轉撥單對於整體存貨成本是不會有影響的,但是卻可能會產生分庫的成本差異。

二、採購管理系統

不論是何種型態的成本結構，一般正常情況下材料成本都源自於採購的進貨(不正常的來源是憑空出現的...)，而由於進貨的時間點和立帳(因進貨產生的 A/P)時間點可能會不一樣，因此鼎新 Workflow ERP 採取以進貨單作為計算材料成本的依據，而某些 ERP 系統則是採以 A/P 成立後以應付帳款作為成本計算依據。

因此不同的 ERP 系統可能在成本計算的起始時點就有差異，若企業同時採用了不同的 ERP 系統（例如換 ERP 系統），在並行階段就會發生成本有差異的現象，因此若身為成本會計人員或 MIS 人員在面臨 ERP 系統轉換或並行時要先了解二套系統在成本算上的差異，避免對於因為系統本身設計邏輯差異算出不同成本作出錯誤的解讀。

採購管理系統 → 基本資料管理 → 單據性質設定作業

✎ 圖 2.23 單據性質設定作業(採購系統) ✐

在一般內控流程中，即便不需採詢比議程序的控管流程，最少也要先開立採購單才能有進貨單。但為了把重點聚焦在觀察成本的變化，因此本書略去採購單之控管，設定可直接建立進貨單的模式。實務上並不建議用如此簡化的採購進貨流程(除非是文具類的雜項採購進貨)，因此圖 2.23 的設定僅適合於本書，實務應用請依需求調整。

請參照圖 2.23 及依照表 2.10 各欄位的內容建立採購系統之單別。

單別	單據名稱	單據全名	單據性質	自動確認	編碼方式	核對採購	直接結帳
341	進貨單	國內進貨單	34:進貨單據	N	1:日編	N	N:不結
351	退貨單	國內退貨單	35:退貨單據	N	1:日編	N	N:不結

✎ 表 2.10 採購系統單據性質 ✍

64

三、訂單管理系統

　　訂單系統的單據不論在月加權平均法或標準成本法中，都是不會影響成本的單據，但是成本算出來之後最大的功能不就是要知道銷售的利潤嗎？因此銷貨單的毛利在成本結算前後的變化可用來觀察成本變化。由於只有一筆單據性質需要建立，請依照圖 2.24 建立即可。

訂單管理系統 → 基本資料管理 → 單據性質設定作業

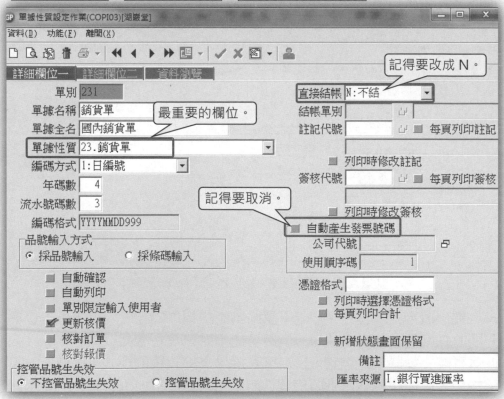

✎ 圖 2.24 單據性質設定作業(訂單系統) ✍

四、製令管理系統

　　製造業成本結算重點可說都在製令系統的單據上,因為除了材料成本要依採購系統進貨單計算之外,其他如成本之滾算順序及工費分攤,都需要依據製令系統的單據資料進行運算。因此製令、領料、入庫這三大類的單據只要有任何問題,都會直接影響成本計算結果,因此在規劃和建立製令系統之單據時,請務必考慮到各單據對成本結算之影響。

製令管理系統→基本資料管理→單據性質設定作業

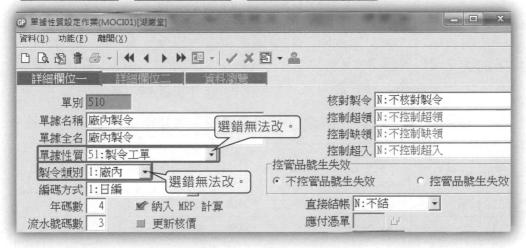

🖋 圖 2.25 單據性質設定作業(製令系統-工單) ✍

🖋 圖 2.26 單據性質設定作業(製令系統-領料) ✍

❧ 圖 2.27 單據性質設定作業(製令系統-入庫) ❧

由於製令／領料／入庫三類單據之單據性質設定有所差異，故特別增加圖 2.26 及圖 2.27 註明差異，雖然右上方的控制項不直接影響成本，但如果能夠設妥管控方式，就能大幅提升單據資料之完整性。

參考圖 2.25~圖 2.27 及依照表 2.11 各欄位內容建立製令系統單別。

單別	單據名稱	單據全名	單據性質	製令類別	核對製令	控制超領	控制缺領	控制超入
510	廠內製令	廠內製令	51:製令工單	1:廠內	N:	N:	N:	N:
515	託外製令	託外製令	51:製令工單	2:託外	N:	N:	N:	N:
540	廠內領料單	廠內領料單	54:廠內領料		Y:	W:	N:	N:
542	廠內補料單	廠內補料單	54:廠內領料		Y:	N:	N:	N:
550	託外領料單	託外領料單	55:託外領料		Y:	W:	N:	N:
552	託外補料單	託外補料單	55:託外領料		Y:	N:	N:	N:
560	廠內退料單	廠內退料單	56:廠內退料		Y:	N:	N:	N:
570	託外退料單	託外退料單	57:託外退料		Y:	N:	N:	N:
580	廠內入庫單	廠內生產入庫單	58:生產入庫		Y:	N:	W:	W:
590	託外進貨單	託外進貨單	59:託外進貨		Y:	N:	W:	W:
5A0	託外退貨單	託外退貨單	5A:託外退貨		Y:	N:	N:	N:

❧ 表 2.11 採購系統單據性質 ❧

第三章 ERP 系統成本開帳及月檔

在 ERP 系統正式上線前，除建妥基本資料外還需作各系統的開帳作業，除了未結案單據外也包含了成本的開帳。這裡的成本指存貨成本，因此開帳的對象自然就是「庫存」。一般可能會覺得庫存的開帳，不就是把庫存數量輸入系統就可以嗎？這聽起來似乎是倉管人員的工作，和成本有什麼關係呢？

事實上庫存開帳可以說是成本正確最重要的起始點，只要這裡出錯，後面的成本會一路錯下去。因為各種影響庫存的單據對成本都有不同的影響(成本碼 Y/N/y)，因此如果選到成本碼是 N 的單據進行開帳，結果就是庫存有數量，但是卻是完全沒有成本金額，也就是所有品號的起始單位成本都是 0...

如果開帳單據的成本碼不是 N 就安心了嗎？那可不一定，因為還要看開帳的是什麼對象，如果是商品或材料，只有採購時付出的貨款成本，那自然問題最為單純。

若製成品有包含料/工/費等不同成本內容時，例如有一支筆的成本組成是〔材料 7 元+人工 1 元+製費 2 元〕。若直接用單據性質「11：一般異動單據」(成本碼 Y)的單據作開帳，以 10 元認定其單位成本(這時 10 元都是材料成本)，以存貨金額看並無問題；但是如果次月有生產相同的品項，系統在把開帳的成本納入計算之後，就會發現這支筆料/工/費的比例和正常的〔7:1:2〕有差異，甚至可能變成〔17:1:2〕，但單位成本可能仍是 10 元，這時的成本正確還是不正確呢？

由於庫存異動單據只有一個單價的欄位，也就是只能指定一個成本數字，而這個數字順理成章的就是料/工/費裡的「材料」成本。為了能夠在處理製造業開帳時需要將料/工/費/加工等四項成本分別記錄，因此 FRP 系統特別為了成本開帳作業，於庫存系統中增加單據性質「17：成本開帳調整單據」。除了單據性質固定為「y：成本調整」之外，在單身可以針對各個品項指定「單位材料／單位人工／單位製費／單位加工」四組不同的成本細項，就可以確保開帳的成本結構正確。

67

ERP 系統將計算出之成本結果記錄於月檔,要學會成本就要先認識「月檔」,本章將會詳細介紹月檔內容及各種「誕生」方式,。

第一節 買賣業之成本開帳

買賣業的存貨科目應該只有商品,如果成本裡有人工或製費豈不怪哉?因此為了預防因單據選用錯誤而造成的困擾,因此買賣業開帳請使用單據性質「11:一般異動單據」之單據。至於影響成本碼的設定,不論選「Y:成本計算來源」或是「y:成本調整」都可完成開帳,差別在於開帳月份的月檔是否會出現單位成本。正常狀況下開帳月份除開帳單之外不會有其他單據,因此該月份的月檔是否出現成本金額並無影響,重點在於系統上線的月份之月檔是否有正確的期初資料。

庫存管理系統 → 日常異動處理 → 庫存異動單據建立作業

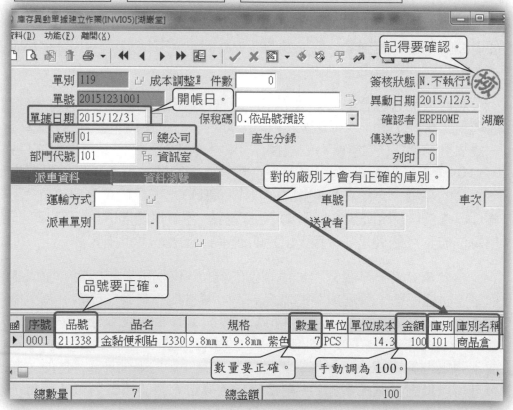

圖 3.1 庫存異動單據建立作業

　　為了能夠比較 Y 和 y 開帳上的差異，買賣業開帳選用了成本碼 Y 的單據，請按照圖 3.1 內容建立開帳資料，請特別注意「金額」欄位。

　　相信大家會發現，其實這筆開帳資料是記錄 7 本便利貼的成本有 100 元，這樣的話平均一本的成本應該是 14.285714，而圖 3.1 是以單價取到小數一位的 14.3 作為單價輸入，這時出現的金額就是 100.1 元，因此如果希望金額取到整數 100 元就要手動修改了，這時應該有人會覺得有些地方怪怪的…

● 為什麼電腦算出來的金額可以改呢？
　　因為有時是用總金額和總數量算出單價，不一定是由數量乘上單價來算出總金額。有時會因為除不盡小數造成總金額需要人工調整，因此金額可以人工調整。
　　由於單價 X 數量不一定恆等於金額，因此 ERP 系統真正儲存的是「數量」和「金額」二個欄位的資料，單價則是很重要的配角。

● 就算金額可以改，但是照理說金額不應該出現 100.1 啊？
　　在第二章介紹幣別匯率(圖 2.12)時，設定金額取位是〔0:整數〕，系統不是該直接四捨五入成 100 嗎？
　　其實如果試著在單價欄位輸入 14.285714，會發現系統會自動取位成 14.2857，很明顯是取位到小數四位。表示雖然現在是在輸入一張單據，欄位名稱也的確是「單價」和「金額」，但由於庫存系統的單據會直接影響庫存成本，因此這裡取位的原則就變成參照「單位成本取位」和「成本金額取位」的設定，也就表示這裡顯示的內容就是成本。

　　將圖 3.1 的成本開帳確認之後，請打開「品號資料建立作業」查詢 211338，可在右上角看到「庫存數量：7」「庫存金額：100」，表示開帳的資料已進入庫存資訊中，系統中並無儲存「單位成本」之資訊。此處顯示「單位成本：14.2857」為系統將「庫存金額」除「庫存數量」後，參考幣別匯率設定的「單位成本取位」取位而得之數字，後續所有成本或庫存異動皆會在此處顯示最新的品號成本資訊，此處的單位成本也就是某些報表選項中的「移動平均成本」。

庫存管理系統 → 基本資料管理 → 品號資料建立作業

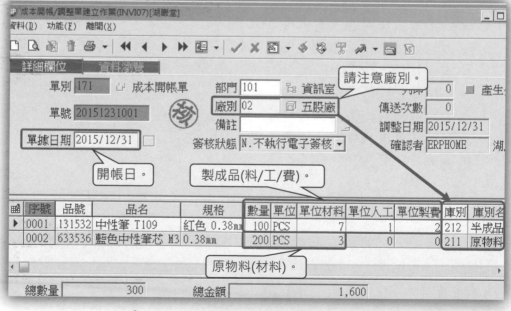

品號 211338　　版次 0000　　單位 PCS　　系統儲存之資料。　　庫存數量　　7
品名 金黏便利貼 L330　　　　　　小單位　　　　　　　　　　　　庫存金額　　100
規格 9.8㎜ X 9.8㎜ 紫色　　■ 定重　　　　　　　　　　　　　　單位成本　　14.2857
貨號 211338　　SIZE　　　　即時運算之單位成本。　　　　　　　包裝數量　　0

✎ 圖 3.2 品號資料之成本資訊 ✍

第二節　製造業之成本開帳

　　製造業的成本開帳可能會有原物料和製成品兩大類;原物料和商品都只有材料成本,如果是製成品就會有料/工/費或加工的成本。
這時不必把這兩大類分成二種單據開帳,全部打在同一張開帳單即可,請按照圖3.3的內容建立一張製造業的成本開帳單。

庫存管理系統 → 日常異動處理 → 成本開帳/調整單建立作業

成本開帳/調整單建立作業(INVI07)[湖嚴堂]　　　　　　　　　　　_□

資料(D)　功能(F)　離開(X)

詳細欄位　　資料瀏覽

單別 171 ⫶ 成本開帳單　　部門 101 ⊞ 資訊室　　請注意廠別。　　0　■ 產生

單號 20151231001　核　　廠別 02　⊟ 五股廠　　傳送次數　0

備註　　　　　　　　　　調整日期 2015/12/31

單據日期 2015/12/31 □　　簽核狀態 N.不執行電子簽核 ▼　　確認者 ERPHOME　湖.

開帳日。　　　　　製成品(料/工/費)。

⊞	序號	品號	品名	規格	數量	單位	單位材料	單位人工	單位製費	庫別	庫別名
▶	0001	131532	中性筆 T109	紅色 0.38㎜	100	PCS	7	1	2	212	半成品
	0002	633536	藍色中性筆芯 M3	0.38㎜	200	PCS	3	0	0	211	原物料

原物料(材料)。

總數量　　300　　　　總金額　　1,600

✎ 圖 3.3 成本開帳單建立作業 ✍

相信大家都知道單據確認後就會更新庫存的數字，若按照圖 3.2 的方式查詢 131532 的庫存資訊，出現的是...

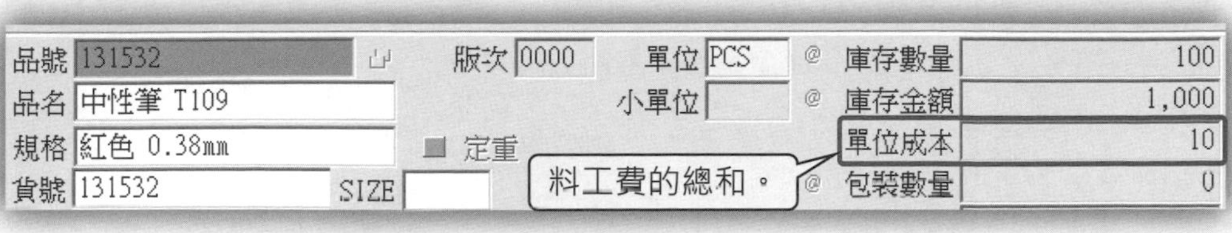

品號	131532		版次	0000	單位	PCS	@	庫存數量	100
品名	中性筆 T109				小單位		@	庫存金額	1,000
規格	紅色 0.38mm		☐ 定重	料工費的總和。				單位成本	10
貨號	131532	SIZE					@	包裝數量	0

✎ 圖 3.4 中性筆 131532 開帳後的庫存資訊 ✍

單位成本直接顯示料/工/費總合(7+1+2)10 元，若有料/工/費的明細那就太好了。這時該請「月檔」登場了...

第三節 成本月檔介紹

「月檔」其實算是個小名，全名是「品號每月統計維護作業」，因為每個品號每個月都有一筆記錄，於是就被稱作「月檔」。本書同樣以「月檔」作為「品號每月統計維護作業」的代稱。

其實品號月檔的觀念是參考會計科目管理的觀念所設計，因此月檔的內容有期初和期末的成本資訊，當然也有記錄本期的成本異動。要掌握成本的變化除了暸解月檔內記錄哪些資訊之外，更需要了解．

● 月檔是如何產生的？

● 月檔各欄位的資料源自何處、如何更新？

● 月檔資料的影響層面？

這些問號將會在開帳月結程序中一一為各位解開，特別成本結算後的成本調整更是以月檔的資料為主，要查核異常的成本更是要先從月檔成本下手。

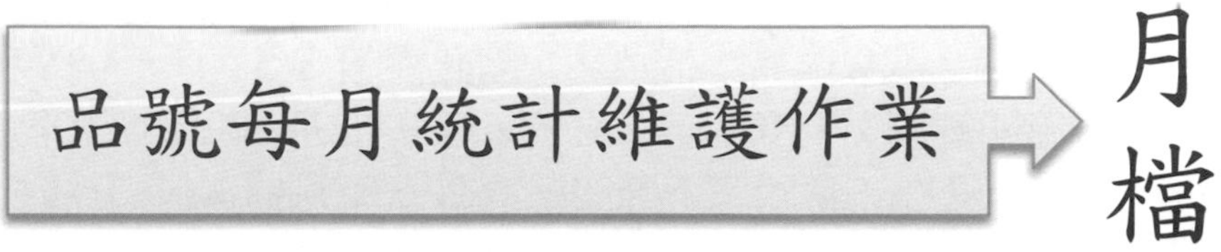

品號每月統計維護作業 ➡ 月檔

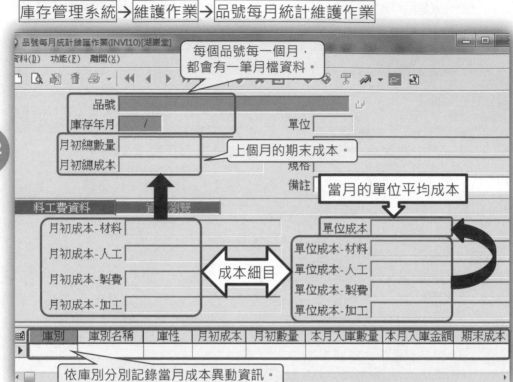

庫存管理系統 → 維護作業 → 品號每月統計維護作業

◎ 圖 3.5 中性筆 131532 開帳後的庫存資訊 ◎

　　或許各位會覺得有點怪怪的，不是要用月檔來看 131532 紅色中性筆的料/工/費成本嗎？為什麼圖 3.5 什麼資料都沒有？相信有實際在 ERP 系統查詢過月檔的話就會發現沒有月檔資料。因為月檔並非如品號資料的庫存數字採即時更新，而是需要透過特定的作業來進行資料的更新或建立新月檔，所謂特定作業即表示不止一支作業會對月檔產生影響。由於月檔的資訊影響整個 ERP 系統成本的各個環節，因此一定要能掌握月檔的變化，才能正確對月檔進行解讀。

　　如果各位還記得第一章介紹成本 TRMS 裡的 Range，談的就是在一個成本週期內一個品號只能有一個成本，因此從圖 3.5 的「品號」和「庫存年月」皆為關鍵欄位（KEY 值）來看，可以推論一個品號從開始有交易之後經過半年，在正常狀況下應該就會有 6 筆月檔資料，因此在查詢成本月檔的資料時，一定要注意正確的年月。

本書設定 ERP 系統正式上線時間為 2016/01/01，而為了讓系統上線時就有正確的期初資料，因此將庫存開帳日定在 2015/12/31，就是將所有期初資料以 2015/12/31 的日期建立成本開帳單並且確認，然後執行 2015 年 12 月的成本月結程序，便可得出 2015/12 月底的成本。此時 ERP 系統會新增 2016/01 的月檔，同時將 2015/12 月底成本寫入 2016/01 月檔中，如此便就完成開帳月結程序。

買賣業每月定期執行的月結程序和開帳月結程序是大同小異，僅差別在每月可能會有尾差或分庫調整單。製造業要進行成本月結作業前須要先確定是否有採用製程系統以決定工時蒐集方式；以及決定線別成本的取得方式(人工/自動)，再參考圖 1.6 把訂好完整月結程序。

依各企業的不同需求訂出月結程序後，請務必按照月結程序執行，切勿任意調整月結程序的內容和順序，否則很可能無法得到正確成本。

第四節 成本開帳之月結程序(買賣業)

企業導入 ERP 時若完全沒有任何存貨，自然無需進行庫存開帳。此節除了介紹如何進行庫存的成本開帳以利後續章節進行外，同時透過介紹月結程序相關作業，讓各位對於月檔有更深入的了解。

在執行月結程序之前，先整理一下在 2015/12 有那些品號已經有庫存資訊存在(不論庫存數量或是庫存成本)：

品號	品名	規格	數量	成本
131532	中性筆 T109	紅色 0.38 mm	100	1,000
211338	金黏便利貼 L330	9.8 mm X 9.8 mm 紫色	7	100
633536	塑膠藍色筆管 M109	半透明	200	600

表 3.1 現有庫存資訊

目前表 3.1 的三個品號資料都尚未出現在月檔，接下來會逐一介紹月檔三種產生方式，三個品號的月檔也會隨之出現。而月檔成本的影響將在下一章介紹，現在就開始來看要如何進行月底結算成本吧～～

一、 確認月結當月相關單據正確且處理完畢

何謂單據處理完畢？簡而言之就是所有已儲存的單據不可以呈現「未確認」狀態，進行 2015/12 月結作業時，檢查範圍自然就是 2015/12/01~2015/12/31，以下為和成本相關之單據：

● 庫存系統：所有單據。
● 採購系統：單據性質為「34:進貨單據」/「35:退貨單據」單據。
● 製令系統：除單據性質為「5B:核價單」外所有單據。

註：單據名稱和單據性質可以完全不相干，因此以單據性質為準。

二、 設定帳務凍結日

不知各位是否記得一開始設定進銷存參數時的「帳務凍結日期」呢？因為當時尚未建立開帳單，為了能夠建立日期為 2015/12/31 的開帳單當然不能把 12/31 凍住，因此先設定凍結日為 2015/12/30。

基本資料管理系統 → 建立作業 → 進銷存數設定作業

商品分類方式一 資材
商品分類方式二 會計
商品分類方式三 業務
商品分類方式四

成本計價方式
○ 標準成本制
◉ 月加權平均成本制

嘜頭列印依據
◉ 資料庫欄位
○ 嘜頭文管檔案

庫存現行年月 2015/12
庫存關帳年月　　/
帳務凍結日期 2015/12/31　31

通常是現行年月的月底。

在途倉

■ 儲位管理
☑ 出庫單據存檔時需指定儲位
☑ 出庫單據存檔時需指定批號

✓ 確定　　　✗ 取消

✎ 圖 3.6 設定帳務凍結日 ✎

成會人員結算 2015/12 成本時，為了防止有其他人確認或取消確認當月份影響庫存的單據，在進行月結前就要先設定帳務凍結日 2015/12/31，確保月結過程順利。請確定成會人員有此作業之權限。

三、現有庫存重計

現有庫存重計作業為以重計年月之月檔資料加上重計年月之後之所有單據異動明細後，將把正確庫存數量回寫至「品號資料建立作業」，以顯示正確的庫存數量。

雖然現今的硬體和資料庫軟體穩定度相當高，但有時因為企業的硬體還很「懷舊」、網路不穩或是其他因素，仍有很低的機率會發生兩張 300 PCS 的入庫單確認後，庫存數量卻顯示 300 而已。為了確保月結結果正確，因此建議將「現有庫存重計作業」列入月結標準程序。

聽起來「現有庫存重計作業」與庫存數量有關，和成本似乎不相干，那為何要特別說明呢？請先執行一次「現有庫存重計作業」，看有什麼變化吧！請按照圖 3.6 輸入重計年月和品號的範圍，再按下確認鈕。

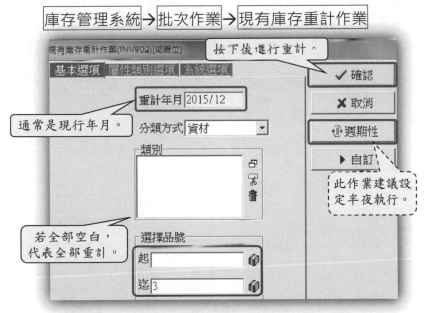

◆ 圖 3.7 中性筆 131532 開帳後的庫存資訊 ◢

一般執行此作業時，建議只輸入「重計年月」，其他均保持空白，表示所有的品號都進行現有庫存重計。因為這裡要觀察庫存重計作業所產生的影響，所以設定結束的品號為「3」，表示 0/1/2 開頭的品號都會列入此次重計的範圍內。

由於「現有庫存重計作業」會先將所有庫存數量歸零再寫入重計後的庫存數量，因此若重計的品號較多，請於非上班時段執行為佳。

表 3.1 中 131532 與 211338 這兩個品號都被納入重計之範圍，待確定重計完成後，查詢月檔是否有何變化。

庫存管理系統 → 維護作業 → 品號每月統計維護作業【查詢】

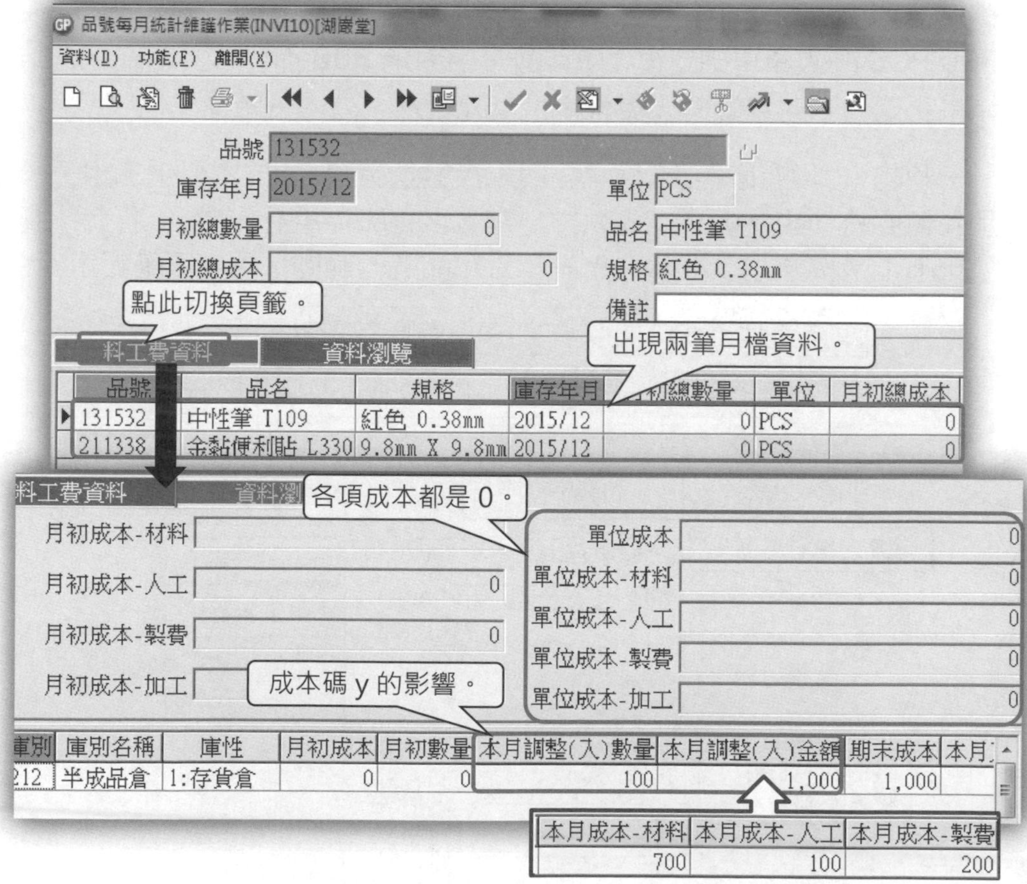

◆ 圖 3.8 中性筆 131532 的月檔資訊 ◢

　　各位會發現原來「現有庫存重計作業」會產生新的月檔，原因在於系統重計之後發現 131532 在 2015/12 有庫存異動資料，在統計完之後先將「庫存資料建立作業」中各庫庫存量更新。要將資料寫入月檔時，發現月檔不存在，於是就新增了一筆「品號：131532/庫存年月：2015/12」的月檔資料。在單身除了可以看到總金額外還可以看到材料/人工/製費的成本細目，表示系統的確分別記錄成本的細項。

　　月初就是上個月底的結存，開帳月份的月初資料當然都是 0。

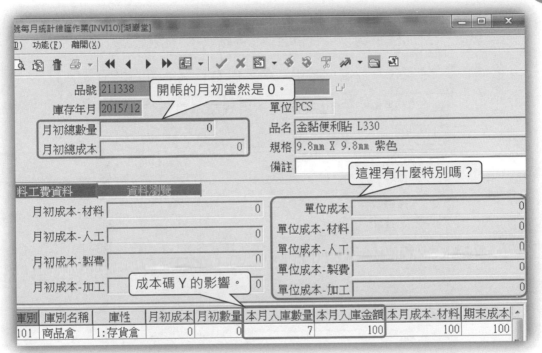

圖 3.9 便利貼 211338 的月檔資訊

　　相信各位還記得 211338 紫色便利貼是用「11:一般異動單據」；131532 紅色中性筆和 633536 藍色筆芯是用「17:成本開帳調整單據」進行開帳的吧！前者成本碼是 Y；而後者的成本碼是 y，二者都是影響成本的單據。但從圖 3.8 和圖 3.9 的單身就會發現二者寫入的成本欄位並不相同，Y 的單據成本會寫入「本月入庫金額」；y 的單據就會進入「本月調整(入)金額」欄位。

　　但成本記錄的欄位不同並不是成本碼 Y 和 y 二者唯一差異，另一個

差異點將會在下一個程序(月底成本計價)之後出現，此差異對於需要作成本調整的成會人員十分重要，因為此差異會影響成本調整的時間點，除了可能將欲調整在本月的成本誤調至次月，更會導致月檔成本錯誤。因此徹底了解 Y 和 y 的差別，可說是本章學習的重點。

四、月底成本計價

78

確定庫存數字正確後就要算成本了，「月底成本計價」中現行年月無法更改，因為成本只能針對庫存現行年月作計算。而成本計算的公式自然就是「月加權平均」，各位可自行驗算成本計價後之數字。

執行「月底成本計價作業」之前請再看一次下方的提示文字！

庫存管理系統 → 批次作業 → 月底成本計價作業

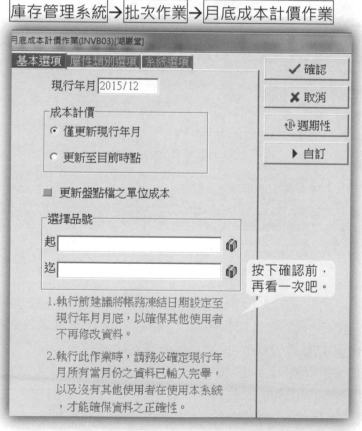

月底成本計價作業(INVB03)[湖巖堂]

基本選項　屬性類別選項　系統選項

現行年月 2015/12

成本計價
◉ 僅更新現行年月
○ 更新至目前時點

▣ 更新盤點檔之單位成本

選擇品號
起 [　　　　　　　　]
迄 [　　　　　　　　]

✔ 確認
✖ 取消
⚙ 週期性
▶ 自訂

按下確認前，再看一次吧。

1. 執行前建議將帳務凍結日期設定至現行年月月底，以確保其他使用者不再修改資料。

2. 執行此作業時，請務必確定現行年月所有當月份之資料已輸入完畢，以及沒有其他使用者在使用本系統，才能確保資料之正確性。

✎ 圖 3.10 月底成本計價 ✍

不知各位按下確認鈕後認為會不會有新的月檔出現？原本已經存在的月檔是否有變化？這支「月底成本計價作業」還有什麼特異功能呢？讓我們繼續看下去...

先進入佇列工作控制台中確認「月底成本計價作業」已執行完畢，再打開「品號每月統計維護作業」中查詢月檔，會發現原本只有二筆的月檔資料變成三筆。應不難猜出是現有庫存重計時未納入的 633536 (藍色筆芯)。但二支不同的程式應有不同功用，接著觀察各月檔的內容，分析這兩支作業的功能差異。

打開品號 131532 的月檔時會發現和圖 3.8 內容完全相同，表示「月底成本計價」並沒有產生新的資料更新至此月檔，各位先想一下原因為何。而另一個品號 211338 的月檔會不會也是一樣沒有變化呢？當然有圖有真相，就打開 211338 的月檔（圖 3.11）來一探究竟吧！

庫存管理系統 → 維護作業 → 品號每月統計維護作業

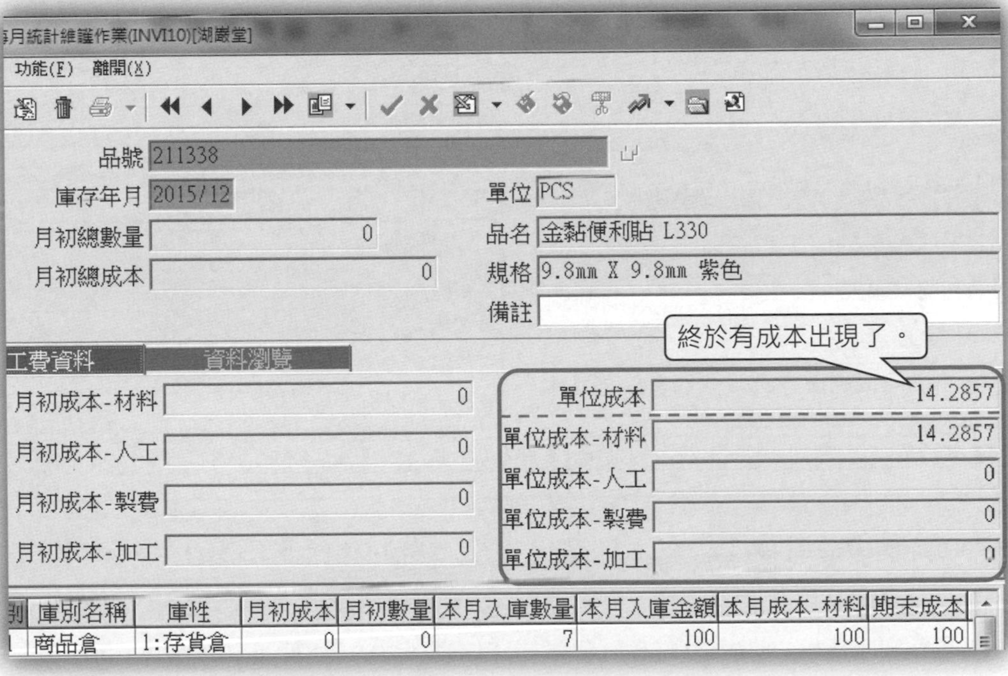

圖 3.11 便利貼 211338 之月檔

　　同樣是 211338 的月檔，但圖 3.11 與成本計價前的圖 3.9 不同，差別在圖 3.11 中單頭右方的單位成本區出現了 14.2857，而單身資料則與圖 3.9 完全相同，各位認為是因為計算結果相同所以看不出差異，還是單身不在本作業的異動範圍內呢？

　　圖 3.11 中單頭之所以會出現單位成本的數字，原因在於成本碼。圖 2.20 中說明了成本碼 Y 的單據資料才會被納入計算當月單位成本，因此只有 211338 才會出現單位成本，而這個單位成本的影響有多廣，也是各位必須確實掌握的重點。

　　看完前兩個月檔後，接下來看新出現的月檔〔品號：633536〕，但是一打開之後令人有點傻眼，怎麼會空空如也？難道是單據有錯還是系統秀逗？當然都不是，請先思考一下這個月檔為什麼會出現。

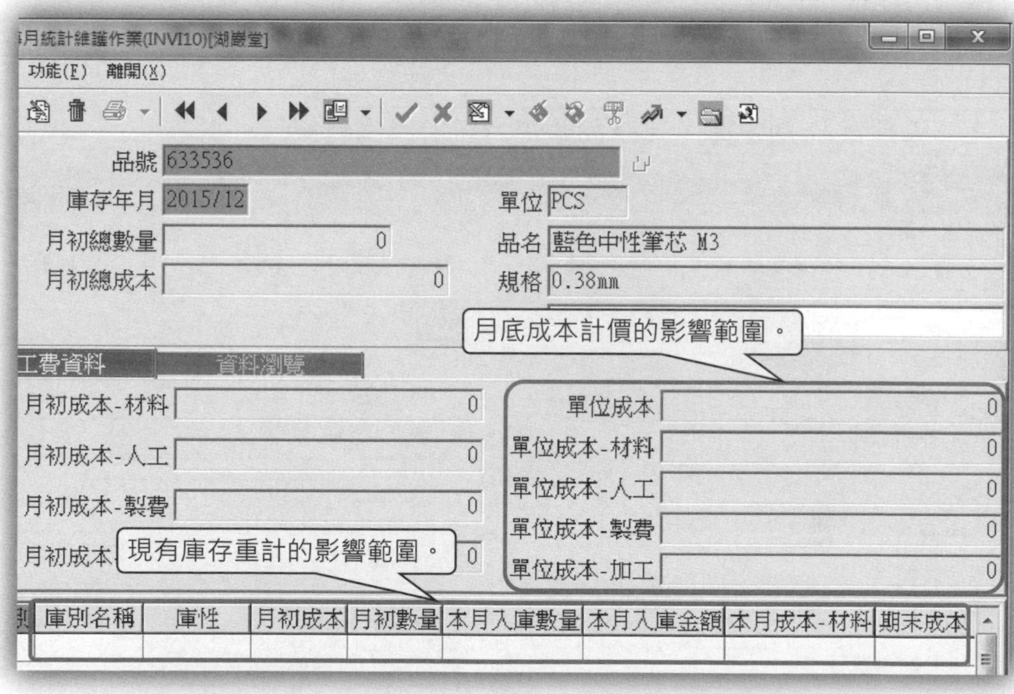

✎ 圖 3.12 成本計價後出現之新月檔(633536) ✐

　　會出現此月檔的原因在於 2015/12 時 633536(藍色筆芯)有庫存異動資料產生。由於 2015/12 當期只有一張成本碼為 y 之成本開帳單，因此單位成本必然為 0(與 131532 相同)，可知單頭右方單位成本區由「月底成本計價作業」產生。但是因為找不到月檔可以記錄成本計價之

結果，因此新增了一筆〔品號：633536〕的月檔資料。。

　　圖 3.12 中無單身資料的原因則是尚未執行「現有庫存重計作業」，因此從各月檔的比較結果，可以了解月檔中單身和單位成本區的內容如何產生(圖 3.12)。若要讓 633536 的單身出現資料，只要再執行一次「現有庫存重計」就會出現圖 3.13 的單身資料。

月初成本-材料	0	單位成本	0
月初成本-人工	0	單位成本-材料	0
月初成本-製費	0	單位成本-人工	0
月初成本-加工	0	單位成本-製費	0
		單位成本-加工	0

別	庫別名稱	庫性	月初成本	月初數量	本月入庫數量	本月入庫金額	本月成本-材料	期末成本
1	原物料倉	1:存貨倉	0	0	0	0	600	600

✎ 圖 3.13 成本計價＋庫存重計之月檔(633536) ✍

Q：如果沒有再次執行現有庫存重計，日後會不會有問題呢？

五、自動調整庫存

　　自動調整庫存調整的對象並非庫存數量而是庫存成本，庫存數量應以實際進出的數量為準。而庫存的成本為什麼要調整？要調整什麼？

庫存管理系統 → 批次作業 → 自動調整庫存作業

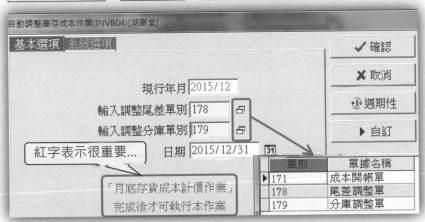

✎ 圖 3.14 自動調整庫存成本作業 ✍

從圖 3.14 中會看到「調整尾差」和「調整分庫」這兩個新名詞，這部份將在第四章作詳細說明，現在請按照標準月結流程執行，理應不會產生調整單據，總不會一開帳就有成本異常需要調整吧...

按下「確認」鈕後就請至「佇列工作控制台」查看「批次」頁籤中「自動調整庫存成本作業」的處理狀態，確認處理狀態呈現〔已完成〕後再查看「處理結果」區，若與圖 3.15 相同表示沒有成本異常出現。

報表	文字報表	批次	確認	自訂報表	週期性		
工作代號	作業名稱			處理方式	預計處理時間	處理狀態	處理者
20120729000004	自動調整庫存成本作業			依佇列順序	2012/7/29 上午 09:47:	已完成	DAVID
20120729000002	月底成本計價作業			依佇列順序	2012/7/29 上午 08:58:	已完成	DAVID
20120729000001	現有庫存重計作業			依佇列順序	2012/7/29 上午 08:54:	已完成	DAVID

沒出現單號表示沒有異常...

選擇項目	條件值	處理結果
現行年月	201512	後端程式版號: 3.1.3.1;Commits: 6 Records,
輸入調整尾差單別	178	RollBacks: 0 Records;
輸入調整分庫單別	179	
日期	20151231	

✎ 圖 3.15 自動調整庫存之處理結果 ✍

六、月底存貨結轉

庫存管理系統 → 批次作業 → 月底存貨結轉作業

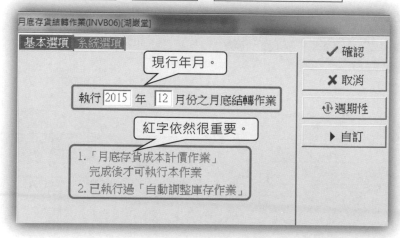

月底存貨結轉作業(INVB06)[湖崴堂]

基本選項　系統選項

✓ 確認
✗ 取消
♨ 週期性
▶ 自訂

現行年月。

執行 2015 年 12 月份之月底結轉作業

紅字依然很重要。

1.「月底存貨成本計價作業」完成後才可執行本作業
2. 已執行過「自動調整庫存作業」

✎ 圖 3.16 月底存貨結轉作業 ✍

執行「自動調整庫存成本」後若沒有出現調整單的資訊，即可進行月結最後一步「月底存貨結轉作業」。一旦「月底存貨結轉作業」執行完畢之後，12 月的單據將無法異動，務必確定所有資料正確後再執行。

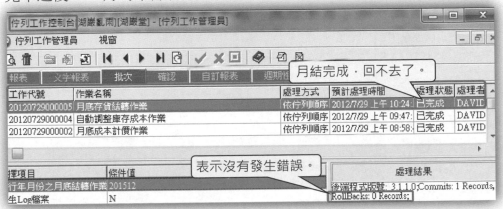

✎ 圖 3.17 月底存貨結轉作業之處理結果 ✐

2015/12 的「月底存貨結轉作業」會新增三筆 2016/01 的月檔，同時庫存現行年月也從 2015/12 加一個月份變成 2016/01。

| 庫存管理系統 |→| 作業維護 |→| 品號每月統計維護作業 |

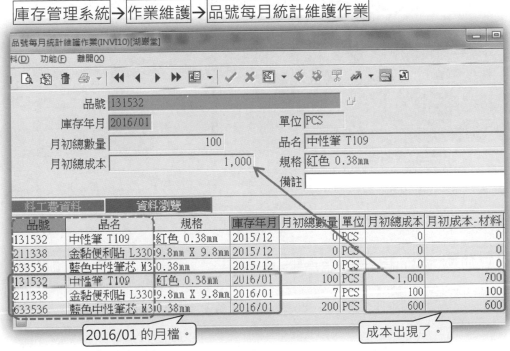

✎ 圖 3.18 月底存貨結轉後之月檔資料 ✐

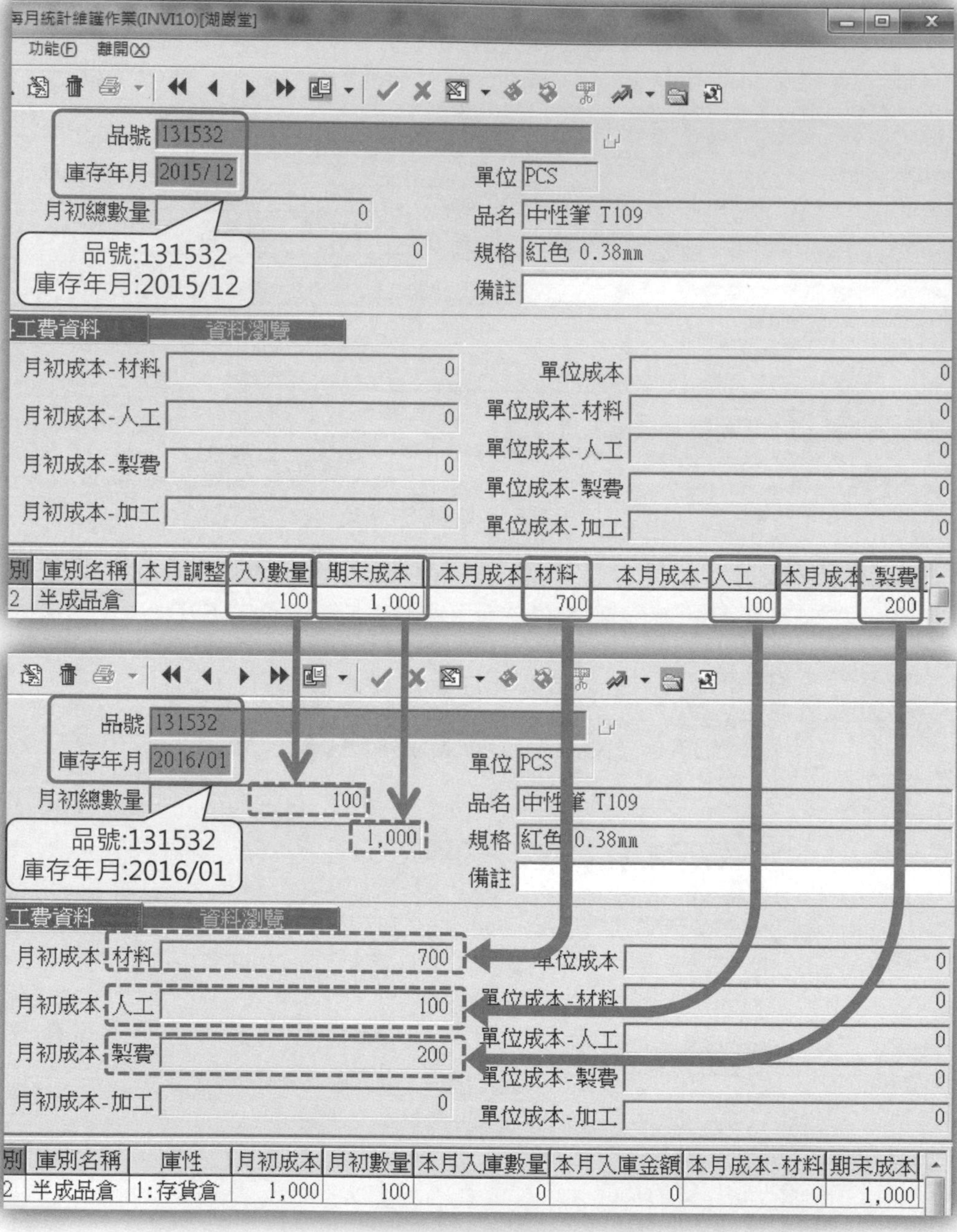

84

圖 3.19 同一品號前後月份之月檔資料比對

　　從圖 3.19 中可知「月底存貨結轉作業」會將前一月份期末結算之數量及金額，寫入次月份的月檔期初資料中，故亦稱「月結」。

　　由於〔品號：131532〕於 2015/12 結算後只有一個庫別有資料，因此才會出現圖 3.19 中箭頭前後端數字相同。若某個月單身有二筆以上的庫別資料(一定要是存貨倉)，結轉到次月月初成本的數字即為前月單身各庫別成本金額之總合。

　　圖 3.19 下半部中新產生的月檔（2016/01）中出現期初的數字，但為什麼右方的單位成本區空空如也呢？因為雖然「月底存貨結轉作業」會產生新的月檔，但計算當月成本並不是屬於「月底存貨結轉作業」的工作範圍。在買賣業的成本結算流程中，「月底成本計價作業」才是負責計算並更新月檔中單位成本的作業。更何況現在應該是 2016/01 的月初，怎麼能知道月底的成本是多少...

　　在經過完整月結程序及一路觀察月檔的變化，各位應該了解並非只有某一支程式才能產生或影響月檔，而是不同作業在不同情況下會進行更新月檔資料或是新增月檔，而且各自負責更新不同欄位的內容：

● **現有庫存重計：**
更新月檔之單身資訊，計算當月的所有庫存異動總額，若無當月月檔時即新增一筆月檔記錄資訊。

● **月底成本計價：**
計算當月各品號之單位成本，寫入各品號當月月檔之單位成本區，若無當月月檔則新增月檔記錄成本。

● **月底存貨結轉：**
將當月各品號之期末數量及成本結轉至次月月檔之月初資料區。由於次月月檔應不存在，因此新增各品號次月之月檔，同時更新各品號當月之月檔單身資訊，確保有期末資訊可供結轉至次月。可預防未執行「現有庫存重計作業」而發生資料不全之情況發生。

基本資料管理系統 → 建立作業 → 進銷存參數設定作業

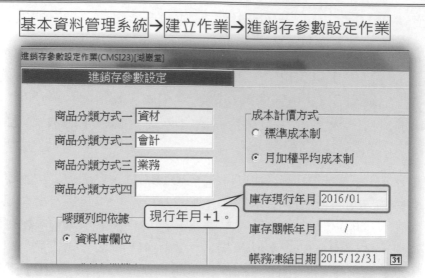

進銷存參數設定作業(CMSI23)[湖嶽堂]

進銷存參數設定

商品分類方式一 資材

商品分類方式二 會計

商品分類方式三 業務

商品分類方式四

嘜頭列印依據
⊙ 資料庫欄位

成本計價方式
○ 標準成本制
⊙ 月加權平均成本制

庫存現行年月 2016/01

現行年月+1。

庫存關帳年月 ⁄

帳務凍結日期 2015/12/31 31

✎ 圖 3.20 檢核庫存現行年月是否正確 ✐

　　最後一步要檢核「進銷存參數設定作業」的「庫存現行年月」是否更新為 2016/01，若一切無誤表示順利完成成本開帳的月結作業。

第四章 庫存成本調整

　　計算出成本之後會需要調整庫存成本,皆因那萬惡的「四捨五入」,因為單位成本出現小數為正常現象,只要進行四捨五入就會產生誤差,多筆交易進行四捨五入後累積的誤差,成本可能在月底結算時出現異常。「自動調整庫存成本作業」針對所有品號進行核算,如果有需要作成本調整的品號則自動產生成本調整單據,使用者核對調整單據內容無單筆過高金額後,將成本調整單據確認後即完成庫存成本調整。

什麼情況下需要調整庫存成本?

尾差:數量為 0、金額不為 0

分庫差:各庫成本總和 ≠ 品號成本

　　雖然用文字來定義很明確也並不複雜,但到底何種情況下會出現?接下來會透過庫存單據的異動來觀察四捨五入如何造成 ERP 成本誤差,知道來龍去脈後方可判斷自動調整的成本金額是否合理,避免造成錯誤的成本或是調整金額過大而不被會計師接受。

　　本章節將以紫色便利貼(品號:211338)說明尾差如何形成,而黃色便利貼(品號:211333)則擔任分庫差的主角。

　　其實只要幾張再普通不過的領料單和轉撥單,就能產生成本調整單。因此如果在月結程序中看到有成本調整單產生,先別擔心成本結算有誤,先確認一下調整金額,一般情況下若果調整金額在 0.1 元以下,就算有多筆調整資料也應屬正常。經常出現明顯偏高的調整金額,李組長可能就要皺眉了,因為事情必定不單純...

第一節 成本尾差之產生

　　第三章成本開帳中有一筆 211338 紫色便利貼入庫,現在用一張領料單將七本便利貼分七次領出,一方面了解成本尾差如何產生,另一方面可觀察「幣別匯率建立作業」中小數取位設定影響如此重大。

日期	單別	品號	數量	庫別	備註
2016/1/5	511	211338	1	101(商品倉)	01 廠
	領料單	同一張單身輸入七筆相同資料			

✎ 表 4.1 便利貼 211338 之異動資訊 ✍

庫存管理系統 → 日常異動處理 → 庫存異動單據建立作業

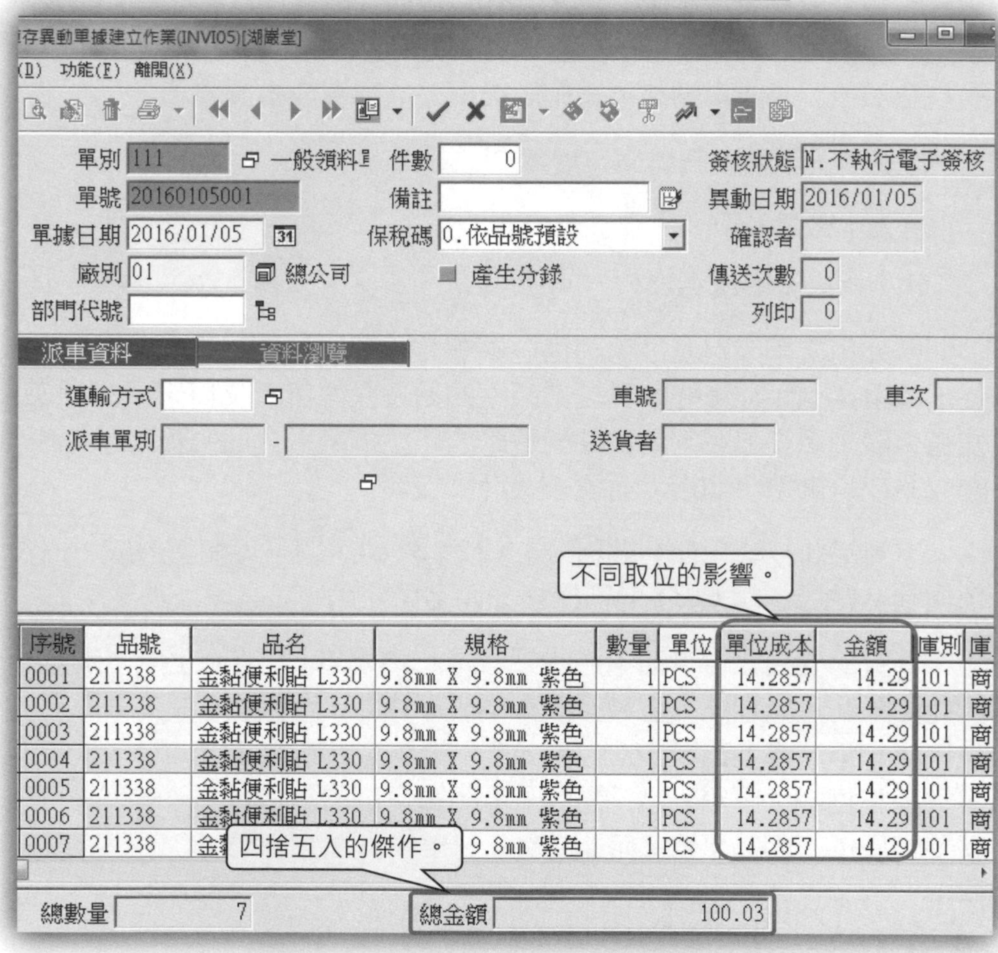

✎ 圖 4.1 庫存異動單據(成本開帳單) ✍

依圖 4.1 建立領料單時，單位成本欄位自動取小數四位 14.2857，金額欄位則取小數兩位 14.29。表示此處之取位設定源自「幣別匯率建立作業」中〔單位成本取位〕及〔成本金額取位〕之設定。

建立七筆單身領料資訊之後，單尾金額總和出現 100.03，與開帳時的 100 元成本產生了差異，這當然就是四捨五入的傑作。各位可試想此領料單確認後，庫存數量和庫存金額應呈現的數字(圖 4.2)。

或許 0.03 元並不大，若成本金額取位並非小數二位，而是小數一位或個位數，那將產生多少誤差？感覺上四捨五入產生的金額應該極小，但若是金額取位沒考慮好加上某個月剛好四捨五入的結果恰巧是進位較多或是捨去居多，累積後將是頗為可觀的金額...

小數一位 ：14.3 X 7 ＝ 100.1 　　(謎之音：0.1 還好嘛...)

個位數 　 ：14 　X 7 ＝ 　98 　　(謎之音：2%就有點多...)

庫存管理系統 → 基本資料管理 → 品號資料建立作業

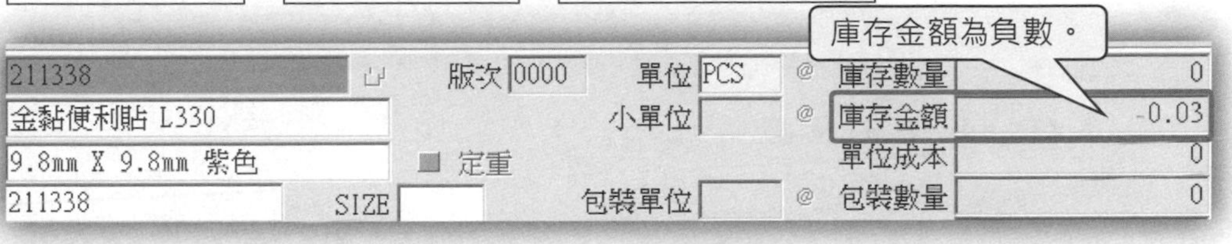

◥ 圖 4.2 便利貼 211338 領料後的庫存資訊 ◤

尾差只有在庫存數量剛好為 0 時才會出現，因為庫存數量為 0 時怎麼可能還有庫存金額？因此庫存數量為 0 而庫存金額不為 0 即視為成本異常，因此需要進行成本調整。

數量和金額是否為 0 有四種組合，為什麼只有這種組合視為異常需要調整？其他三種都不算異常嗎？各位可以思考一下這個問題。

圖 4.2 就是典型的「尾差」，發現尾差要馬上處理嗎？先不必急，因為如果同月份有其他進出發生的話，到月底時尾差可能就會不存在。何況如果要靠人工發現尾差再由人工調整，成會人員可能每個月底都有加不完的班。等到月底進行月結程序時，執行「自動調整庫存成本」就可以由系統自動產生成本調整單進行成本調整。

第二節 分庫成本差之產生(含進貨單成本)

各位可以發現庫存的成本要出現負數如此容易（圖 4.1），但此情形並非系統有問題，也不是打單時的錯誤。因為在成本異常的判斷上與庫存數量異常的認定大異其趣，因此在分析庫存成本時要注意：

成本負數不一定是異常，成本異常不一定是負數。

這一節介紹分庫成本差成因及月檔單位成本欄位對於單據的影響，由 211333(黃色便利貼)擔任產生分庫成本差的主角。由於 211333 不在開帳資料中，因此先打一張進貨單買進 **35PCS**。

採購管理系統→日常異動處理→進貨單建立作業

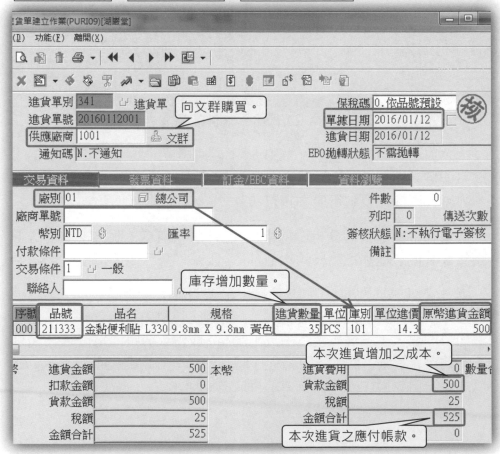

◆ 圖 4.3 便利貼 211333 的進貨單 ◢

進貨單或其他單據之操作細節可參考 ERP 證照教材練習。圖 4.3 只顯示重要欄位，其他未顯示之欄位保持系統預設值即可。若品號建立時未設為「免檢」將無法順利收貨，請確保所有資料與本書相同。

因為使用 ERP 的公司有相當大的比率也都有品管流程，因此鼎新 WorkFlow ERP 系統有記錄進貨檢驗(IQC)的功能，因此在進貨單上有「驗收數量」的欄位來進行管理。而系統在計算成本上也是以「驗收數量」為基準，但是計算應付帳款時卻又是以「計價數量」為依據，為了讓大家更了解「進貨數量／計價數量／驗收數量」之間的差異和關聯還有備品的常見處理方式，故將其關聯以圖示來為大家說明

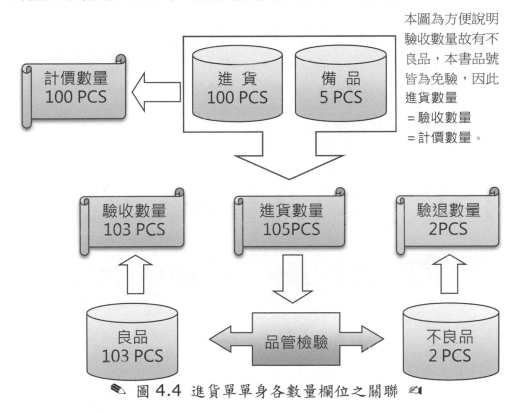

本圖為方便說明驗收數量故有不良品，本書品號皆為免驗，因此進貨數量
＝驗收數量
＝計價數量。

✎ 圖 4.4 進貨單單身各數量欄位之關聯 ✐

另一種備品處理方式則較不建議，即未將備品記錄於進貨單，收貨單位也貪圖方便將備品置於原料倉。雖然收貨和帳款上可能較為便利，但卻會將庫存帳務混亂，因為實際收到 105 個但帳上只增加 100 個，便會造成料帳不合一。

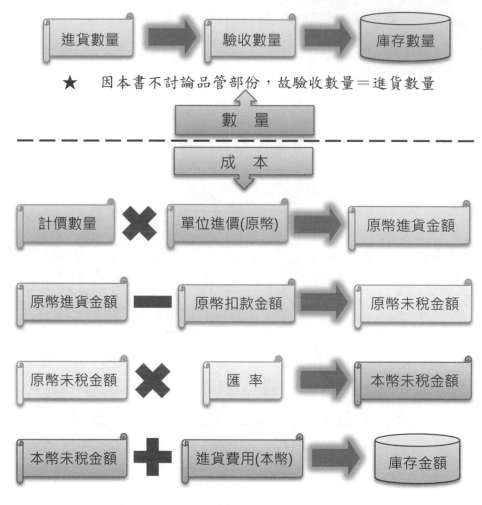

進貨單重點欄位關聯圖

★ 因本書不討論品管部份，故驗收數量＝進貨數量

✎ 圖 4.5 進貨單單尾各欄位之關聯 ✍

圖 4.4 在於說明進貨數量／驗收數量／計價數量間的關係，驗收數量才是庫存增加的數量，而計價數量則為計算貨款之依據。

圖 4.5 用於說明進貨單單尾各欄位間的相互關係，除了強調「扣款金額」是以原幣計價；「進貨費用」是採本幣計價之外，更要注意這些未出現在採購單上的金額資訊都會直接影響進貨的成本，因此對廠商下單採購之金額未必是最後產生的成本。

　　圖 4.5 中說明以外幣交易在計算金額上會複雜許多,而且匯率是採下單日匯率或進貨日匯率也需先與廠商確認,避免事後因為匯差所造成的困擾。在進貨單確認之後請先確認一下庫存是否增加:

◈ 圖 4.6 便利貼 211333 進貨後之庫存現況 ◈

　　依照表 4.2 完成第一張進貨單之後,接下來請依序完成領料單及轉撥單,除了觀察月檔成本對異動單據的影響之外,同時對於正常庫存異動為何會產生分庫成本差有初步認識。

日期	單別	品號	數量	庫別	單價	金額	備註
2016/1/12	341 進貨單	211333	35	101 商品倉	14.3	500	廠商 1001
2016/1/14	111 領料單	211333	3	101 商品倉	14.2857	42.86	
2016/1/20	121 轉撥單	211333	1	101→211	14.2857	14.29	轉出廠別
		211333	1	101→212	14.2857	14.29	代號:01

◈ 表 4.2 便利貼 211333 之異動資訊 ◈

　　建立並確認 2016/1/14 之領料單後,依照圖 4.1-圖 4.2 的邏輯,現在查詢 211333 品號資料,應呈現數量 32、金額 457.14 的結果。但是實際查詢了 211333 的品號資訊,會發現好像不太一樣(圖 4.7)。

◈ 圖 4.7 便利貼 211333 領料後之庫存現況 ◈

　　看到和想像中不同的結果,請別以為 ERP 系統出錯或是該換眼鏡,的確是數量減少但成本沒有變化,在運用「庫存明細帳」來檢視庫存成本變化前,各位試著想一下為什麼會有這種情形發生呢?

庫存管理系統 → 報表列印 → 庫存明細帳

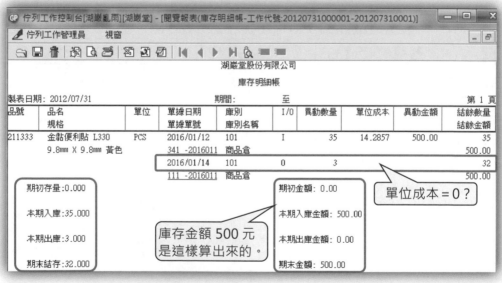

📎 圖 4.8 產生便利貼 211333 之庫存明細帳 📎

📎 圖 4.9 便利貼 211333 之庫存明細帳 📎

　　從圖 4.9 庫存明細帳中發現 1 月 14 日領的 3 本便利貼,只有扣除數量而未扣除成本,那為什麼單位成本會是 0?這就是分庫成本差嗎?

　　相信有人想到這是月檔的問題，但月檔只是間接影響庫存明細帳，明細帳的內容其實源自於「庫存異動明細」(圖4.10)：

庫存管理系統→維護作業→異動明細維護作業

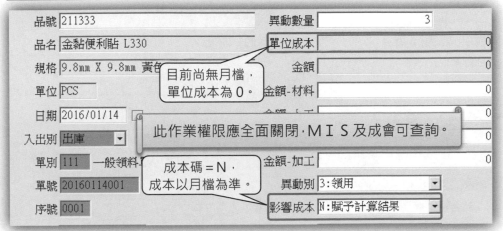

✎ 圖4.10 便利貼211333之領料單異動明細(成本碼：N) ✐

　　圖4.10中先觀察右下方「影響成本」欄位設定，因影響成本碼為「N:賦予計算結果」，表示此筆異動明細成本並非採用單據本身成本，而是以〔品號：211333 ／年月：2016/01〕月檔中的單位成本取代，但現在無此月檔，因此單位成本為0。對照於211333另一筆異動明細資料(圖4.11)，由於成本碼是Y，因此「單位成本」就是進貨單成本。

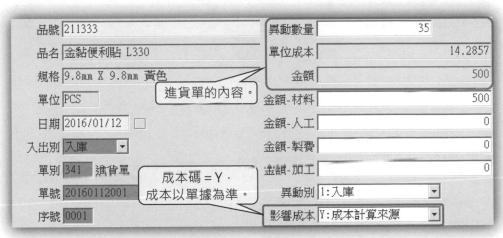

✎ 圖4.11 便利貼211333之進貨單異動明細(成本碼：Y) ✐

要得到正確的成本，當然要執行「月底成本計價作業」。在執行 2016/01 的成本計價之後，ERP 系統成本就從月檔開始一路更新...

成本更新流程(成本碼 N)

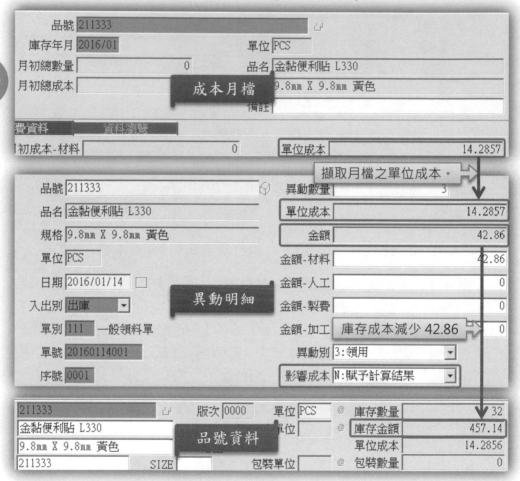

品號 211333
庫存年月 2016/01　　　單位 PCS
月初總數量 0　　　品名 金黏便利貼 L330
月初總成本 **成本月檔** 9.8mm X 9.8mm 黃色
備註
費資料　　資料瀏覽
初成本-材料 0　　　單位成本 14.2857

擷取月檔之單位成本。

品號 211333　　　異動數量 3
品名 金黏便利貼 L330　　　單位成本 14.2857
規格 9.8mm X 9.8mm 黃色　　　金額 42.86
單位 PCS　　　金額-材料 42.86
日期 2016/01/14 □　　　金額-人工 0
入出別 出庫 ▼　　**異動明細**　金額-製費 0
單別 111 一般領料單　　　金額-加工 **庫存成本減少 42.86** 0
單號 20160114001　　　異動別 3:領用 ▼
序號 0001　　　影響成本 N:賦予計算結果 ▼

211333　　　版次 0000　　單位 PCS ＠　庫存數量 32
金黏便利貼 L330　　　單位 ＠　庫存金額 457.14
9.8mm X 9.8mm 黃色　　**品號資料**　單位成本 14.2856
211333　　SIZE　　包裝單位 ＠　包裝數量 0

✎ 圖 4.12 單據成本碼為 N 之成本更新流程 📷

從圖 4.12 中看出若一個品號在某個月份中有成本碼為 N 的單據時，單據本身成本數字可能並不正確，若於此時以單據上的金額切費用傳票會影響會計帳之正確性；而不正確的庫存金額則影響選用「移動平均」成本選項的報表正確性。因此要先了解並掌握成本影響層面；再確定成本相關資料皆正確後再執行成本相關作業才能確保成本的正確性，現在還沒有出現分庫成本差，因為表 4.2 還有一張轉撥單。

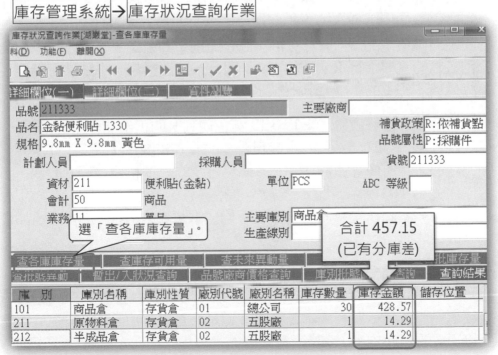

庫存管理系統 → 日常異動作業 → 轉撥單據建立作業

轉撥單別	121	庫存轉撥單	簽核狀態	N.不執行電子簽核
轉撥單號	2016012C001		轉撥日期	2016/01/20
單據日期	2016/01/20		確認者	ERPHOME
部門代號				湖巖亂雨
轉出廠別代號	01	總公司	列印 0	件數
備註			傳送次數 0	EBO拋轉狀態 不需拋轉

派車資料　　　資料瀏覽

轉撥單別	單據名稱	轉撥單號	單據日期	部門代號
21	庫存轉撥單	20160120001	2016/01/20	

序號	品號	品名	規格	轉撥數量	轉出庫	庫別名稱	轉入庫	庫別名稱
0001	211333	金黏便利貼 L330	9.8mm X 9.8mm 黃色	1	101	商品倉	211	原物料倉
0002	211333	金黏便利貼 L330	9.8mm X 9.8mm 黃色	1	101	商品倉	212	半成品倉

注意庫別。

| 數量 | 2 | 總金額 | 28.58 |

✎ 圖 4.13 建立便利貼 211333 之轉撥單 ✍

庫存管理系統 → 庫存狀況查詢作業

庫存狀況查詢作業[湖巖堂]-查各庫庫存量

料(D)　功能(F)　離開(X)

詳細欄位(一)　詳細欄位(二)　資料瀏覽

品號	211333		主要廠商	
品名	金黏便利貼 L330		補貨政策	R:依補貨點
規格	9.8mm X 9.8mm 黃色		品號屬性	P:採購件
計劃人員		採購人員		貨號 211333
資材	211	便利貼(金黏)	單位 PCS	ABC 等級
會計	50	商品		
業務	11		主要庫別 商品倉	

選「查各庫庫存量」。

生產線別

合計 457.15
(已有分庫差)

查各庫庫存量　查庫存可用量　查未來異動量　批庫存量
查批庫異動　暫出/入狀況查詢　品號廠商價格查詢　庫別批購查詢　查詢結果

庫別	庫別名稱	庫別性質	廠別代號	廠別名稱	庫存數量	庫存金額	儲存位置
101	商品倉	存貨倉	01	總公司	30	428.57	
211	原物料倉	存貨倉	02	五股廠	1	14.29	
212	半成品倉	存貨倉	02	五股廠	1	14.29	

✎ 圖 4.14 查詢便利貼 211333 之各庫庫存金額 ✍

97

從圖 4.14 庫存狀況查詢作業中可看到各庫有各自的庫存成本金額，但這些數字從何而來？在圖 4.12 第三張的品號資料的截圖中可以看到品號單位成本是 14.2856，品號的庫存金額是 457.14。

101 倉　庫存金額　　30　╳　14.2856　＝　428.57

211 倉　庫存金額　　1　╳　14.2856　＝　14.29

(Q：為何此處不是直接擷取月檔單位成本？)

分庫成本差的產生就是同一個品號總成本和各庫成本總和的差異，在本例中可看到品號庫存成本是 457.14 元(圖 4.10)，但三個倉庫成本總和卻是 457.15 元(圖 4.12)，相差的 0.01 元就是分庫成本差。

$$\text{分庫成本差} = \left(\frac{\text{庫存金額} \times A\text{庫數量}}{\text{庫存數量}} + \frac{\text{庫存金額} \times B\text{庫數量}}{\text{庫存數量}} + \cdots \right) - \text{庫存金額}$$

(Q:為何不是直接擷取品號之單位成本乘上各庫數量？)

產生分庫差後成本便應調整，會有分庫差是因為分開各庫記錄庫存金額時，各庫均會進行一次小數取位處理（四捨五入），因此調整成本的對象自然不是品號「庫存金額」而是庫別中的金額。而調整金額若均分到各倉時又要進行數次四捨五入，因此系統僅對某一庫別進行調整。為降低成本調整的影響，ERP 系統選擇庫存數量最多的庫別進行調整。

就算現在已經取得了 211333 黃色便利貼的正確加權平均成本，但若現在列印「庫存明細表」會發現各倉的成本和圖 4.12 有些許差異，因為在報表中有庫存金額存在，為避免各庫的成本和總金額有差異，因此已經先對 101 倉顯示之成本數字進行調整，因此在成本月結之前，難免會發生不同作業會同時會呈現不同成本數字的情況，這些問題都會在完成成本月結程序後一掃而空。

在面臨不同作業產生成本相關資訊時所出現的差異時先不必擔心，因為了解不同作業的資料處理邏輯後，就能掌握某些差異的形成原因。若經過完整資料核對和成本結算之後還是有差異，可能就要檢查是否被直接更動資料庫內容，或是不夠完善的客製程式造成系統資料不正確。

第三節 自動調整庫存作業

一月份的單據已經全部建立完成，可以開始進行月結程序：

- 確認 2016/01 當月所有單據處理完畢
- 設定帳務凍結日：**2016/01/31**
- 現有庫存重計：**2016/01**
- 月底成本計價：**2016/01**
- 自動調整庫存：

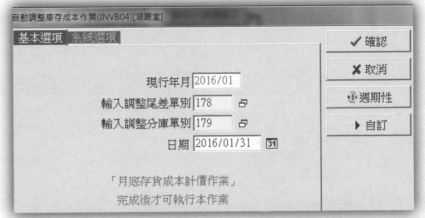

✎ 圖 4.15 自動調整庫存成本作業(2016/01) ✍

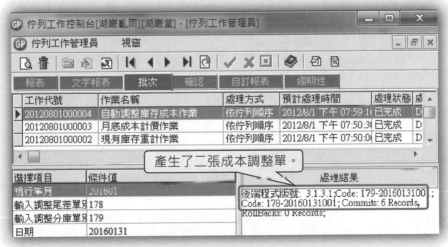

✎ 圖 4.16 自動調整庫存成本之處理結果 ✍

執行完「自動調整庫存成本作業」後，會在「處理結果」看到調整單資訊 178-20160131001(尾差)和 179-20160131001(分庫差)。

庫存管理系統→日常異動處理→成本開帳/調整單建立作業

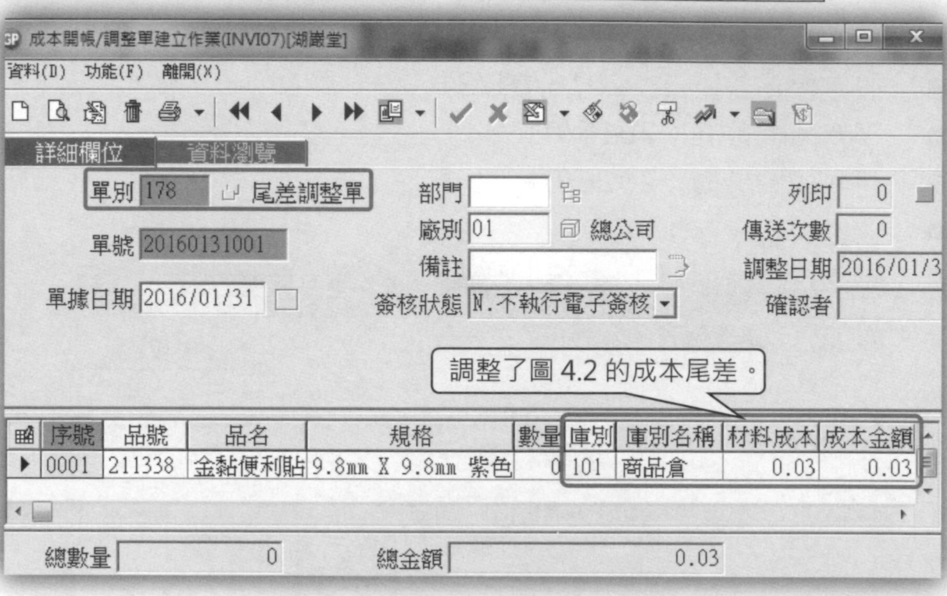

● 圖 4.17 尾差調整單 ✍

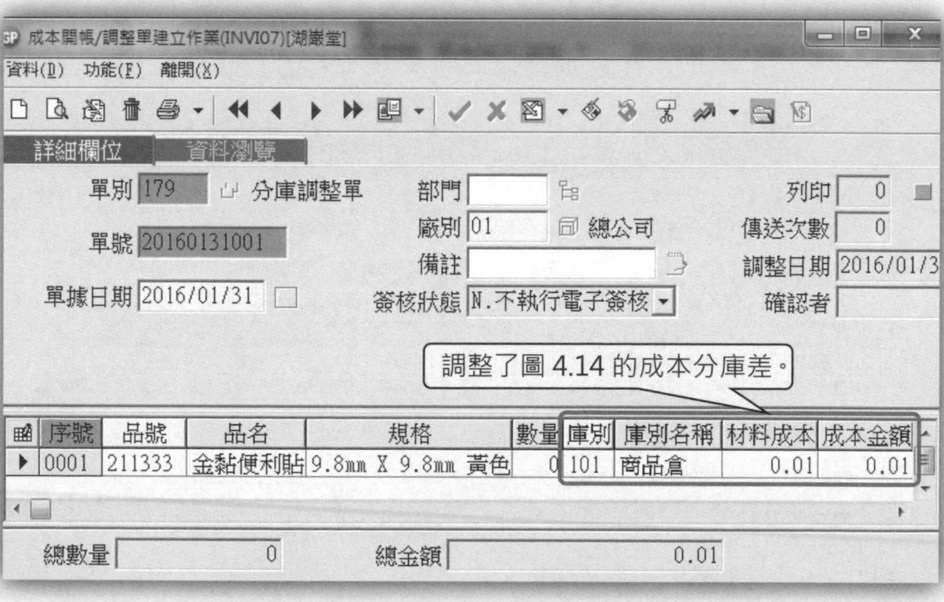

● 圖 4.18 分庫調整單 ✍

自動調整庫存成本作業可說是成本結算的最後一個重要步驟，在確定圖 4.17 和圖 4.18 的成本調整單內容正確後，請將 178 尾差調整單和 179 分庫差調整單確認，但在按下確認鈕時來了位不速之客。

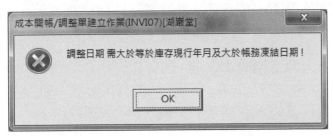

✎ 圖 4.19 單據確認日期大於帳務凍結日時出現之訊息 ✍

各位碰到這個情況請不必擔心，因為成本調整單是屬於成本碼 y 的單據，發生作用的時機應該在 Y 和 N 單據處理完畢之後才上場，因此系統會自動的將單據日期設在當月最後一天，也就是 2016/01/31。但是在月結程序第二步就已經把帳務凍結日設在 2016/01/31，因此這二張調整單是無法確認的，為了順利將成本調整單確認，便需要將帳務凍結日向前移一天：

● 調整帳務凍結日為 2016/01/30
● 確認 178 尾差調整單及 179 分庫調整單
● 月底存貨結轉：2016/01（確認成本調整單後若非立刻執行月底存貨結轉作業，請將帳務凍結日調回 2016/01/31）

到此整個成本月結作業再度大功告成，在查詢 211338 紫色便利貼的品號資料，確認目前庫存數量為 0；庫存金額為亦為 0 後，表示自動調整成本作業已將尾差調整完成。當然這時也已產生了下個月的月檔資料，準備迎接 2016/02 了。

截至目前為止練習過兩次月結程序，應該會覺得月結程序並不複雜，五六支作業而已。但或許有讀者會說只有談到採購進貨和一般庫存異動。也就是到目前為止介紹的內容可說是專屬買賣貿易業的成本計算範疇，在下一章就要開始介紹其他和生產製造成本有關的部份。

　　由於大部份負責成本計算的成會人員可能並非工管相關科系出身，對於結算製造業成本十分重要的 BOM 可能不太了解，因此本書將針對 BOM 作基礎觀念介紹，當然重點是在於和成本相關的部份而非生管。就算是已經熟悉 BOM 的讀者還是建議不要跳過該章節，因為 BOM 在生產上的功能和在成本中的功能並不相同。

　　在真正進入製造業成本之前，還會先介紹於買賣業和製造業間的「組合/拆解」。這部份「乍看很簡單」，但真正算成本就「沒那麼簡單」...在正式進入製造業成本之前還有一關，各位要堅持～～

第五章 BOM 與成本

結算製造業成本對於會計科系背景的成本會計人員而言,最大挑戰通常在於製造業成本的重心為生產製造,而一般成本會計的課本中很少提到 BOM 與製令。而成會人員在實際計算製造業成本時,只能依據製造單位提供之資料進行成本計算,卻不一定能夠從資料中看出異常而預防算出錯誤的成本。成本會計人員對自己算出的成本都不一定有信心,面對老闆詢問為何成本是這個數字時,回一句「這是 ERP 算出來的,不甘我的事」,可能很難保住這個工作吧(也很難說啦…)。因此要作為一位稱職的製造業成本會計,第一步就是一定要學會 BOM,而且要能夠看得懂 BOM,才能開始學習結算製造業的成本。

103

第一節 何謂 BOM

BOM(Bill Of Metrarial)一般稱為用料表或用料清單,主要是記錄生產某一產品時所需要的材料。生管人員可利用 BOM 準備生產所需的材料,採購人員可利用 BOM 進行原物料的採購,而成本會計人員則用 BOM 計算標準成本,不論您念什麼系,先來認識什麼是 BOM 吧。

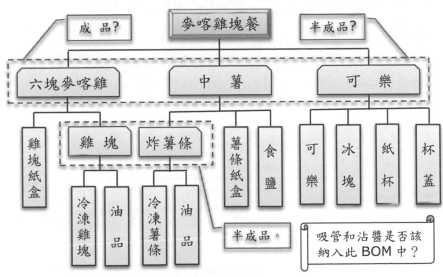

✎ 圖 5.1 麥喀雞塊餐的 BOM ✐

圖 5.1 是生活中最常見的速食組合餐的內容,將一個成品由上而下逐項拆解其組成成份,一層一層向下展至無法自行生產之採購材料為止,就是繪製一個 BOM 的基本觀念,而 BOM 也決定一個產品的材料成本。因此有能力繪製出正確的 BOM,也表示對於成本有一定的掌握度。

圖 5.1 中最上方的「麥喀雞塊餐」可稱為成品或最終產品,而末端的矩形就是原物料,右上切角矩形通常稱為半成品,一般店家不會只賣十根薯條或一塊雞塊吧,但雙切角矩形的品項定位值得討論。以「麥喀雞塊餐」的角度來看,中薯應該算是半成品,但中包薯條亦屬於一般銷售的品項,若以銷售角度來看,「中薯」也可以視為成品或最終產品。

因此像中薯或六塊麥喀雞這樣的品項是要歸為成品還是半成品呢?一個品項有多種定位的情形在許多製造業中相當常見,因此要明確定義一個品號是半成品還是成品其實有一定難度。因此筆者認為半成品和成品的定義,如果存在於生產製造的範圍內,較易有明確的定位。但以成本結算的角度看,最末端的「原物料」定位明確,因為成本就是材料;而半成品和成品則定位為「製成品」較佳,因為成本都一樣有料工費,以上述觀念來學習成本結算,較不會被成品或半成品的定義混淆。

至於 BOM 中該不該出現吸管或是糖醋沾醬?重點則是在於直接材料和間接材料的區分,讓各位思考一下吧!

若用圖 5.1 來介紹 BOM 在 ERP 中的應用較為複雜,因此筆者用常見的蛋餅為例來介紹 ERP 系統中的 BOM 該如何建立。相信大家都知道蛋餅是用一顆蛋和一張餅皮以及沙拉油(當然可以用其他油…)製作出來的,因此蛋餅的 BOM 就如圖 5.2:

✎ 圖 5.2 原味蛋餅的單階 BOM ✍

由於只有向下展開一層的材料，因此圖 5.2 也稱作單階的 BOM。

如果餅皮不是直接採購成品，而是提供麵粉給外包廠，由外包廠提供三星蔥來製作餅皮，那蛋餅的 BOM 就會變成圖 5.3：

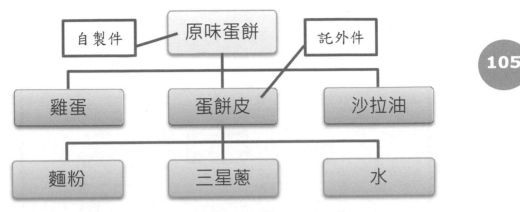

105

◆ 圖 5.3 原味蛋餅的二階 BOM ◆

圖 5.3 由頂端原味蛋餅向下展開二層用料結構，可稱為二階 BOM (如果麵粉是自己買小麥回來磨，那就要再向下展第三階)。圖 5.3 註明自製件和託外件用意在先定義各品號的屬性，因為每個品號資料都需要設定品號屬性(參照圖 2.17)。這裡先定義原味蛋餅和蛋餅皮的品號屬性，後面有專屬的章節完整說明其他品號屬性的定義原則和應用範例，至此先了解 BOM 向下展開的方式和 BOM 所代表的意義即可。

BOM 當然不止這麼一點點內容，後面會介紹階次、低階碼、用量、損耗率...等 BOM 重要欄位，各欄位與成本計算都有相當密切的關聯。在 ERP 系統中除了要輸入這些重要欄位之外，和成本最有關聯的就是「材料型態」這個欄位。材料型態的設定需要搭配品號屬性，在 ERP 系統導入之初便須規劃妥善，才能結算正確的成本。

本書會以較多篇幅介紹成本結算前的規劃與基本資料設定，因為成本算不出來不一定是因為單據有問題，有時問題都在基本資料和參數，因此希望各位在學習成本結算的過程中一定完整了解成本的來龍去脈，而非只想學如何執行成本月結的程序，因為到月結的時侯一切都成定局，成本真正的問題都是發生在結成本之前。

第二節 BOM 之階次及低階碼

　　BOM 之階次用於定義某一材料在 BOM 中所在之位置，最終成品位於最頂端為第 0 階，由上而下依序加一遞增(如圖 5.4)，而各材料所處位置即為其階次。

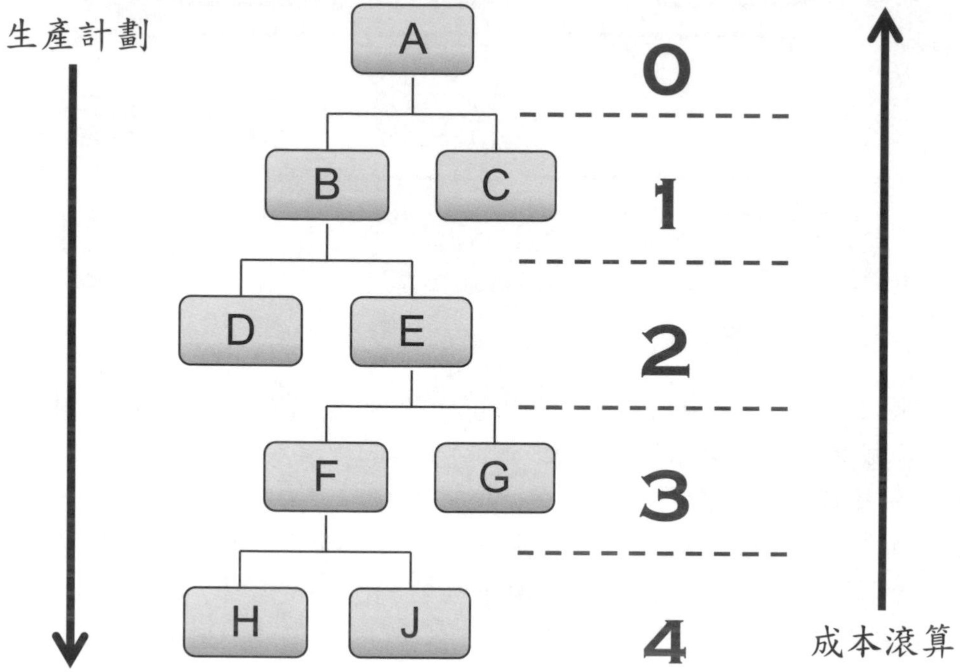

圖 5.4 BOM 之階次定義

　　階次並不直接應用在 ERP 中，而是用於取得各品號低階碼的依據。階次由小到大代表物料需求計劃處理資料的順序，因為要先知道需要多少個 A 才能算出需要多少個 B 和 C，而知道了多少個 B 才能算出需要多少個 D 和 E，以此類推。

　　但在計算成本時剛好是反向而行，因為若沒有先算出 H 和 J 的成本，就不知道 F 的成本，不知 F 的成本自然就不可能有 E 的成本出現，因此計算成本的順序是依階次由大到小向上滾算，但是如果在另一個產品中這些材料的階次位置不同時，那該怎麼辦呢？所以低階碼出現了...

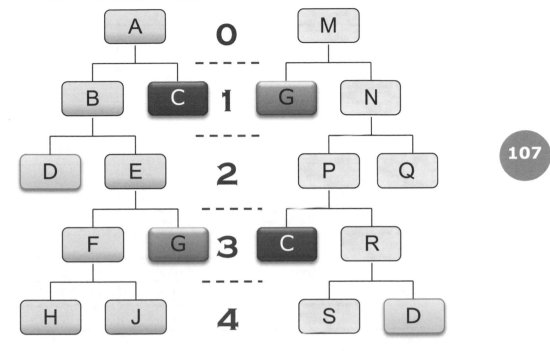

圖 5.5 BOM 之低階碼示意圖

　　同一料件在不同產品中的階次可能會有不同,例如在圖 5.5 中 G 材料在 A 成品的 BOM 中階次為 3,但在 M 成品的 BOM 中階次則是 1, 於是 G 料件同時有二個階次存在。這種情況在製造業中可說司空見慣, 為了各品號執行生產計劃或計算成本有所依循,於是「低階碼」登場。

　　低階碼就是指某料件在所有 BOM 中最低的階次,階次的數字愈大, 即代表在 BOM 的位置愈下方,因此稱作低階碼 LLC(Low Level Code), 在圖 5.5 中 G 出現二個階次(3 和 1),而相對位置最低就是在 A 這個 BOM 表中的第三階,因此 G 的低階碼就是 3。

　　而這只是在有二個 BOM 的狀況下得到的低階碼,如果在成百上千 個 BOM 中都有用到同一個料件的時侯,想靠人力找出所有品號的低階 碼還真不太人道,因此請用「低階碼計算更新作業」來幫您計算低階碼。 在此之前希望各位對如此重要的低階碼多認識一下,請試著找出圖 5.5 中所有品號的低階碼。(解答見表 5.1)

	成品 A	成品 M	低階碼
A 之階次	0		0
B 之階次	1		1
C 之階次	1	3	3
D 之階次	2	4	4
E 之階次	3		3
F 之階次	3		3
G 之階次	3	1	3
H 之階次	4		4
J 之階次	4		4
M 之階次		0	0
N 之階次		1	1
P 之階次		2	2
Q 之階次		2	2
R 之階次		3	3
S 之階次		4	4

✎ 表 5.1 低階碼之定義 📷

低階碼在成本計算中扮演極為重要的角色，大部份 ERP 系統都是以低階碼之順序(由大到小)依序計算各品號的成本，理論上沒有問題，但只有算標準成本時可以保證成功。在算實際成本時就有很大的問題，因為如果實際的生產(也就是製令)完全依照 BOM 的內容，自然計算實際成本也就不會有問題。但是計劃趕不上變化，可能因為缺料而採用其它不在 BOM 中的材料，造成製令用料與 BOM 內容不同。低階源自於 BOM，在計算實際成本時，可能會發生成本計算的順序和當月實際生產狀況不同，屆時成本可能就會出現問題。

因此鼎新 Workflow-ERP 在低階碼之外，又增加了「成本低階碼」來計算實際成本，這部份會於第六章作介紹。透過人工指定成本低階碼可以處理一些很特殊(或許說不太合理)的成本問題，成本低階碼之應用屬於成本進階且風險頗大，切勿更動其內容。

第三節 斷階方式對成本之影響

同一個產品並不代表只能有一種 BOM 架構，相同產品在不同生產方式或是不同機器設備的條件下，有可能需要以不同架構的 BOM 配合，才能符合生產管理上的需求。

例如某個產品用傳統手工方式製作可能需要五道工序，BOM 需要建構五階(含最終成品有六層)，自動化機器生產只需二道程序就能完工，那麼 BOM 僅需兩階即可。因此 BOM 架構並非一成不變，而是需要考量實際生產狀況與生產管理可行性(例如斷很多階真的能夠負荷嗎？)。因此 BOM 斷階可說是「有原則、沒規則」，需要有對該產品及生產過程很熟悉的人員，才能架構出最符合實際需求的 BOM。

不同架構的 BOM 同時也影響成本計算的複雜度，如果是五道工序的六層 BOM，那麼要計算出成本就最少需要五次以上；而如只是二道工序的三層 BOM，最快只要二次就能計算出最終成品的成本。

如果為了降低成本計算複雜度而過度簡化 BOM，相對成本的精準度就會下降，例如機器設備或人工費用分攤就無法較為精準，將導致成本產生更大誤差。因此如何在成本精準及成本結算效率中取得平衡點，在導入 ERP 系統時就需要建立合適的 BOM。因此如何作最佳 BOM 的斷階，就要考驗規劃者的功力了。

蛋餅斷階方式一

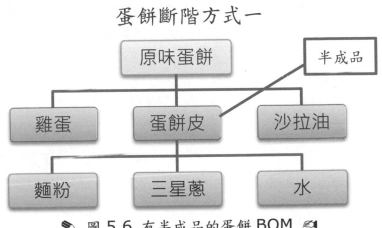

✎ 圖 5.6 有半成品的蛋餅 BOM ✐

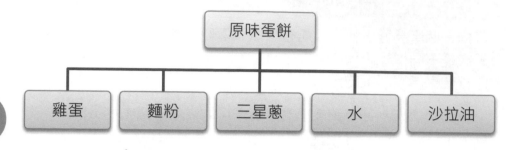

蛋餅斷階方式二

✎ 圖 5.7 沒有半成品的蛋餅 BOM ✍

　　不同斷階方式也會影響品號建置,例如圖 5.6 中蛋餅 BOM 需要先產出蛋餅皮後才能製作蛋餅,因此除了五項材料之外,還需要「蛋餅皮」這個半成品品號才能進行生產和成本計算;相對於圖 5.7 的 BOM 表只有一個成品及五項材料,圖 5.6 的斷階方式則會增加半成品品號。

　　若 BOM 斷階很多層,就會多出很多半成品品號,而且每多一個半成品品號不但會增加庫存管理的負荷,也代表要最少要多一張製令、一張領料單、一張入庫單,而成本計算的複雜度自然隨之增加。因此影響 BOM 斷階的變因除了生產製造現況外,還應考慮到成本計算相關資訊的蒐集。並非劃分愈細成本一定愈準,若斷階層次過多,導致無法蒐集到真實且詳盡的資料,反而導致成本誤差更鉅。

　　某些產品的工序確實相當複雜,如果將每個加工動作都斷階管理,BOM 的階次可能會達到 20 以上,看似壯觀卻不實用。因此斷階時可搭配 SFC(製程管理)來進行 BOM 簡化,將某些較不可分割但又需要管理細部成本的工序以製程系統管理,可大幅減少 BOM 階數。但相對要加購製程管理模組,以及規劃導入製程管理流程。因此如何搭配組合就需要對生產和成本都很了解的導入顧問或企業資深人員主導為宣。

　　若正處於系統導入初期或 BOM 還有機會調整流程的企業,建議研讀本書之後再開始進 BOM 斷階的規劃(製程系統之功能請另行參考專屬教材)。可避免在系統上線後,才發現成本不正確的原因源自 BOM 斷階的規劃。

第四節 品號屬性及材料形態

品號資料各欄位中有一個很重要，且和生產流程有密切關係的欄位就是品號屬性(P/M/S/Y/F/O)，品號屬性除了影響生產計劃運作之外，選配件的應用更是會直接影響生產領料和成本計算結果，因此可要好好認識品號屬性：

P：採購件：執行 MRP/LRP 時被納入採購計畫中，以採購進貨為取得料件之方式，也就是一定要對外購買而無法自行製造或外包生產之料件。

M：自製件：執行 MRP/LRP 時被納入生產計劃中，以自行製造為主要取得方式，並不會限制 M 件不可發外包生產或對外採購。

S：託外件：執行 MRP/LRP 時被納入生產計劃中，以託外生產為主要取得方式，並不會限制 S 件不可自行製造或對外採購。

庫存管理和成本計算過程中，僅上述三種品號屬性之品號才會出現，意即設定這三種品號屬性的品號有其實體存在，也代表該品號會有成本。若在設定品號屬性時將某些有實體且有成本存在之品號設成另外三種品號虛屬性 Y/F/O，則該品號將永遠不會有庫存數量也不會有成本。

Y：虛設件：顧名思義，虛乃假也、虛乃幻也、虛乃不存在也，虛設件就是一個不會有數量，自然也不可能有成本的品號。虛設件主要於簡化相似度高的 BOM 表，亦可提昇 BOM 大量資料更新之效率。

F：Feature：選配件之<u>必選一件</u>，用於生產過程中有選擇性但必須擇一使用的材料。例如買蛋餅時可以選用紙盒裝或用塑膠袋來盛裝蛋餅外帶，應該沒有人直接用手拿著蛋餅邊走邊吃，這種一定要選一個的特色就是 Feature 件。

O：Option：選配件中之<u>任意組合件</u>，生產過程可任意組合的材料，例如買蛋餅時有胡椒、醬油、辣椒等各種調味料，客戶可任意組合，全選或全免皆可，這就是 Option 件。

如果 Y/F/O 都是不存在的虛品號，理應和成本沒什麼關聯，為何還要特別說明？因為這三個品號在展開製令時都會自動被抽離，然後由下階的材料向上遞補其空位。**Y：虛設件**為下階完全向上遞補，因此上階之成本是不會變動；**F：Feature** 件則只會有一個品號會向上遞補、**O：Option** 件則是有各種組合會向上遞補，表示上階品號會有很多種材料成本的組合可能性，將出現各種不同的成本結果。

選配件(Feature/Option)的應用可減少相似性極高的類似品號出現，一方面節省庫存管理難度及成本重複計算，另一方面可減少業務人員和生管人員對於客戶選配件需求之溝通時間，在進銷存和生產管理上會帶來許多便利性，但是以成本的角度就不一定這麼好用。

如果選配件各種組合方式產生的成本差異不大，且在成本會計人員容許差異範圍內，那麼同一產品不同製令生產有不同材料成本組合時，經過加權平均後只會有一個成本數字；若同一個產品不同製令生產所耗材料成本因為選配件影響出現差異過大時，會導致成本認定上的困擾，亦影響銷售利潤分析的結果，此時就該考量選配件的應用是否恰當。

雖然選配件(Feature/Option)可以簡化倉儲管理的負荷，也可以提升部份生產管理的效率，但如果不同選配件組合間成本差異過大，應依不同組合的成本來規劃製成品品號，以避免選配件之應用造成錯誤成本之發生。

此處以原味蛋餅為例作介紹，先指定每個品號一個品號屬性：

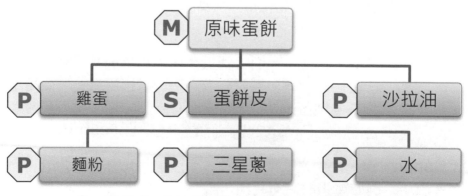

✎ 圖 5.8 蛋餅 BOM 各料件之品號屬性 ✑

一般早餐店的蛋餅都是現點現作，因此圖 **5.8** 中原味蛋餅設定為 **M:自製件**；蛋餅皮由早餐店提供麵粉給蛋餅皮代工廠製作，蛋餅皮設為 **S:託外件**；三星蔥交由蛋餅皮代工廠代為購買，設為 **P：採購件**。

建立 **BOM** 資料時除了一般常見的品號和用量之外，影響最大就是「材料型態」欄位，材料型態會直接影響後續開立的生產製令和領料單，也會影響生產流程進行。「材料型態」除了影響成本計算的結果之外，也會影響成本結構，若材料型態設定不佳，可能導致生產流程不正確及成本錯誤。因此在建立 **BOM** 時不能只考慮到研發部門的意見，還要考慮到實際生產時會碰到的問題以及考慮成本計算，才能避免生產模組上線之後才發現 **BOM** 須要大翻修。因此在建立 **BOM** 資料前，特別說明各材料型態的定義及特色，讓各位在實務上可以正確的應用：

1：**直接材料：可以明確得知用量及明確歸屬成本之用料。**
就是一般生產時領料單所領的料件，而領料單領出來的**直接材料就是歸屬到「材料」成本。**

2：**間接材料：無法明確得知用量之用料。**
出現在產品中，卻無法清楚統計出實際的用量，導致無法確定耗用多少成本，因此只能採取分攤的方式處理，於是**間接材料的成本就歸到「製費」成本。**

3：**廠商供料：由外包加工廠代購且投入生產之材料。**
某些材料請廠商代購可能較為便利或節省成本，購買材料的貨款會等外包廠託外進貨之後，和加工費一起支付。部份企業直接將外包廠的請款皆視為加工費(應該是加工費及代購料之費用才合理)，而未將廠供料的金額正確的歸屬到「材料」成本。

4：**不發料：不須實際領料之材料。**
通常用於備註性質的資訊或是模具、治具，例如該次生產應領用幾號的模具。但模具可能只存在固定資產系統中而並不存在庫存資料中，當然無法領料。而不發料的料件原則上只會出現在 **BOM**，不會出現在製令中。

5：客戶供料：由客戶提供且投入生產之材料。

客戶特有之料件需要投入生產，且該料件由客戶提供，該料之所有權為客戶所有，對企業而言不應產生成本。因此為了確保客供料不會產生任何成本，因此 ERP 系統限制客戶供料只能從非存貨倉中領取。

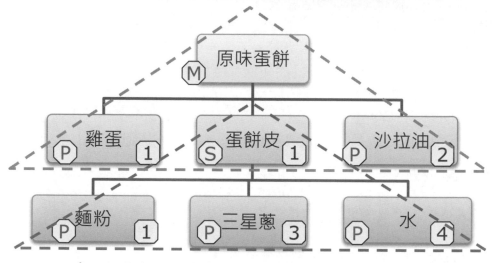

✎ 圖 5.9 蛋餅 BOM 之品號屬性及材料型態 ✐

圖 5.8 中先定義了每個品號的品號屬性，圖 5.9 中為「原味蛋餅」和「蛋餅皮」定義了各材料的材料型態。有人注意到為何「原味蛋餅」沒有設材料型態呢？

因為在 ERP 裡要建立 BOM 沒有辦法像圖 5.9 一口氣建好二階的完整 BOM 表。以筆者實際接觸的案例，最高記錄的 BOM 高達 36 階，若要設計一個輸入畫面讓使用者直接建立多階 BOM，上百吋的螢幕也無法讓 20 階 BOM 同時完整顯示，因此 ERP 系統設計為一次建一階的 BOM。以圖 5.9 為例就可以先建立「原味蛋餅」(上面的虛線三角形) 之後再建立「蛋餅皮」(下面的虛線三角形)，二個 BOM 皆確認後系統會自動將二個 BOM 連接起來變成一個二階的 BOM。

以原味蛋餅 BOM 為例，雞蛋與蛋餅皮這二個元件相對於原味蛋餅這個主件，屬於可正確計量的材料，因此雞蛋與蛋餅皮對原味蛋餅而言就是 1:直接材料。而沙拉油則是無法很明確的計量出作一份蛋餅一定

會用掉多少的油，因此沙拉油這個元件相對於原味蛋餅這個主件就是 **2:間接材料**。原味蛋餅本身並非其他產品的材料自然無需定義材料型態，同時也代表麵粉、三星蔥、水的材料型態是相對於「蛋餅皮」進行定義。

第五節 BOM 資料中成本相關欄位介紹

經過對蛋餅 BOM 的分析，相信大家對於 BOM、階次、低階碼、品號屬性、材料形態等應該有基本的了解，接下來就開始來建立 BOM 吧。但是蛋餅的 BOM 原本設計用於 ERP 生管模組的教學，但本書是在介紹成本而非 ERP 的生管模組，因此如果各位有興趣可以自行建立蛋餅的 BOM 學習，現在要建立一個十分簡單的 BOM 來介紹 BOM 裡各項和成本有相關的欄位。

產品結構管理系統 → 基本資料管理 → BOM 用量資料建立作業

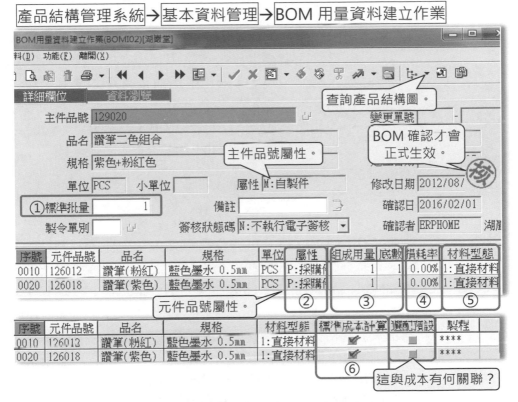

◆ 圖 5.10 BOM 建立作業之重要欄位 ◆

看到圖 5.10 的主件品名,應該能猜到單身有那些內容。而這個 BOM 在本範例中並非使用於製造業,因此無需指定對應之製令單別。在儲存本筆資料時會出現提示有關製令單別空白之訊息,按 OK 即可順利儲存。BOM 資料中與成本有關聯的欄位說明如下:

①標準批量:這是 BOM 資料單頭唯一和成本有相關之欄位,用於設定單身之材料用量可生產多少個主件。意即如果標準批量是 500,那麼單身的材料用量就能生產 500 個主件,自然在更新品號的標準成本時會將單身材料總成本除以 500 作為單位標準成本。

②屬性:單身的屬性欄位主要是提示作用, P/M/S 屬於有數量及成本之實體品號。若應出現實體品號的屬性欄位出現 Y/F/O (虛擬品號)的話,表示品號基本資料有問題,在此處無法進行更正,須至「品號資料建立作業」更正品號屬性。

③組成用量/底數:這兩個欄位其實是最佳拍檔,遇到元件材料用量無法整除而有循環小數或是用量過小時,擔心於四捨五入時產生誤差,即可運用組成用量和底數來解決。例如裝傳統鉛筆包裝盒可裝一打,計算一支筆所耗用的包裝盒數量 1/12=0.08333...,以十二分之一的方式呈現就是 組成用量=1;底數=12。

$$材料用量 = \frac{組成用量}{底數}$$

④損耗率:生產 100 個主件時,可能會出現多少百分比的材料損耗。損耗率最好是有統計數據作參考,但大多要先靠經驗值,若發料時可以先將損耗率計算在內,可以避免生產到一半發現材料不夠而再次領料,甚至為了等料而造成停工待料。若無法確保生產百分百都是良品,在製令發料時可將損耗率考慮進去。例如作蛋餅時雞蛋的損耗率約 5%,如果要確保順利生產 100 個蛋餅,考慮損耗率後直接準備 105 個雞蛋,以 105 個雞蛋的角度即為 4.76% 材料不良率。

$$考慮損耗率的發料量 = \frac{組成用量}{底數} \times (1 + 損耗率)$$

⑤材料型態：五種材料型態的功能及適用對象，已於第四節介紹過。此處設定的影響為生產流程、製令內容、領料單篩選之依據、領料單自動產生作業...等。因此再次提醒材料型態務必妥善設定，如果真的沒什麼把握...那就先設成「1:直接材料」吧。

⑥標準成本計算：這是個特別的選項，即使是選擇月加權平均制，這裡還是需要正確的設定，因為在後面更新品號資料中標準成本欄位時，會參考到這個欄位設定。

例如 BOM 裡有十個材料,其中兩個材料不希望其成本被納入標準成本中，取消勾選那兩個材料的「標準成本計算」即可。

當然這裡也該同時參考材料型態，若在材料型態設不發料而這裡勾選，材料型態設定直接材料而這裡取消勾選,那麼電腦算出來的標準成本應該有點怪。通常直接材料和廠供料都會勾選；不發料和客供料不勾選，但是間接材料勾或不勾，那就是學問了...

在本章中不斷提到標準成本，但本書不是只講月加權平均成本嗎？這個標準成本和那個標準成本制的標準成本並不相同，但若要用文字簡要說明還真不太容易。後續章節將以實際的範例，讓各位了解本書提到的標準成本是如何建立以及其用途。

至於選配預設這個欄位，有運用到選配件(Feature/Ootion)時才會發生作用，選配件選項對標準成本之影響列為進階課程之範圍。各位可以先思考一下選配預設會於何時發生什麼作用呢？(若您不了解選配件運作方法及選配件的 BOM 該如何建立，可以跳過此一問題。)

第六節 低階碼計算更新作業

　　建立新 BOM 或執行工程變更後，各材料在各 BOM 中的階次有可能產生變化，因此都需要執行「低階碼計算更新作業」，以更新各品號之低階碼。由於此作業執行完畢並無特別的資訊顯示正確與否，當然還是有驗證的方法，那就是觀察更新前和更新後的差異：

庫存管理系統→基本資料管理→品號資料建立作業 (基本資料 2)

品號 129020	↵	版次 0000	單位 PCS	@	庫存數量	
品名 讚筆二色組合			小單位	@	庫存金額	
規格 紫色+粉紅色	■ 定重				單位成本	
貨號 129020	SIZE		包裝單位	@	包裝數量	
					新品號核准日期	

基本資料2	基本資料3	採購生管1	採購生管2	售價

條碼編號	新品號預設值。	品號屬性 M:自製件 ▼
☑ 庫存管理　　　■ 保稅品		低階碼 99　　ABC等級

✎ 圖 5.11 品號新建時之低階碼預設值 ✎

　　從圖 5.10 中可以看出 129020(讚筆二色組合)是最上階的主件，依圖 5.4 對階次的定義原則，129020 的低階碼應該是 00，但現在看到的低階碼是 99。因為在新建品號時低階碼的預設值就是 99，現在來看低階碼重新計算後，129020 的低階碼是否會有變化。

產品結構管理系統→批次作業→低階碼計算更新作業

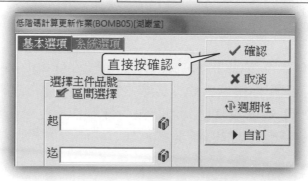

低階碼計算更新作業(BOMB05)[湖巖堂]

基本選項　系統選項

✓ 確認

直接按確認。

✗ 取消

選擇主件品號
☑ 區間選擇

起 [　　　　] 📦

迄 [　　　　] 📦

⬆⬇ 週期性

▶ 自訂

✎ 圖 5.12 低階碼計算更新作業 ✎

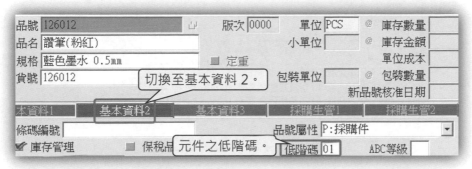

✎ 圖 5.13 讚筆二色組合中，主件之低階碼 ✍

✎ 圖 5.14 讚筆二色組合中，元件之低階碼 ✍

由圖 5.13 及圖 5.14 可知「低階碼計算更新作業」會更新「品號資料建立作業」低階碼欄位內容，因此請勿手動更改低階碼欄位內容。

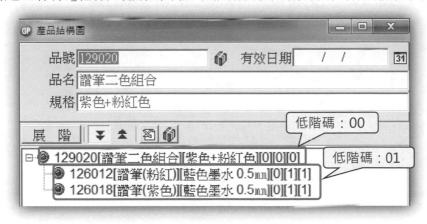

✎ 圖 5.15 讚筆二色組合下展之產品結構圖 ✍

在「BOM 用量資料建立作業」(圖 5.10)中選「展階→下展」後就會出現 BOM 的結構圖(圖 5.15)，每層用不同顏色之圓點作區隔。

> ## 第七節 標準成本資料建立及更新

在開始介紹如何更新品號資料的標準成本欄位之前,先將本書所需的 BOM 建立完成。首先請修改圖 5.10 的 BOM 單身,增加第三個材料:619251(透明自黏袋),確認 129020 的產品結構圖如圖 5.16。

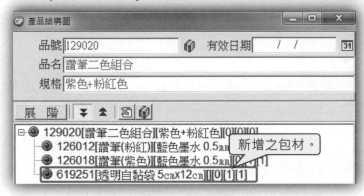

✎ 圖 5.16 含自黏袋的讚筆二色組合 ✍

本書應用之 BOM 當然不會只有一個,在建立相似 BOM 時可利用「料件用量資料複製作業」以節省時間。接下來先將 129020(讚筆二色組合)的 BOM 內容複製到 129090(讚筆五色組合)後,再補足元件的資料(圖 5.17),BOM 確認日期為 2016/02/01。

✎ 圖 5.17 含透明硬盒的讚筆五色組合 ✍

圖 5.16 和圖 5.17 設定用於買賣百貨業,「製令單別」空白即可。接下來的 BOM 用於生產,記得在製令單別欄位輸入「510」廠內製令。

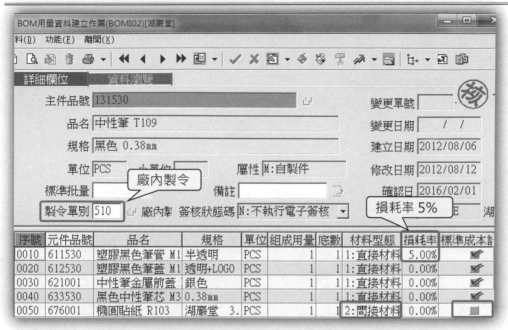

✎ 圖 5.18 黑色中性筆的 BOM ✐

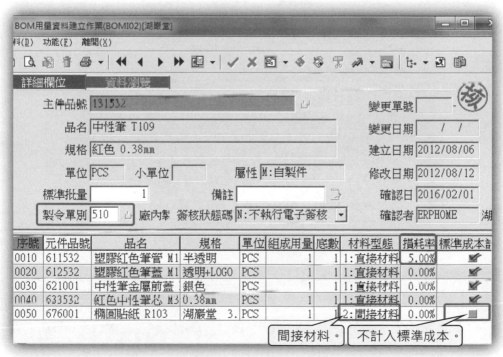

✎ 圖 5.19 紅色中性筆的 BOM ✐

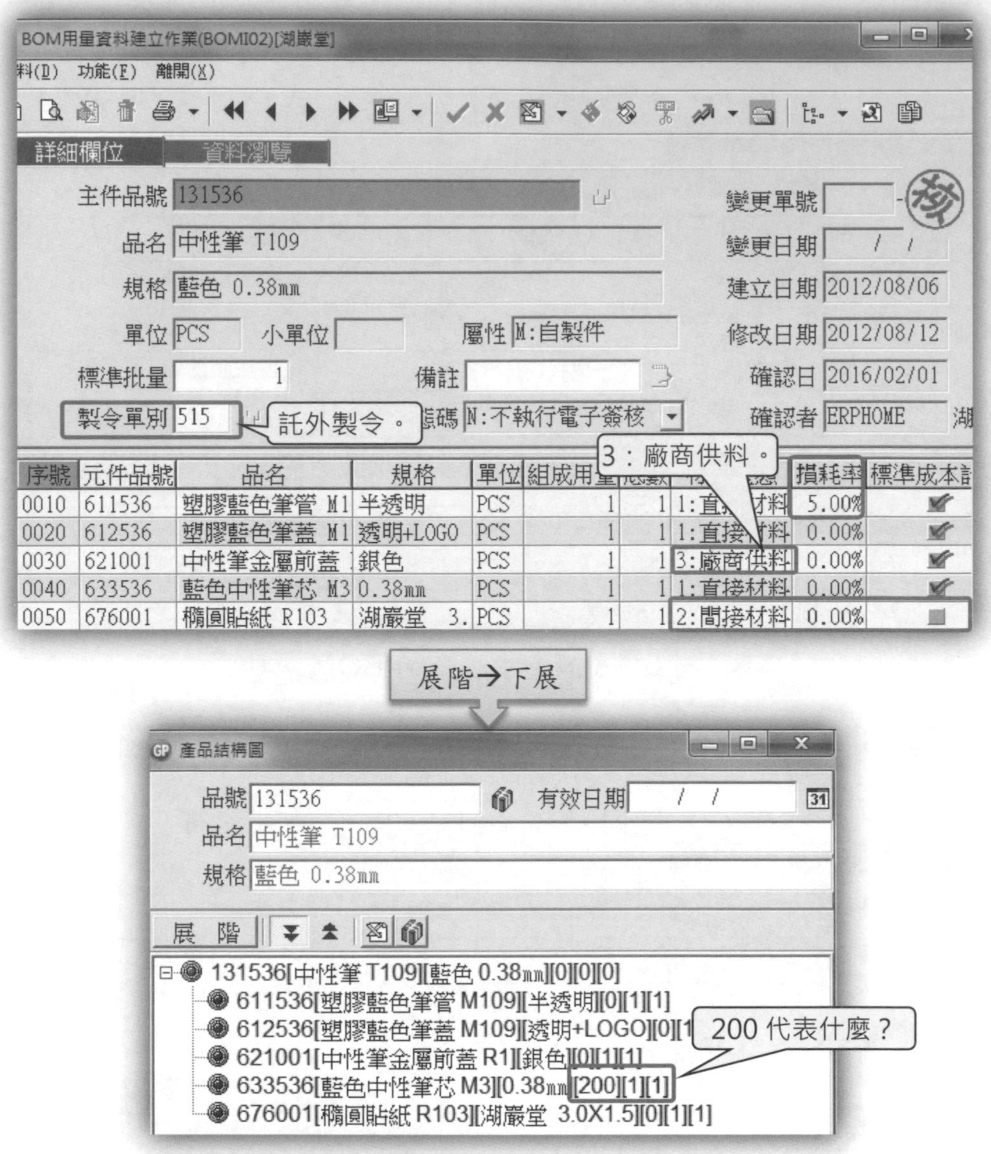

圖 5.20 藍色中性筆的 BOM

建立131530/131532/131536這三個BOM時，請特別注意【製令單別/材料型態/損耗率/標準成本計算】四個欄位之內容。

131536 規劃為託外加工件，因此有「廠供料」之設定，而在產品結構圖中 633536 後方有[200][1][1]的數字，各代表什麼？

一、品號資料之標準成本

前面章節中經常提到**標準成本**，但標準成本不代表指採標準成本制，一般企業大多採用**月加權平均法**，之前不斷提到的標準成本又是什麼？又為什麼會放在品號基本資料裡？

雖然每個品項在不同的月份生產時，可能會因為材料價格的波動，或是產能及薪資變化而造成單位成本的變化，但仍能定出個成本作標準，用以和實際發生的成本作一個比較，一般稱之為**標準成本**。

標準成本除作為績效評估標準與業務報價參考外，也可在成本過高時發揮警示作用。那要如何同時取得**實際成本**和**標準成本**來作比較？實際成本在月底計算後自動記錄在月檔中，而人工認定的標準成本就記錄在「品號資料資料建立作業」的「成本」頁籤裡。

庫存管理系統→基本資料管理→品號資料建立作業

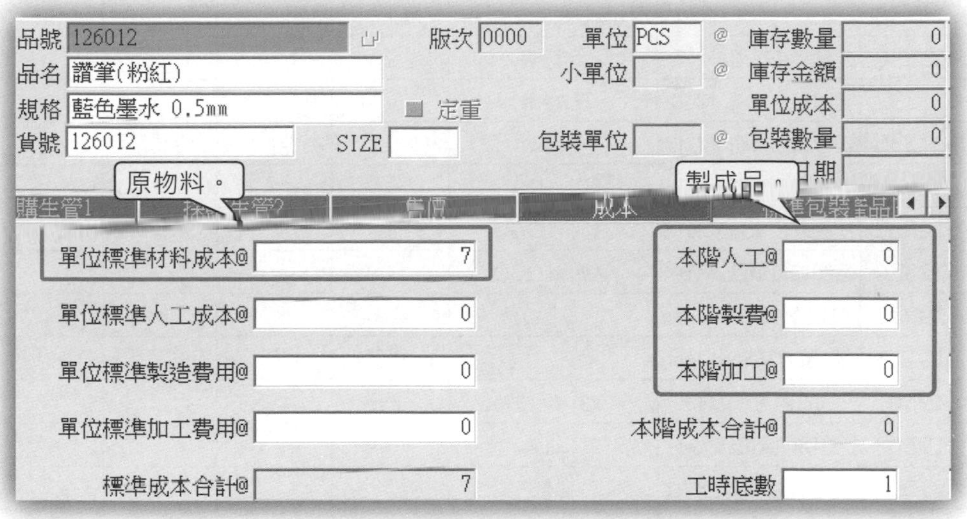

圖 5.21 品號資料建立作業【成本】頁籤

原物料：只要在「單位標準材料成本@」中輸入材料成本即可。

製成品：製成品的「單位標準材料成本@」應由下階材料計算所得，因此在建立成本資料時只需建立「本階人工@/本階製費@/本階加工@」三個欄位資料即可。

按照圖 5.21 輸入 126012 成本後，若即執行標準成本更新作業，會在 BOM 中有 126012 的 129020 及 129030 中看到 7 元的成本，現在請按表 5.2 內容將各品號的各項成本建立至各品號資料中。

品號	品名	規格	單位標準材料成本	本階人工	本階製費	本階加工
126012	讚筆(粉紅)	藍色墨水 0.5 mm	7			
126013	讚筆(橙色)	藍色墨水 0.5 mm	7			
126015	讚筆(綠色)	藍色墨水 0.5 mm	7			
126016	讚筆(藍色)	藍色墨水 0.5 mm	7			
126018	讚筆(紫色)	藍色墨水 0.5 mm	7			
129020	讚筆二色組合	紫色+粉紅色		0.5		
129030	讚筆五色組合	藍+橙+綠+紫+粉		1		
131530	中性筆 T109	黑色 0.38 mm		1	2	
131532	中性筆 T109	紅色 0.38 mm		1	2	
131536	中性筆 T109	藍色 0.38 mm				3
211333	金黏便利貼 L330	9.8 mm X9.8 mm 黃色	14.3			
211338	金黏便利貼 L330	9.8 mm X9.8 mm 紫色	14.3			
611530	塑膠黑色筆管 M109	半透明	2			
611532	塑膠紅色筆管 M109	半透明	2			
611536	塑膠藍色筆管 M109	半透明	2			
612530	塑膠黑色筆蓋 M109	透明+LOGO	1			
612532	塑膠紅色筆蓋 M109	透明+LOGO	1			
612536	塑膠藍色筆蓋 M109	透明+LOGO	1			
619201	熱縮袋 11 cm x15 cm		0.8			
619251	透明自黏袋 5x12 cm		0.5			
619501	PVC 內盒 P1603	筆 x3 便利貼 x2	6			
619502	透明硬盒(五支裝)	8x12	3			
621001	中性筆金屬前蓋 R1	銀色	1			
633530	黑色中性筆芯 M3	0.38 mm	3			
633532	紅色中性筆芯 M3	0.38 mm	3			
633536	藍色中性筆芯 M3	0.38 mm	3			
675001	文具組紙盒 W23	8.5x12.5x3.5	7			
676001	圓形貼紙 R103	湖巖堂 3.0X1.5	0.2			

✎ 表 5.2 各品號之標準成本 ✍

二、標準成本計算更新作業

　　建妥各原物料的材料成本及製成品的工/費成本後，接下來依照 BOM 的資料計算標準成本，選擇主件品號欄位建議保持空白(表示計算所有品號的標準成本)。請特別注意「更新本階成本」之選項請維持預設值「不更新」，同時取消計算損耗率，才能確保結果與本書內容相符。

產品結構管理系統→批次作業→標準成本計算更新作業

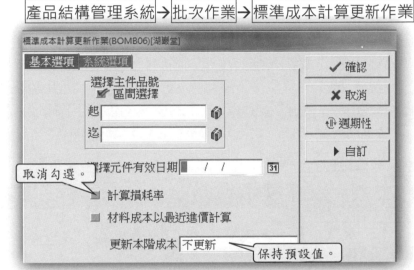

標準成本計算更新作業(BOMB06)[湖巖堂]

基本選項　系統選項

選擇主件品號
　區間選擇
起
迄

選擇元件有效日期 ／ ／ 31

取消勾選。

　計算損耗率

　材料成本以最近進價計算

更新本階成本 不更新

保持預設值。

✓ 確認
✗ 取消
週期性
▶ 自訂

　圖 5.22 標準成本計算更新作業

執行標準成本更新之後，核對各主件的標準成本是否與表 5.3 相同：

品號	品名	規格	單位標準材料成本	單位標準人工成本	單位標準製費成本	標準成本合計
129020	讚筆二色組合	紫色+粉紅色	14.5	0.5		15
129030	讚筆五色組合	藍+橙+綠+紫+粉	38	1		39
131530	中性筆 T109	黑色 0.38 mm	7	1	2	10
131532	中性筆 T109	紅色 0.38 mm	7	1	2	10
131536	中性筆 T109	藍色 0.38 mm	7	1	2	10

　表 5.3 各主件之標準成本明細表

　　若 BOM 資料有修改或品號中的標準成本有更新，請記得重新執行「標準成本更新作業」，才能確保系統提供正確的標準成本資訊。

第八節 組合單之成本

　　公司型態為買賣業時，存貨科目應該只有商品而非半成品或成品，因此也不會有製造費用的分攤。大賣場亦屬買賣業，如果為了特定節慶將某些品項作特賣組合而定位為製造業，似乎有點小題大作。在希望能將某些貨品組合為另一品項，且同時處理庫存變化及存貨成本異動時，最好的選擇非「組合單」莫屬。

　　組合單可說是非製造業的製令，所以一般製造業並不使用組合單。組合單是為有生產之實卻不能有生產之名的買賣業而設計，因此不論怎麼組就只有材料成本的異動，不該有人工或製費出現。因此請製造業要應用組合單之前要先了解組合單和工單的差異，再決定要採取何種方式。在練習組合單前，請先建立組合單的單別(圖 5.23)：

產品結構管理系統→基本資料管理→單據性質設定作業

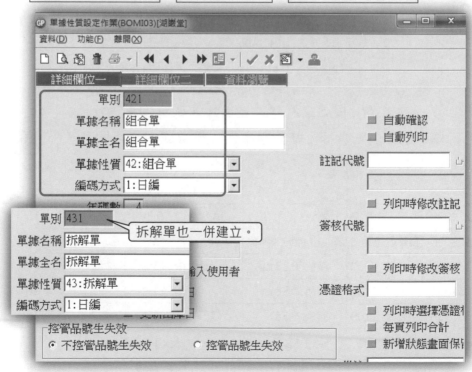

✎ 圖 5.23 組合單及拆解單之單據性質設定 ✍

其實組合單功能很像製令系統三合一(製令+領料單+生產入庫單)，因為組合單可直接扣除單品庫存及增加組合品庫存，同時可記錄工繳。工繳也可以選擇是否計入組合品之成本中。買賣業使用組合單，不論有多少工繳都會被認定為存貨成本的「材料」；如果製造業使用組合單，工繳則會歸入「人工」成本。(原則上製造業不宜使用組合單)

相對於組合單只適合買賣業，拆解單的應用較為廣泛。但拆解單的變化和影響也比組合單複雜許多，拆解之後的成本調整更是十分複雜。本書將介紹拆解單的基本應用，各項拆解變化則屬於成本進階的範圍。下表為組合單和拆解單的實機操作劇本：

127

日期	單別	品號	數量	庫別	單價	金額	備註
2016/2/2	341 進貨單	126012 126013 126015 126016 126018	各 1000	101 商品倉	7	各 7000	廠別 01 廠商 1002
2016/2/3	341 進貨單	619251	1000	101 商品倉	0.5	500	廠商 1001
		619502	1000		3	3000	
2016/2/8	421 組合單	129020 (二色組)	300	101 商品倉			
2016/2/9	421 組合單	129030 (五色組)	500	101 商品倉			
2016/2/12	231 銷貨單	129020 (二色組)	100	101 商品倉	20	2000	客戶 2001
		129030 (五色組)	300	101 商品倉	50	15000	
2016/2/18	351 退貨單	126013 讚筆-橙	100	101 商品倉	7	700	退貨
		126015 讚筆-綠	0	101 商品倉	7	700	折讓
		126016 讚筆-藍	100	101 商品倉	0	0	退貨 (換貨)
2016/2/22	431 拆解單	129020 (二色組)	100	101 商品倉			
2016/2/23	431 拆解單	129030 (五色組)	100	101 商品倉			

✎ 表 5.4 組合單/拆解單之實機操作劇本 ✍

第一步當然要先把各色的筆買進來才能開始組合，請各位先建立表 5.4 中前兩筆進貨單(2/2 及 2/3)，進貨單確認後換組合單上場：

產品結構管理系統 → 日常異動處理 → 組合單建立作業

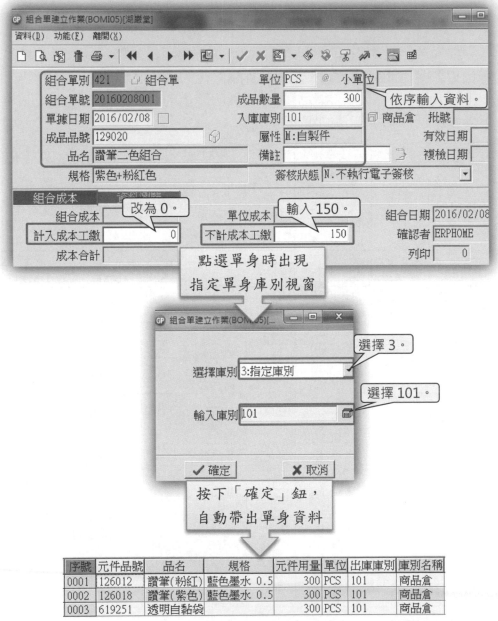

序號	元件品號	品名	規格	元件用量	單位	出庫庫別	庫別名稱
0001	126012	讚筆(粉紅)	藍色墨水 0.5	300	PCS	101	商品倉
0002	126018	讚筆(紫色)	藍色墨水 0.5	300	PCS	101	商品倉
0003	619251	透明自黏袋		300	PCS	101	商品倉

✎ 圖 5.24 組合單建立作業 ✍

　　各位在打組合單時，是否發現單頭「計入成本工繳」欄位會自動出現 150 元？請先思考為何出現 150 元。假定 129020 的成本希望只有單純材料成本，請將加工 300 個 129020 成本 150 從「計入成本工繳」改到「不計成本工繳」。如此可記錄此次組合花費多少非材料成本(可能是人工也可能是製費)，但不會增加組合品的成本。至於為何這 150 元不將其計入成本的原因有很多種可能，或許是請辦公室人員空閒時幫忙包裝一下，實際上並沒有多付出薪資成本(加班費)。

　　點選單身資料時出現組合單和製令的相同功能(圖 5.24)，除非組合品沒有建 BOM，不然 BOM 記錄單身材料的資訊，當然要好好利用，只要指定單身領料庫別(圖 5.24 中間)，系統會自動帶出組合單單身。為確保各位操作與本書相同，此處不採預設「1:主要庫別」，請各位依圖 5.24 選「3:指定庫別」及指定 101 倉(表 5.4 中進貨庫別 101)。最後按下「確定」鈕，系統就會依 BOM 內容帶出組合單之單身。

　　系統自動帶出組合單單身之後，確認數量正確後即可儲存單據。此時組合單單身中看不見任何成本，是因為月檔還沒有單位成本嗎？如果有想到這一點，表示前面的課程學得不錯，但事實真的是如此嗎？先將組合單確認，觀察組合單是否有變化：

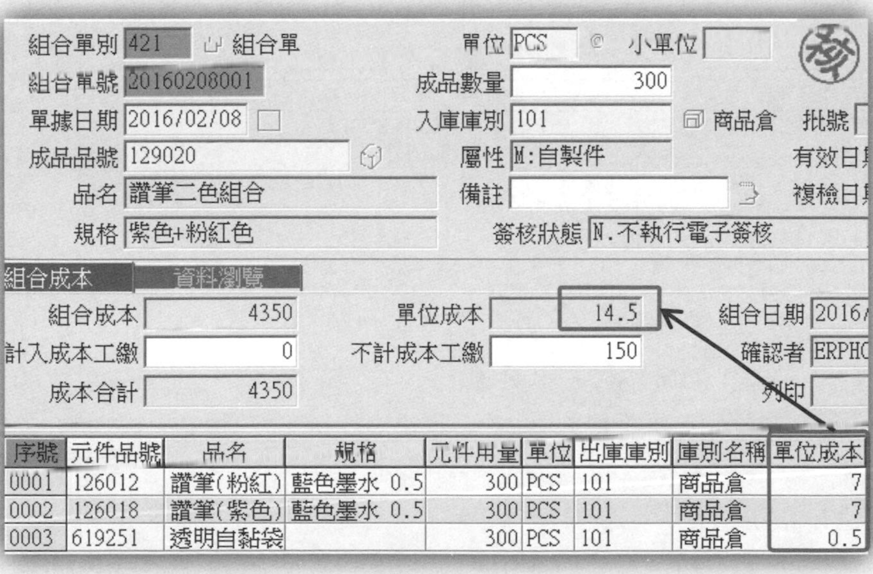

圖 5.25 確認後的組合單(不計成本工繳)

從圖 5.25 可以發現，原來組合單要確認後才會出現成本的數字，但 2016/02 買進來的材料都還沒有月檔，這裡的成本從哪冒出來的？此時出現之成本乃擷取品號資料檔中「標準成本合計@」欄位的金額。在單身各品號成本分別出現後，組合單單頭「組合成本」、「成本合計」、「單位成本」這三個灰色的欄位也都出現成本數字。「組合成本」就是各筆單身的成本合計，由於這張組合單沒有把工繳計入成本，因此單頭的「單位成本」就剛好是單身的單位成本總和。

現在依照表 5.4，建立 2016/2/9 的組合單，與圖 5.24 不同點在於此次不修改成本工繳內容，意即完全接受系統預設值。接著將組合單確認，比較圖 5.26 和圖 5.25 的內容有何差別：

組合單別 421	組合單	單位 PCS	@	小單位	
組合單號 20160209001		成品數量	500		
單據日期 2016/02/09		入庫庫別 101		商品倉 批號	
成品品號 129030		屬性 M:自製件		有效日期 /	
品名 讚筆五色組合		備註		複檢日期 /	
規格 藍+橙+綠+紫+粉		簽核狀態 N.不執行電子簽核			

組合成本　資料瀏覽

組合成本	19000	單位成本	39	組合日期 2016/02/09
計入成本工繳	500	不計成本工繳	0	確認　合計：19000
成本合計	19500			列印

序號	元件品號	品名	規格	元件用量	單位	出庫庫別	庫別名稱	單位成本	成本金額
0001	126012	讚筆(粉紅)	藍色墨水 0.5	500	PCS	101	倉	7	3500
0002	126013	讚筆(橙色)	藍色墨水 0.5	500	PCS	101	倉	7	3500
0003	126015	讚筆(綠色)	藍色墨水 0.5	500	PCS	101	倉	7	3500
0004	126016	讚筆(藍色)	藍色墨水 0.5	500	PCS	101	倉	7	3500
0005	126018	讚筆(紫色)	藍色墨水 0.5	500	PCS	101	倉	7	3500
0006	619502	透明硬盒(王	8 x 12	500	PCS	101	倉	3	1500

合計 38

✎ 圖 5.26 計入成本工繳的組合單 ✍

從圖 5.25 與圖 5.26 的比較中，可得知單頭「計入成本工繳」直接影響組成品的成本，也就影響銷貨毛利。因此若被有心人士以工繳的金額調整銷貨的利潤，有可能使得銷貨成本失真甚至影響帳務的真實性。若組合單被不當使用或是計入成本工繳金額不合理，可能是有心人士想人為操控銷貨毛利，內稽內控中應將組合單和拆解單納入稽核的項目。

在製令系統中的領料單負責扣除材料庫存；入庫單負責增加製成品庫存。而組合單確認時同步完成了**減材料/增成品**的工作，可說是綜合〔製令＋領料單＋生產入庫單〕功能的單據。然而有圖有真相，仍然要確認一下庫存資料是否產生預期的變化：

庫存管理系統 → 報表列印 → 庫存明細表 (平均成本)

	湖嚴堂股份有限公司						
		庫存明細表					
製表日期: 2012/08/09				資料日期: 2016/02/29			第 1 頁
品號	品名	單	庫別	庫存數	庫存金額	單位成	材料金
	規格		庫別名				
126012	讚筆(粉紅)	PCS	101	200	1,400	7	1,400
	藍色墨水 0.5		商品倉				
126013	讚筆(橙色)		單品數量減少。	500	3,500		3,500
	藍色墨水 0.5		商品倉				
126015	讚筆(綠色)	PCS	101	500	3,500	7	3,500
	藍色墨水 0.5		商品倉				
126016	讚筆(藍色)	PCS	101	500	3,500	7	3,500
	藍色墨水 0.5		商品倉				
126018	讚筆(紫色)	PCS	101	200	1,400	7	1,400
	藍色墨水 0.5		商品倉		成本立即出現。		
129020	讚筆二色組合		組合品數量增加。	300	4,350	14 5	4,350
	紫色+粉紅色		商品倉				
129030	讚筆五色組合	PCS	101	500	19,500	39	19,000
	藍+橙+綠+紫+粉		商品倉				

✎ 表 5.5 各品號之庫存明細表 ✍

表 5.5 中可看到各品號庫存數量與圖 5.25/圖 5.26 之數字相符，但我們最關心的還是成本。二個組合品(129020 / 129030)的單位成本都出現了，而且和單據上所呈現的成本相同，由這一點可判斷組合單有成本碼是"Y"的特性，但這就是全部的真相嗎？

看到這裡各位應該覺得組合單並不困難，但如果各位對截至目前的課程內容完全了解，這時腦中應該有疑問，應該沒有這麼簡單吧…
在說明組合單其他成本問題前，先來看一下拆解單，但組合完畢就拆解不是很怪嗎？總是要先賣出一些組合品，賣不掉的再拆解比較合理。

訂單管理系統→日常異動處理→銷貨單建立作業

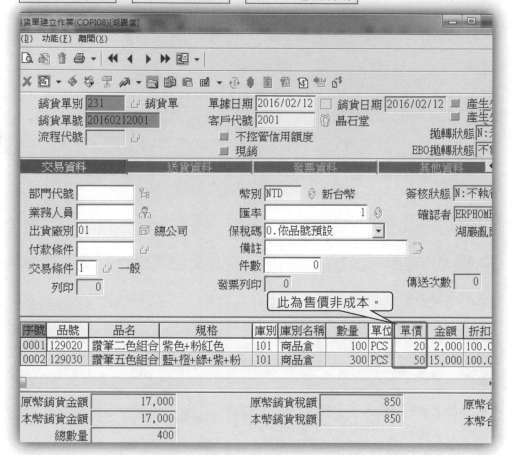

✎ 圖 5.27 組成品之銷貨單 ✍

　　各位使用有銷售利潤資訊的報表時會發現一件事，在計算成本或是銷貨毛利時，系統以「未稅價」來進行計算。因為台灣的進項稅額和銷項稅額可以扣抵，因此進貨成本和應付帳款的金額通常並不相等，若想要用 A/P 來算成本的時侯請注意這一點。

　　為何特別強調成本採未稅價計算？因某些供應商報價為含稅價格，若在 ERP 中參數設定正確，則系統可自動處理稅金的問題，不必人工把單價再除以 1.05 以算出未稅單價，而且可避免需要人工微調含稅價至原本的總金額。ERP 系統當然不會把成本算錯(如果資料全部正確)，但若人工用EXCEL核算成本時，須注意進貨單價是內含稅還是外加稅，以避免人工計算和 ERP 系統之結果產生差異。

　　確認銷貨單後，可用「銷貨單利潤分析狀況表」查看毛利及毛利率，報表重點當然是「成本」囉。本書採用 GP 3.X 版，而此版本之報表較之前版本有增加不少功能，在報表選項中相信有個選項很容易困擾許多使用者，那就是「成本依據」，雖然提供報表使用者能夠自由選擇不同的成本依據，產出不同的銷貨毛利以滿足不同的需求，但是對於各成本依據的成本出處不清楚的話很可能產生誤解而得到錯誤的資訊，因此筆者以圖 5.28 來說明「銷貨單利潤分析狀況表」中各成本依據的成本出處，表 5.6 就是選擇「實際成本」所得到的結果。

133

| 訂單管理系統 | → | 報表列印 | → | 銷貨單利潤分析狀況表 |(實際成本/未結帳)

湖巖堂股份有限公司

銷貨單利潤分析狀況表

銷貨日期 銷貨單號	品號	品名 規格	本幣 單價	成本	銷貨數量 單位	本幣 銷 貨金額	銷貨 成本	銷貨 毛利	毛 利 率%
2016/02/12	129020	讚筆二色組合	20	15	100	2,000	1,500	500	25
231 -20160212001		紫色+ 是否有點不對勁。			PCS				
	129030	讚筆五色組合	50	39	300	15,000	11,700	3,300	22
231 -20160212001		藍+橙+綠+紫+粉			PCS				
					400	17,000	13,200	3,800	22.352

小計:

✎ 表 5.6 銷貨單利潤分析狀況表(成本計價前) ✑

　　對照一下表 5.5，是否發現表 5.6 的 129020 單位成本不太一樣？因為不論對照圖 5.25 和表 5.5，單位成本都應該是 14.5 元，但為什麼表 5.6 出現 15 元？這是因為選了「實際成本」。

　　系統以銷貨單之異動明細中所記錄的單位成本作依據，各位可以查看圖 5.25 下半部會發現銷貨單的成本碼是 N，照理說單位成本應該是以〔品號：129020〕月檔成本回寫。各位應記得 2016/02 尚未作過「月底成本計價」，自然沒有可以參考的單位成本。於是系統先以品號資料「標準成本合計@」作為參考成本，記錄「異動明細維護作業」中，因此銷貨單雖然是 N，但是暫時記錄的單位成本是 15 元，於是庫存金額減少 15X100=1,500 元。表 5.5 中可查到原本的庫存數量 100，庫存金額 4,350，銷貨之後的單位成本就變成：

$$129020 \text{ 之單位成本} = \frac{4,350 - 1,500}{300 - 100} = \frac{2,850}{200} = 14.25$$

134

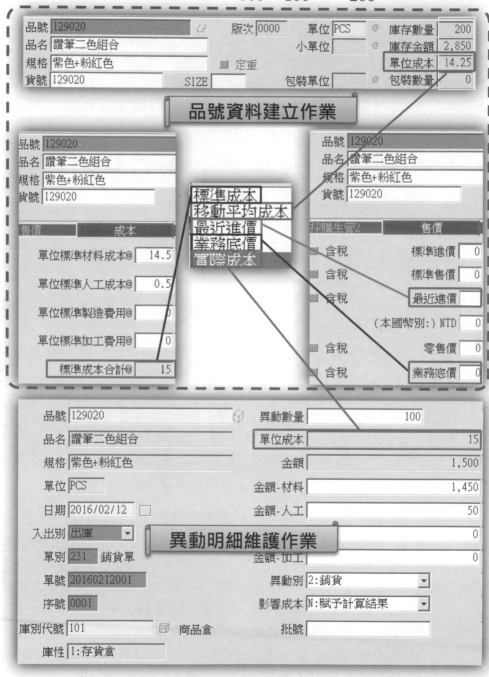

圖 5.28 利潤分析報表中五種成本之來源

　　因此 129020 現在已經產生 14.5 元/15 元/14.25 元三種成本，但圖 5.28 中卻找不到正確單位成本(14.5 元)的來源，相信各位都想到原因是沒有 129020 的成本月檔。因此在使用內容有「成本」的報表時請謹記，在尚未執行完成本月結程序前，選擇「實際成本」和「移動平均成本」選項之報表所呈現的毛利僅供參考。為了讓後面的成本能在掌控之中，先執行一次「月底成本計價」。成本計價完成之後，再執行一次「銷貨單利潤分析狀況表」，查看成本是否正確。

| 訂單管理系統 | → | 報表列印 | → | 銷貨單利潤分析狀況表 | (實際成本/未結帳) |

湖巖堂股份有限公司

銷貨單利潤分析狀況表

銷貨日期 銷貨單號	品號	品名 規格	本幣 單價	成本	銷貨數量 單位	本幣銷貨金額	銷貨 成本	銷貨 毛利	毛利率%
2016/02/12	129020	讚筆二色組合	20	14.5	100	2,000	1,450	550	27.5
231 -20160212001		紫色+粉紅色			PCS				
	129030	讚筆五色組合	50	39	300	15,000	11,700	3,300	22
231 -20160212001		藍+橙+綠+紫+粉			PCS				
					400	17,000	13,150	3,850	22.647

成本恢復正常。

小計：

✎ 表 5.7 銷貨單利潤分析狀況表(成本計價後) ✍

　　從表 5.7 就可以發現〔品號：129020〕單位成本回復到 14.5 元，因為成本計價後產生的月檔更新了異動明細維護中「銷貨單」單位成本(從 15 元更新為 14.5 元)，使得銷貨單所扣除的庫存成本從 1,500 元變成 1,450 元，影響品號資料裡庫存金額從 2,850 元增為 2,900 元，因此品號資料單位成本也變成了 14.5 元，此時不論是選擇「實際成本」或是「移動平均成本」都會出現表 5.7 的結果。

　　其實「月底成本計價」作業並不一定要在月底才能執行，只要隨時想知道最新成本都可執行，但是一定要注意不論月底之前執行過多少次，在月結程序中一定要再執行一次成本計價，才能取得最正確的成本。

Q：為何訂單利潤狀況表/報價單利潤狀況表之成本依據無**實際成本** ？

第九節 退貨單對成本之影響

有進貨當然可能有退貨,本書之「退貨單」指採購進貨對應的退貨。而銷貨後被退回為「銷退單」,請勿將這兩種單都稱呼為退貨單。

退貨單為進貨單的反向交易,成本碼和進貨單一樣是"Y",同樣是直接影響品號每月單位成本的單據,只要退貨單出錯,成本便不會正確。退貨單出現錯誤可能導致出現各種怪異的成本,例如單位成本出現負數大多是退貨單的影響所致,因此千萬不能小看退貨單的影響力。

退貨單有二種類型「退貨/折讓」,差別在選折讓時無法輸入數量,只能輸入折讓金額。而一般日常的退貨有三大類型:

● **退貨**:**庫存減少;應付帳款減少。**
  對成本而言此為最佳退貨方式,也就是存貨和應付帳款同時減少,對單位成本的影響最小。但是若外幣以當下匯率為交易條件時,可能因匯差而產生成本浮動。

● **折讓**:**庫存不變;應付帳款減少。**
  折讓即減少應付帳款,只要有折讓,單位成本就會下降。單位成本下降是好事,但若庫存成本剩下 1,500 元,原本折讓 200 元,但不慎多個 0 變成折讓 2,000 元,庫存成本就會變成-500 元。因此若折讓金額高於該品項當時庫存成本,就會出現成本負數。

● **換貨**:**庫存減少;應付帳款不變;待廠商補良品時亦無單價。**
  這是最不建議的退貨方式,卻是頗多企業採用的方式,若判定來料不良,而廠商拿良品交換,並無多大問題。但如果廠商是拿回去改善後再送回的話,庫存數量減少但應付帳款沒有變化,單位成本自然暫時上升。
  如果廠商跨至次月才補送良品,當月又忘記補折讓單,那麼當月單位成本將虛升,次月補送的良品無應付帳款,相當於無價取得,單位成本立即下降,所有用到這個材料的製成品,其成本都會出現連鎖效應。

　　這三種不同退貨類型對成本的影響，在筆著前著「企業資源規劃 ERP 成本結算(買賣業)」中有詳細說明。本書用簡明扼要的例子來說明這三種退貨方式對於單位成本及組合單/拆解單之影響。

採購管理系統→日常異動處理→退貨單建立作業

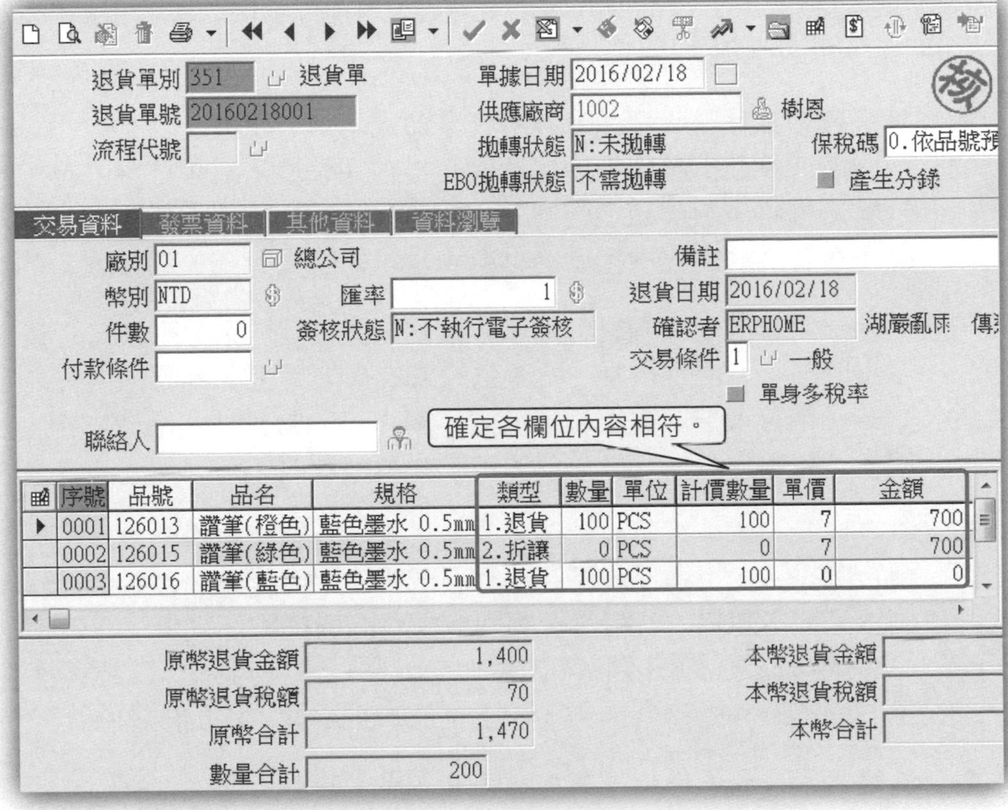

✎ 圖 5.29 退貨單建立作業 ✑

　　各位可以人工算出圖 5.29 這三個品號現在單位平均成本是多少嗎？(退貨前庫存數量 500／庫存金額 3,500)

品號	品名	規格	庫存數量	庫存金額	單位成本
126013	讚筆(橙色)	藍色墨水 0.5 mm	400	2,800	7
126015	讚筆(綠色)	藍色墨水 0.5 mm	500	2,800	5.6
126016	讚筆(藍色)	藍色墨水 0.5 mm	400	3,500	8.75

✎ 表 5.8 試算退貨後之庫存數及成本 ✑

第十節 拆解單之成本(入門)

完成銷貨之後可能因為後續沒有訂單，決定先把一部份組合品拆掉，這時就要使用拆解單。拆解單看似只是組合單反向作業，應該大同小異。其實拆解單在成本上有很多問題需要處理，因為拆解後成本有很高的機率和組合時的成本出現差異：

138

● **拆解時部份材料損壞導致拆解後單品成本總和下降：**
很少製成品在拆解過程中保持所有材料完整性，某些材料可能在拆解過程中需要被破壞(例如用膠水接合的零件)，而某些原本應該不會在拆解過程中損壞的材料，也可能因人為疏失而損壞。

如果一定會被破壞的材料通常會認列損失，但是原本應該被完整取得的材料若出現損耗，所產生的成本損失是否都能認列損失？有些企業會視情況將損耗之成本，攤入該品號其他良品成本中，此作法會影響其他製成品成本，須謹慎處理之。

● **組合時投入之工繳導致拆解後單品成本總和低於組合件成本：**
組合時投入之工繳原本不存在材料成本中，因此必然會產生拆解前後之成本差異。若跨月拆解則有極小的機率剛好完全沒有差異(次月增加之材料成本恰等於投入之工繳)。原則上投入工繳所產生的成本差異應認列損失，較不宜攤入拆解後單品的成本中。

● **拆解時單品成本變化導致拆解後單品成本總和上下波動：**
一般發生在組合單和拆解單非同一月份，即使無投入工繳且所有材料拆解後完整無缺，同樣會因為材料單位成本波動而產生差異。通常拆解後的成本差異大多是損失。若拆解當月材料單位成本大幅上升且拆解不良率極低，拆解後的成本可能會比組合成本高。如果有拆解後不是損失而是利得，別以為是系統算錯了。

成本有差異就需要進行成本調整，照理說直接調整差額即可，但若因此造成調整科目金額過大也會讓會計師有疑慮，因此差異金額可能部份認列損失，部份成本分攤到某些材料中。至於如何配置才合情合理？這部份就要麻煩成會和 ERP 顧問找會計師開會討論再作定論。

產品結構管理系統 → 日常異動處理 → 拆解單建立作業

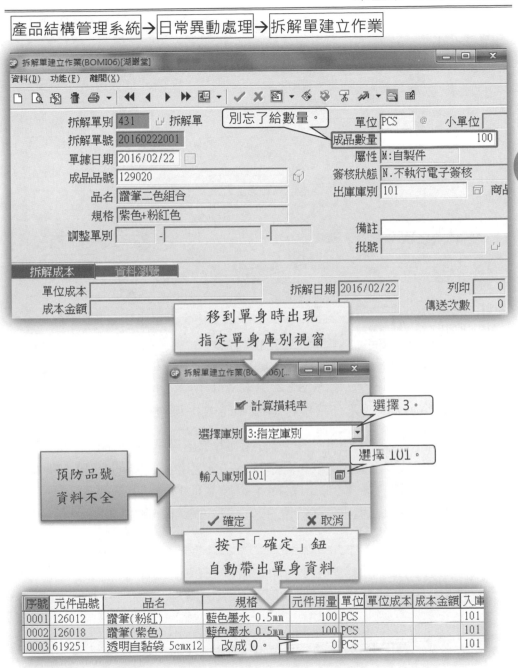

139

🖊 圖 5.30 新建一張拆解單 📷

由於二色筆組的包裝袋是自黏袋，如果封好再拆開就可能會有污漬或是黏性不足，因此拆解之後所有 619251 全部報廢，故數量為 0。

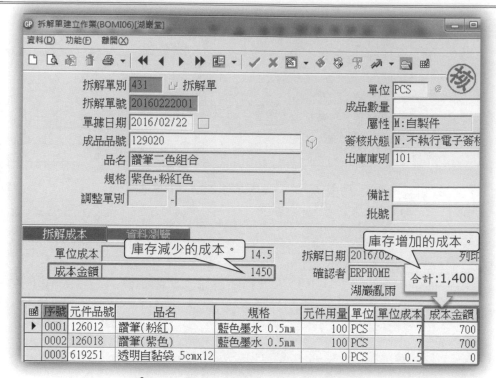

📝 圖 5.31 確認後的拆解單 📷

Q：拆解單的成本碼是什麼呢？各位知道要去哪裡找到這個答案嗎？

　　拆解單和組合單相同，在未確認前不會出現成本數字(圖 5.30)，要等到確認之後才會出現成本(圖 5.31)。各位知道為什麼這二種單據的成本要按下確認後才會顯示，而不是像其他的單據在輸入的時候就會出現成本呢？這個問題希望各位在進入下一章前能夠融會貫通，

　　一般而言組合單不是常被使用的單據，但了解其成本處理邏輯可以強化各位對於成本計算的了解。而拆解單在很多製造業甚或拆船業則被普遍使用，其重點就是拆解前後成本差異的處理。

　　確認後的拆解單(圖 5.31)之重點在於成本出現差異，因為單頭的「成本金額」欄位顯示此張拆解單所領取組合品之總成本 1,450 元，而單身「成本金額」欄位金額總和則只有 1,400 元。表示投入組合品成本 1,450 元，拆解後只得到 1,400 元材料成本，等於損失 50 元。如果沒有進行後續處理，那麼總存貨成本就憑空消失了 50 元，如此將

造成庫存的庫存金額與會計的存貨金額無法勾稽，因此在有拆解單的成本月結程序中將會有一位新成員登場。

之前組合兩個組合品，剛好都沒有賣完，另外一個當然也要拆解。建立拆解單前各位能否預測一下拆解單確認後，單身五項材料會出現的成本是多少？還記得確認退貨單後請各位填空的表 5.7 嗎？系統會擷取的成本數字是品號資料單位成本還是月檔單位成本？或是又有意外的數字出現？

為了解答上一段的一串問號，先將表 5.4 最後一張拆解單建立完成，但這次拆解下來的包裝硬盒我們假設品質十分良好，所以全部都保留作為下次組合時的包材，因此不必修改系統自動帶出的單身資料，直接將拆解單儲存後執行確認即可。

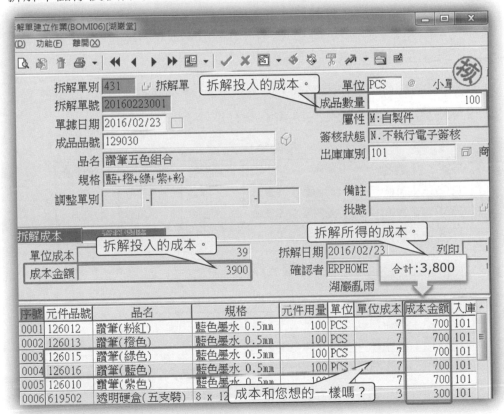

圖 5.32 讚筆五色組合 129030 之拆解單

不知各位有沒有正確的判斷出 126015 和 126016 拆解後所呈現的單位成本並不是表 5.8 的 5.6 元和 8.75 元，而是非常合群的 7 元，相信應該了解這都是受了成本最佳男主角「月檔」的影響的吧。

從圖 5.31 可得知 129020 拆解後損失的 50 元是因為包材損耗；而 129030 拆解後的損失(圖 5.32)則完全和材料無關，而是因為在組合單中(圖 5.26)的「計入成本工繳」所產生。如果這二個因素同時存在則可能會產生更大的成本損失，該如何處理這些成本損失請謹慎規劃，以免會計師查帳時提出異議，那時要調整成本就相當麻煩。

拆解單的問題並沒有這麼簡單，因為從表 5.7 可以知道有二個單品(126015/126016)的成本應該不是 7 元，但拆出來的成本還是 7 元，表示這張拆解單的成本應該不是最後結果。各位應該想道只要再執行「月底成本計價作業」應該就可恢復正確成本數字，各位有聯想到拆解單的成本碼是...但如果拆解單單身的單位成本真的符合表 5.7 的結果，那麼延伸出另一個更麻煩的問題，您想到了嗎？

在執行月底成本計價之前，請各位動動計算機算一下拆解單確認後，三個有退貨發生的品號在拆解後的庫存成本資訊為何？

退貨後庫存資訊

品號	品名	規格	庫存數量	庫存金額	單位成本
126013	讚筆(橙色)	藍色墨水 0.5 mm	400	2,800	7
126015	讚筆(綠色)	藍色墨水 0.5 mm	500	2,800	5.6
126016	讚筆(藍色)	藍色墨水 0.5 mm	400	3,500	8.75

拆解後庫存資訊

品號	品名	規格	庫存數量	庫存金額	單位成本
126013	讚筆(橙色)	藍色墨水 0.5 mm	500	3,500	7
126015	讚筆(綠色)	藍色墨水 0.5 mm	600	3,500	5.83
126016	讚筆(藍色)	藍色墨水 0.5 mm	500	4,200	8.4

✎ 表 5.9 試算退貨後之庫存數及成本 ✎

相信要在表 5.9 中填入正確的數字對各位應該十分容易，但各位是否有把握能在「月底成本計價」前就先算出成本重計後的結果呢？

品號	品名	規格	庫存數量	庫存金額	單位成本
126013	讚筆(橙色)	藍色墨水 0.5 mm	500	3500	7
126015	讚筆(綠色)	藍色墨水 0.5 mm	600	3360	5.6
126016	讚筆(藍色)	藍色墨水 0.5 mm	500	4375	8.75

✎ 表 5.10 試算退貨後之庫存數及成本 ✍

再次執行「月底成本計價作業」後，不知各位認為圖 5.32 中的
126015 和 126016 單位成本是多少？如果期待結果如表 5.8 退貨後
的 5.6 元和 8.75 元，那各位會很失望，因為真相是……

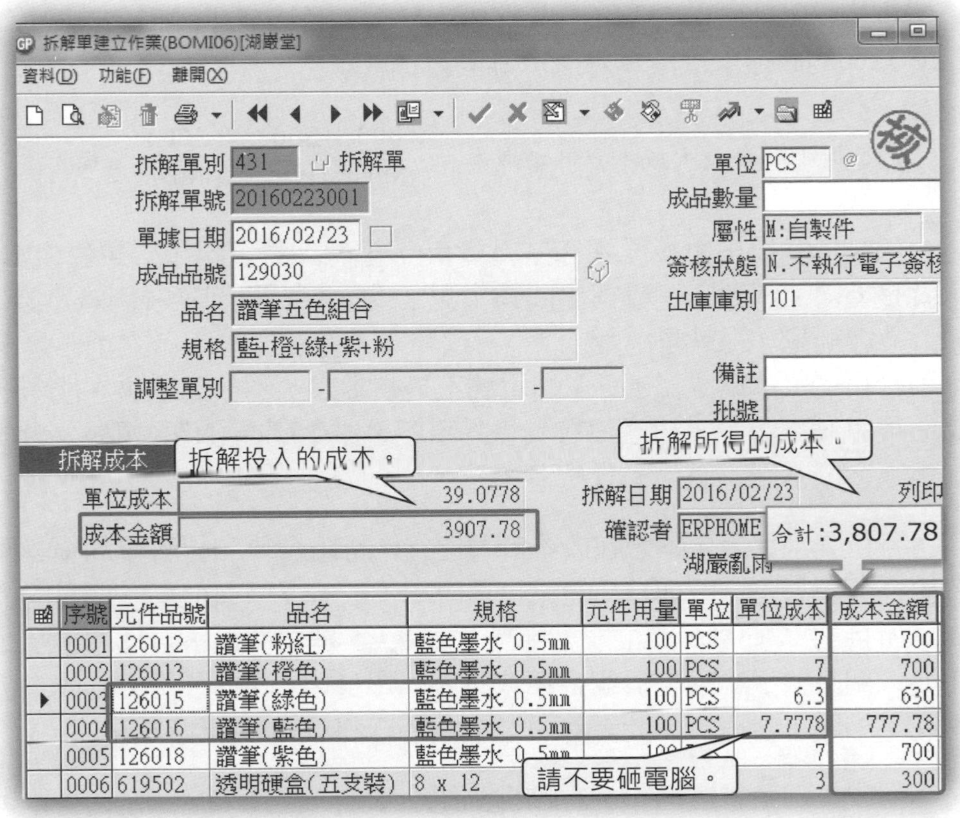

✎ 圖 5.33 讚筆五色組合 129030 之拆解單(成本計價後) ✍

不知各位看到出現 6.3 元和 7.7778 元是恍然大悟還是一頭霧水？
表 5.7 記錄退貨折讓後的成本，退貨單成本碼為"Y"，所以 126015 的
單位成本應該是 5.6 元。拆解單之成本碼為"N"，照理說在月底成本計

143

價之後的月檔單位成本應該是 5.6 元，而且會更新回寫拆解單的單身。但是 126015 的單位成本現在卻變成了 6.3 元？現在從 126015 庫存單位成本的變化，看能否找出問題所在：

$$2/18 \text{ 折讓 } 700 \text{ 元後，庫存平均成本} = \frac{3,500 - 700}{500 - 0} = \frac{2,800}{500} = 5.6 \text{ 元}$$

$$2/23 \text{ 拆解 } 100 \text{ 套後，庫存平均成本} = \frac{2,800 + 700}{500 + 100} = \frac{3,500}{600} = 5.8333 \text{ 元}$$

照理說 2/18 折讓之後的單位成本 5.6 元應代入 2/23 拆解單中，讓原本扣 700 元變成扣 560 元。再次執行「月底成本計價作業」後，126015 的庫存單位成本應該就等同月檔成本：

$$2/23 \text{ 拆 } 100 \text{ 套後，成本重計之成本} = \frac{2,800 + 560}{500 + 100} = \frac{3,360}{600} = 5.6 \text{ 元}$$

但系統算出來月檔成本卻是 6.3 元，當然品號資料中「單位成本」也就是 6.3 元。到底是哪裡出問題了呢？或許有人想到了一個鹹魚飯…呃…是嫌疑犯，那就是「組合單」。或許有人會提出抗議，之前不是看到組合單的成本碼是 Y 嗎？Y 的單據不是成本來源嗎？怎麼會在成本計算之後就被更新了，這麼沒有骨氣的事不是成本碼為"N"的單據才會作的事嗎？成本碼不就沒有什麼意義了？

各位先別緊張，試想在成本計算之後，將組合單和拆解單的單身同時放在一起對照，126015 在組合單時單位成本 7 元，但同一個月的拆解單所拆的 126015 單位成本卻是 5.6 元，不是一件很不合理的事嗎？任何一個品號不論存在於組合單或拆解單單身中，同一月份中的成本也應完全相同才合理，因此計算單位成本時應將 2/9 的拆解單納入。

但成本碼是怎麼回事？之前提到組合單的三合一特色，是領料單也有入庫功能，因此組合單單頭是組合品入庫性質，成本碼為"Y"；而組合單單身的成本碼則為"N"，才能符合一個品號在同一月份中只會有一個成本的基本精神。因此 126015 月加權平均成本正確計算公式是：

$$2/23\text{ 月底成本計價後之成本} = \frac{7000 - 700}{1000 - 0} = \frac{6,300}{1000} = 6.3\text{ 元}$$

126015計算成本時只能將 2/2 進貨單和 2/18 退貨單(折讓)納入計算，而不能納入拆解單，算出 6.3 元之後再回寫至拆解單中。

若同時檢視 126015 月檔單位成本及品號資料單位成本；129030 (五色筆組)組合單及拆解單單身，126015 單位成本都應是 6.3 元。而 126016 的 7.7778 元也是依照上述邏輯計算所得。

組合單單身成本一變，單頭組成品之成本自然也要變。因此雖然組合單單頭成本碼為"Y"，但還是會在成本重計後更新為最新成本。

當然別忘記完整執行月結程序，不過這次有新成員加入：

●設定帳務凍結日　　　　2016/02/29
●現有庫存重計作業　　　2016/02
●月底成本計價作業　　　2016/02
●拆解差異成本自動調整作業　　2016/02/01 – 2016/02/29

庫存管理系統→批次作業→拆解差異自動調整作業

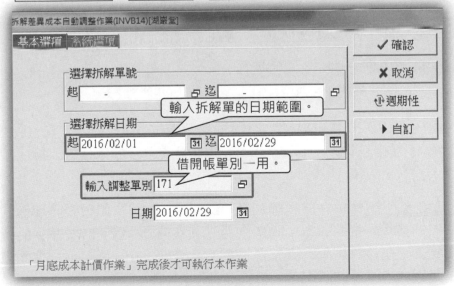

📝 圖 5.34 拆解差異自動調整作業 ✒

　　圖 5.31 中 129020 拆解後成本少了 50 元，129030 不論在月底成本計價前(圖 5.32)後(圖 5.33)，拆解後成本都少 100 元。系統提供「拆解差異動自動調整作業」，針對拆解單產生之成本差異進行調整。為了不多增一個單別，這裡就借 171(成本開帳單)一用。如果拆解單經常使用，當然建議另外建一個單別(例如 175 拆解成本調整單)。

146

　　拆解差異自動調整作業執行完畢之後就可以在佇列工作控制台右下方的「處理結果」區看見 171-20160229001 的單號，那就是針對 2016/02 所有拆解單的成本調整單。

庫存管理系統 → 日常異動處理 → 成本開帳/調整單建立作業

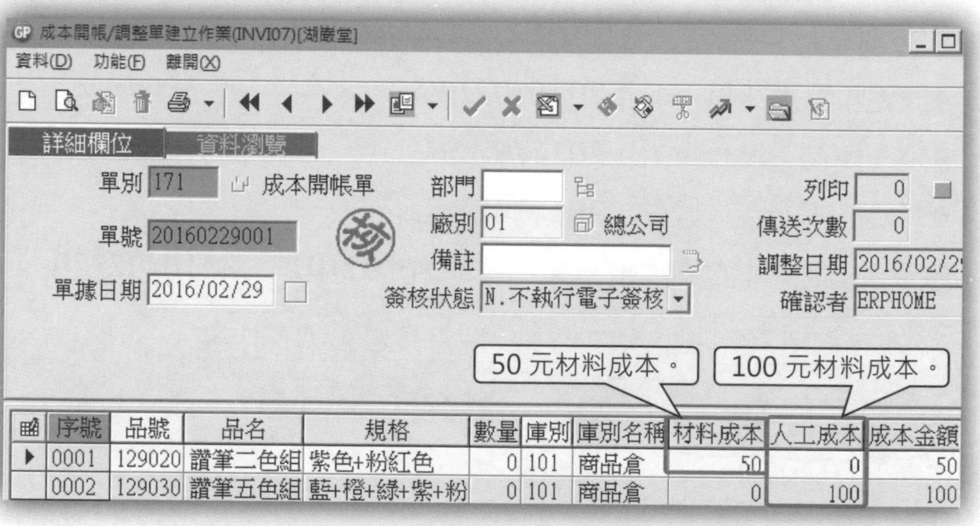

圖 5.35 拆解差異自動調整作業

　　由於 129020 拆解時因為材料損耗而產生 50 元成本差額，系統會自動歸入「材料成本」。129030 的 100 元成本差額來自於工繳，於是被歸入「人工成本」。

　　當然這張調整單在確認前還是可以修改的，因為如果要將部份的成本轉嫁到某些品號的成本中的話就要先在這裡減少金額，而減少的金額應該要確定在當月正確的調整至目標的品號成本中，否則還是會產生前後端存貨成本不符的狀況。

接下來請 月結程序完成：

● 設定帳務凍結日　　　2016/02/28

● 確認拆解差異調整單 （圖 5.35）

● 自動調整庫存（本月無尾差調整單或分庫調整單）

● 月底存貨結轉

其實如果組合和拆解在不同月份，或是拆解的對象不是組合品而是製造業的製成品(有料/工/費/加工)的話，那麼拆解單的成本處理會更加複雜，此部份內容將在成本進階課程介紹。為了確認各位有順利完成截至目前為止的操作，就用庫存明細表來作個核對吧。

庫存管理系統 → 報表列印 → 庫存明細表 2016/02/29(平均成本)

湖巖堂股份有限公司

庫存明細表							
製表日期: 201X/XX/XX			資料日期: 2016/02/29				
品號	品名	單位	庫別	庫存數量	庫存金額	單位成本	材料金額
	規格		庫別名稱				
126012	讚筆(粉紅)	PCS	101	400	2,800	7	2,800
	藍色墨水 0.5 ㎜		商品倉				
126013	讚筆(橙色)	PCS	101	500	3,500	7	3,500
	藍色墨水 0.5 ㎜		商品倉				
126015	讚筆(綠色)	PCS	101	600	3,780	6.3	3,780
	藍色墨水 0.5 ㎜		商品倉				
126016	讚筆(藍色)	PCS	101	500	3,888.88	7.7778	3,888.88
	藍色墨水 0.5 ㎜		商品倉				
126018	讚筆(紫色)	PCS	101	400	2,800	7	2,800
	藍色墨水 0.5 ㎜		商品倉				
129020	讚筆二色組合	PCS	101	100	1,500	15	1,500
	紫色+粉紅色		商品倉				

品號	品名	單位	庫別	庫存數量	庫存金額	單位成本	材料金額
129030	讚筆五色組合	PCS	101	100	4,007.78	40.0778	3,807.78
	藍+橙+綠+紫+粉		商品倉	包含人工成本。			
131532	中性筆 T109	PCS	212	100	1,000	10	700
	紅色 0.38 mm		半成品倉	包含人工製費。			
211333	金黏便利貼 L330	PCS	101	30	428.57	14.2857	428.57
	9.8 mm X9.8 mm黃色		211	1	14.29	14.29	14.29
			212	1	14.29	14.29	14.29
			小計:	32	457.15		457.15
619251	透明自黏袋	PCS	101	700	350	0.5	350
	5 cm x12 cm		商品倉				
619502	透明硬盒(五支裝)	PCS	101	600	1,800	3	1,800
	8 x 12		商品倉				
633536	藍色中性筆芯 M3	PCS	211	200	600	3	600
	0.38 mm		原物料倉				
			總計:	4,232	26,483.81		25,983.81

✎ 表 5.11 月結之後之庫存明細表 ✍

　　若庫存明細表之內容與表 5.11 不符，可能是某張單據不正確或程
序有遺漏，請務必重新查核，否則將影響後面章節範例之操作，更無法
核對成本數字是否正確。

第六章 製造業成本實戰及分析(基礎篇)

　　希望您不是直接翻到這個章節開始看，因為前面五個章節看似並非直接與製造業相關，但卻是整個製造業成本的碁石。因為學會了材料成本的計算，可以說製造業的成本已經學會一半。如果是直接翻到這一章的讀者，請回到第一章開始看吧☺。

149

　　製造業成本原則上由〔材料/人工/製費/加工〕所組成，只要知道在某一項產品號上投入多少〔材料/人工/製費/加工〕就能算出成本。但光材料就有很多討論空間。如電子業的材料大多可以清楚計算數量，而用於 SMT 電路板上的接著劑用量就很難精確的計量；在生產過程中用於清潔電路板所耗的化學藥品更是船過水無痕，因而要將生產過程中所耗用的所有材料都準確的統計數量實屬不易。

　　材料成本最單純的電子業尚且如此，若是化工業或食品業的材料就更難計算。化學藥品可能會因為溫度或環境不同而起不同化學變化，即便投入完全相同的材料，卻可能產出不同份量的製成品，這時材料成本分攤的難度又提高了些。

　　食品業如果用天然食材，除非都打成汁或切成丁，不然要找到份量完全相同的一片生菜或是一隻雞腿應該是幾十不可能。生鮮材料購入的單位通常是重量(例如公斤)，但不可能用電子秤去秤這片生菜有多少克，要再補幾克的生菜才能作一個漢堡吧(日本人或許有可能...)。而且天然的材料無法避免會有一些不良品要淘汰，或是有些不速之客(有機蔬菜上會動的蛋白質...)，這些在生產過程中報廢不能用的材料會有多少比率更是無法事先估計，當然無法很精準的記錄用了多少食材。

　　另一個經典的例子就是電鍍業，電鍍使用化學藥劑鍍在金屬表面上，電鍍的對象是大是小？形狀如何？這些都直接影響到表面積，而表面積直接影響化學藥劑用量。但會有人去計算每個電鍍品的表面積嗎？化學藥劑也不可能百分之百用盡，沒用完的藥劑可能回收，也可能因為放久不用變質就要報廢。各種可能產生的情況都使得電鍍業是一個成本結算非常困難的行業，甚至最根本的問題就是化學藥劑屬於材料成本嗎？

本書是屬於初階課程,自然不會用這些成本難度破錶的行業作例子。因為很多成本會計人員可能不夠了解生產線,用工業上的例子相信大部人會看得一頭霧水。因此本書用大家隨手可得的文具作為開帳/進貨/退貨/組合/拆解的範例。主要以現在十分普遍的「中性筆」為例,相信各位隨手拿一支來分解,就能掌握一支中性筆的 BOM 有哪些材料。

相對於材料成本可以拆解成品零件估出概略的值,人工和製費就抽象許多。因為如果不是在生產過程中詳細記錄完整的資訊,想要準確賦予一個製成品合理的人工和製費十分困難。後續章節將介紹如何計算出合理的人工和製費賦予各個製成品。

最後一個成本的成員就是加工費,加工費通常是以製成品數量計價,外包加工 800 個製成品,就是代表用 800 套材料和支付 800 個製成品的加工費,類似材料成本採直接歸屬的方式;而人工和製費則是較傾向於用平均分攤的方式。例如煎了 100 個蛋餅花了 2 小時,但人不是機器,自然有些耗時多有些耗時較少,如果將製作每一個蛋餅的時間用碼錶記錄也太不符合成本效益。因此如果一小時的人工是 100 元,那麼二小時(200 元)的人工完成了 100 個蛋餅,平均一個蛋餅分攤的人工就是 2 元。包含店租、水電在內的製費也可用此法計算應分攤製費,因此「工時」即為人工和製費之分攤依據。

本章節從材料進貨到製令開立、生產領料、生產入庫進行操作練習,進而介紹製造業的成本結算流程以及較為少被提及的「成本低階碼」。相信對於第一章「ERP 成本結算架構圖」各位還有印象,除了單據之外的「線別成本」及「產品成本」也是成本的重點,掌握成本計算的軌跡,才能在核算成本數字時追溯到成本內容的源頭。

巧婦難為無米之炊,沒有材料要怎麼生產?當然要先將材料買進來。由於上一章已經完成了 2016/02 的月結作業,因此現行年月應該呈現 2016/03,那就在 2016/03/03 將製作中性筆的材料買進來吧。由於現在正式進入製造業階段,因此原則上材料和成品都會存放在工廠,因此廠別要選「02:五股廠」,進貨庫別則是「211:原物料倉」

採購管理系統 → 日常異動處理 → 進貨單建立作業

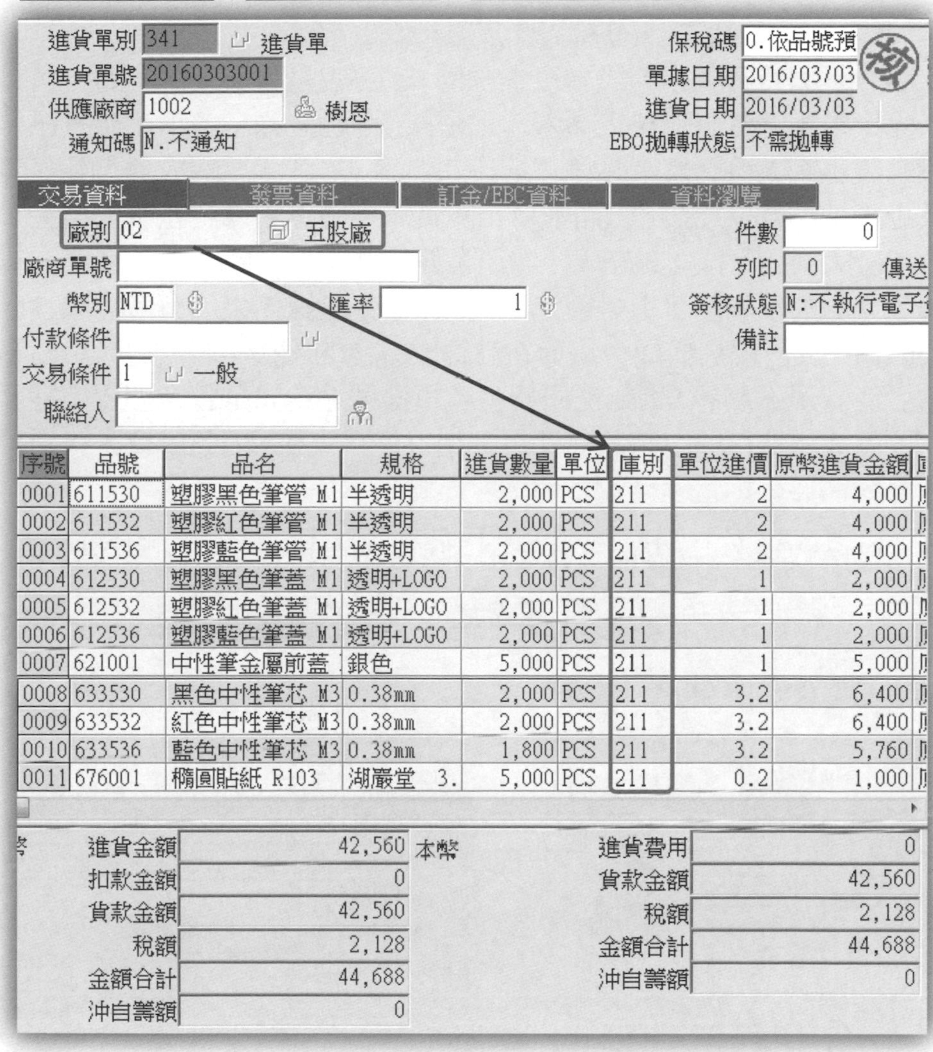

進貨單別 341 └ 進貨單	保稅碼 0.依品號預
進貨單號 20160303001	單據日期 2016/03/03
供應廠商 1002 ♨ 樹恩	進貨日期 2016/03/03
通知碼 N.不通知	EBO拋轉狀態 不需拋轉

交易資料　　　簽票資料　　　訂金/EBC資料　　　資料瀏覽

廠別 02 ⊡ 五股廠	件數 0
廠商單號	列印 0 傳送
幣別 NTD ⑤　　匯率 1 ⑤	簽核狀態 N:不執行電子簽
付款條件 └	備註
交易條件 1 └ 一般	
聯絡人	

序號	品號	品名	規格	進貨數量	單位	庫別	單位進價	原幣進貨金額	
0001	611530	塑膠黑色筆管 M1	半透明	2,000	PCS	211	2	4,000	原
0002	611532	塑膠紅色筆管 M1	半透明	2,000	PCS	211	2	4,000	原
0003	611536	塑膠藍色筆管 M1	半透明	2,000	PCS	211	2	4,000	原
0004	612530	塑膠黑色筆蓋 M1	透明+LOGO	2,000	PCS	211	1	2,000	原
0005	612532	塑膠紅色筆蓋 M1	透明+LOGO	2,000	PCS	211	1	2,000	原
0006	612536	塑膠藍色筆蓋 M1	透明+LOGO	2,000	PCS	211	1	2,000	原
0007	621001	中性筆金屬前蓋	銀色	5,000	PCS	211	1	5,000	原
0008	633530	黑色中性筆芯 M3	0.38mm	2,000	PCS	211	3.2	6,400	原
0009	633532	紅色中性筆芯 M3	0.38mm	2,000	PCS	211	3.2	6,400	原
0010	633536	藍色中性筆芯 M3	0.38mm	1,800	PCS	211	3.2	5,760	原
0011	676001	橢圓貼紙 R103	湖巖堂 3.	5,000	PCS	211	0.2	1,000	原

幣	進貨金額	42,560	本幣	進貨費用	0
	扣款金額	0		貨款金額	42,560
	貨款金額	42,560		稅額	2,128
	稅額	2,128		金額合計	44,688
	金額合計	44,688		沖自籌額	0
	沖自籌額	0			

✎ 圖 6.1 生產所需材料之進貨單 ✐

依 6.1 建立進貨單且將其確認，便可開始進行生產。為方便比較不同生產過程所產生的成本差異，以下列三個品號規劃不同生產流程：

純自行製造： 131530 湖巖堂中性筆 T109　黑色 0.38mm

純託外生產： 131532 湖巖堂中性筆 T109　紅色 0.38mm

自製+託外： 131536 湖巖堂中性筆 T109　藍色 0.38mm

第一節 製造命令(廠內/託外)

製令是製造業成本的成本蒐集單位,也可說是製造業成本的主角,製令除了是生產領料和製成品入庫之依據外,也記錄了各項生產資訊。一般來說生管人員對製令系統單據最為熟悉,會計背景的成會人員對製令及生產細節較少接觸,因而製令相關資訊多由生管或生產單位提供,再由會計人員進行成本的計算。看似良好的分工但卻隱含了許多問題;例如生產線的規劃直覺上是製造部負責,但生產線如果沒有考慮成本計算的因素,反而會造成成會人員在計算成本上的困擾;若成會人員對企業的生產狀況不熟悉,則無從研判生產單提供之資訊是否合理或完整,在需要對成本進行驗證時將無法主動進行資料查核。因此成會人員對於製令系統需要有相當程度的了解,才能真正掌握成本。

製令/託外管理系統 → 日常異動處理 → 製造命令建立作業(1:廠內製令)

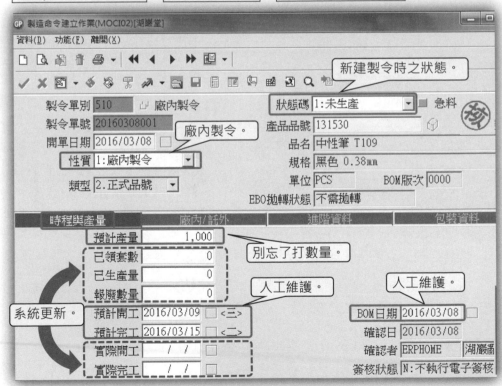

✎ 圖 6.2 黑色中性筆之廠內製令-1 ✐

按照圖 6.2 建立一張廠內製令,但是不要急著點到單身,因為單頭還有其他頁籤資料需要輸入,先來介紹圖 6.2 中單頭的重要欄位:

■ 開單日期:請依本書範例之日期輸入,避免早於庫存現行年月或和本書其他月份單據混在一起,方能確保後續操作順利。

■ 性質:此處設定會影響後續單據的流程,務必謹慎。

■ 狀態:系統顯示目前狀態,細節參考 ERP 軟體應用師教材(生管)。

■ 預計產量:此製令預計生產之數量,為單身材料數量計算依據。若已產生單身內容後再修改預計產量,可能造成單身材料數量與預計產量不符,應透過「製令變更建立作業」修改預計產量。

■ 已領套數:由領料單「領料套數」資訊回寫,利於生管掌握製令執行進度;亦為計算在製成本的依據之一,切勿手動修改。

■ 已生產量/報廢數量:生產入庫單(託外進貨單)回寫,用於掌握製令之生產進度、提供計算成本重要資訊、製令完工之控制指標。製令完工與否同樣關係到成本的計算,切勿手動調整。

■ 預計開工/預計完工:用於通知產線人員此張製令何時需開始進行及應於何時完工,使用 MRP/LRP 系統時由系統產生製令時自動推算日期,可人工再進行修改。此二日期對成本計算並無影響,但可作為製令實際與計劃的差異比較。

■ 實際開工/實際完工:由領料單和入庫單回寫實際發生之日期,用於和預計的開工日/完工日作比較,用於工廠內部管理用,與成本亦無直接相關,但同樣勿人工輸入資料。

■ BOM 日期:此日期與成本可說是有間接影響而非直接的關係,BOM 日期會考慮單頭品號單身各元件「生效日期」和「失效日期」來決定製令的單身內容。由於製令單身影響領料單,而領料單影響領料數量,因此領料數量就直接影響這張製令的「材料成本」。

製令記錄的資訊相當多,因此需要分不同頁籤進行單頭資料管理,因此輸入單據時請確認相關欄位均輸入完整再確認。完成圖 6.2 各欄位資料建立之後,還有「廠內/託外」頁籤的資料需要輸入。

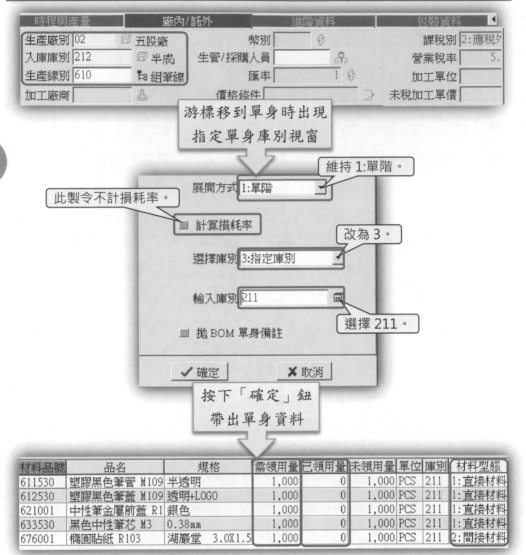

❧ 圖 6.3 黑色中性筆之廠內製令-2 ❧

「廠內/託外」頁籤中的「生產廠別」和「入庫庫別」指的是製成品生產完成後要放的位置;「生產線」雖然是白色欄位,但卻是會影響生產入庫單是否能順利建立,請務必輸入正確的生產線資料。

在點選單身後彈出來的畫面中,「展開方式」一般都選「1:單階」,在本例中先不考慮損耗率,下一節再請損耗率登場。用指定庫別的原因與組合單相同,再來按下 確定 鈕就會出現單身資料(圖 6.3)。

依 BOM 帶出的單身若必需調整時可直接修改，例如要換成替代件或因料況不佳需要增加材料備量以降低補料的機率。製令單身是領料單的依據，而單身內容源自於 BOM，因此 BOM 的正確性十分重要。

製令單身為查核成本必查之處，若是材料成本有問題，幾乎都可以從這裡找到問題，因此以下是成會人員不可不知的欄位：

■ **需領用量**：為 BOM 中單位材料用量(組成用量/底數)乘上預計產量所得之數量，可判斷材料是否領足或是否超耗材料過多。勾選「計算損耗率」時此處數量就會加計 BOM 中的損耗率，如此可避免少數材料不良時，再開一張領料單補領不足之材料。
  需領用量在計算在製約量時也是重要角色，如果單頭「預計產量」變更時務必確認單身「需領用量」是否正確。否則跨月生產時，將導致在製約量失真，進而影響製成品成本之正確性。

■ **已領用量**：顧名思義當然就是已領用的材料數量，而這個數字也是系統用於統計該張製令所耗材料成本的依據，由領料單回寫。
  與需領用量同為計算在製約量之依據，但單身之「已領用量」與單頭之「已領套數」間沒有必然的關係，端看領料單如何登打。製令已領套數 500 套，但單身某些材料可能只先領 480 PCS，並非 ERP 系統有問題而是考慮實務面保留的彈性。但此時就要注意「成本系統參數設定作業」中的在製約量計算方式是如何設定，因為如果「已領套數」和「已領數量」不完全對等時，應選擇以「已領數量」來計算在製約量，會較接近實際的成本。
  因此在系統導入時須清楚掌握工廠生產狀況，再決定成本系統參數如何設定。同時也要規範領料單該如何操作，才能確保以正確的在製約量計算成本。(在製約量屬於成本進階課程範圍)

■ **未領用量**：用於掌握製令缺料狀況，出現負數表示有超領的狀況，若超領數量過大，就表示此製令的材料成本增加很多。

■ **材料型態**：此欄位擷取自 BOM 單身設定，在製令中可依需求進行調整。雖曾於第五章提醒讀者，但仍要再次強調，材料型態會直接影響 ERP 生產流程，同時影響領料單內容，進而影響製令單身「已領數量」，自然會影響到成本正確性。因此若 BOM 資料不正

確或臨時需要把間接材料改成直接材料，可於製令中直接修改。但如果材料型態設定錯誤，後續單據沒有找出問題並加以修正，很可能就因為一張製令導致整體成本不正確。

在完成本書學習後，就能瞭解材料型態可能造成的成本問題為何，以及如何從材料型態去找出成本可能產生的問題。

製令的性質分「廠內」和「託外」二種，除了作業流程不同之外，成本上也是大異其趣。特別是廠供料(由外包廠商提供之材料)更是容易使得成本結構失真，因此有使用廠供料時請注意配套的作業。各位請參照圖 6.2~圖 6.3 的操作過程建立並確認一張託外製令：

〔131536 藍色中性筆〕〔託外生產〕〔1,000 支〕(圖 6.4)

製令/託外管理系統 → 日常異動處理 → 製造命令建立作業(2:託外製令)

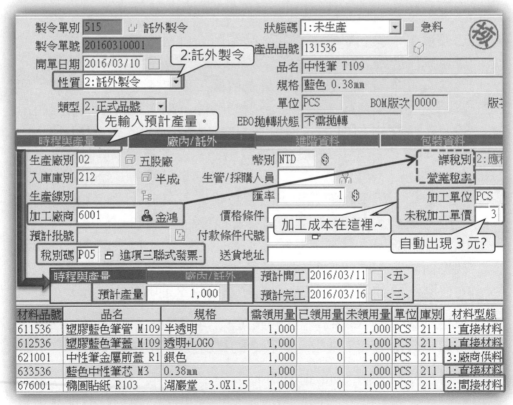

◆ 圖 6.4 藍色中性筆之託外製令 ◆

※記得要先輸入預計產量 1,000。

一旦製令的性質選擇「2:託外製令」之後，單頭的「廠內/託外」頁籤就和圖 6.3「廠內/託外」頁籤有明顯的不同：

- **加工廠商**：指定此張託外製令之外包廠商，外包廠商資料須先於「供應商資料建立作業」中建立，方便處理後續的應付帳款。

- **稅別碼**：輸入加工廠商代號後會自動帶出稅別碼，稅別碼出現後就會自動帶出該廠商之「課稅別」及「營業稅率」等交易條件。

- **匯率**：若外包廠商之報價為外幣時，在此輸入匯率進行換算。

- **加工單位**：亦可稱為計價單位，例如以數量計價或是以重量或長度來計價，搭配「未稅加工單價」計算此製令需支付之加工費。

- **未稅加工單價**：一個加工單位所需支付的加工費用，由於這裡記錄的是未稅加工單價，因此直接以此單價計算加工成本。
  〔Q：各位知道為什麼此處會自動出現 3 元嗎？〕

在託外製令的單身中，是否注意到 621001(金屬前蓋)材料型態是「3:廠商供料」，表示在託外領料時並不需要領 621001 送至外包廠，而是由外包廠直接提供 621001 這個材料。由於廠供料的特性，因此在建立領料單時，系統會自動將 621001 排除。而廠供料將視為我們向這個外包廠商購買(有時稱為代購料)，須等到外包廠商將加工品送回後，再依完工數量進行廠供料 621001 的進貨及領料。

因此使用到廠供料的功能時請特別注意：

- 託外進貨後請記得產生廠供料的進貨單和領料單，否則不但材料成本缺少廠供料，外包廠的應付帳款也會不正確。

- 廠供料歸屬材料成本，因此「未稅加工單價」並毋須將廠供料的材料成本計算在內，單純以加工費用認定即可。

本章主要介紹成本結算之標準流程，因此以最單純的狀況(無期初＋無損耗＋無在製)作為範例。先讓大家認識何謂製令成本及產品成本，第七章軒模擬各種成本的基本變化。請務必先將本章介紹的基礎打好，才能順利的進入下一章。

第二節　領料單(廠內/託外)

　　領料單顧名思義就是把材料從倉庫中領出來,但絕不是材料領出後減少庫存這麼簡單。領料單是製造業成本中「材料成本」的主要來源,且其複雜度可說是本書之冠,因此本節將特別詳細說明領料單之操作。

158

　　由於領料單複雜度高,表示可能出錯的機率也高。領料單通常是被「品號資料建立作業」和「BOM 用量資料建立作業」資料影響才會出問題。因此 ERP 整體規劃應從最終成本結算向前倒推,才能讓前段建立的基本資料在後續流程中發揮功能,而不是成為問題的根源。

　　說明領料單操作時會介紹一些平常容易被忽略的細節,可能就是領料單不正確的原因。若各位在稽核成本數字時發現領料單常常出錯,那麼只要將接下來說明的欄位逐一清查,就會很容易找出問題。

製令/託外管理系統→日常異動處理→領料單建立作業 (廠內領料單)

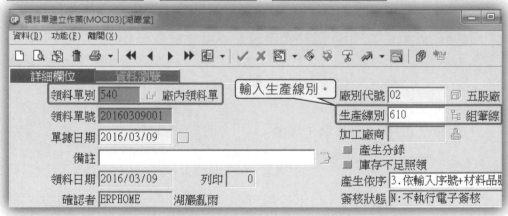

✎ 圖 6.5 黑色中性筆之廠內領料單單頭 ✑

　　依照圖 6.5 建立領料單時,發現右方「加工廠商」欄位無法輸入,只能建立「生產線別」,因為領料單之單據性質為「54:廠內領料」。而「庫存不足照領」的功能是用於「庫存可用量」不足「需領用量」時,仍然依照「需領用量」領用材料,通常用於庫存數量準確度不高,或是確定目前材料雖不足但該材料即將進貨時勾選。

　　游標移到單身時會出現「製令資料輸入」的畫面(圖 6.6):

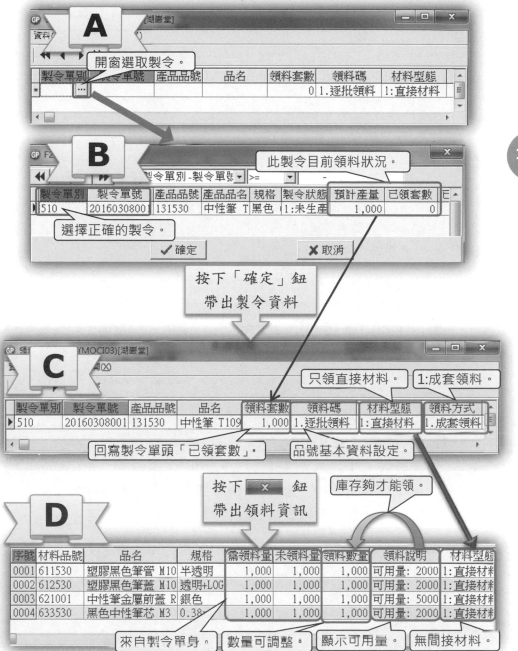

📝 圖 6.6 黑色中性筆之廠內領料單單身產生過程 ✍

圖 6.6 是領料單未確認時的單身;圖 6.7 是領料單確認後的狀態。

領料單「製令資料輸入」中開窗(圖 6.6-A)選取製令(圖 6.6-B)時，如果無法正常出現製令的話，很可能該製令還沒有確認；若確定製令已確認，可能該張製令已經結案；如果製令已確認且未結案還是沒有出現，問題應該就出在「廠別」和「生產線別」。因為如果領料單的「廠別」或「生產線別」和製令不同，就無法出現正確的製令供挑選。

在圖 6.6-B 中，〔預計產量－已領套數〕就是這張製令之材料應領套數的最大值，同時也是出現在圖 6.6-C 中「領料套數」預設值。「製令資料輸入」(圖 6.6-C)裡的資料是領料單中最重要的資訊，因為不但影響領料單單身出現的內容，同時也會影響回寫製令的資訊，更可能在跨月生產時影響在製約量，進而影響成本正確性。以下是關於圖 6.6-C 幾個重要欄位的說明：

■ 領料套數：此欄位預設該張製令的未領用量(製令單頭的預計產量 -已領套數)。如果此次領料只需領部份的料進行生產，可將領料套數從 1,000 改成 500 或 800，但若要改成 1,050 的話就要看製令系統的單據性質之設定是否允許。此處的「領料套數」就是展開單身時「領料數量」的計算依據。但並不代表「領料套數」和單身「領料數量」完全同步(即一直保持 BOM 中的用量比例)。因為這二個欄位內容各自獨立運作，「領料套數」輸入 1,000，單身會先帶出生產 1,000 套成品所需材料數量，若直接修改單身「領料數量」(例如某個材料只有 900)，單頭的「領料套數」仍會保持 1,000 不變。因此在領料單身看到的「領料數量」並不一定完全符合「領料套數」，反之亦然。

「領料套數」主要功能為更新製令單頭「已領套數」，而「已領套數」也是計算在製約量的依據之一。因此若單頭「領料套數」與單身「領料數量」有明顯差異，除了影響生管人員掌握製令進度之準確性外，更可能會導致錯誤的在製成本出現。

開立「補料單」補足生所需材時，若以整套材料發放的方式時，建議「領料套數」輸入補的套數；若只是補其中一二個零件時，建議「領料套數」為 0，但須確定「領料方式」非「1:成套領料」才可，後續章節中可練習補料單的登打。

160

■ 領料碼：領料碼用於將品號依其類型作分類，避免領料時不慎領到不該領的材料。例如電子業生產多少才發多少料，

> 1. 逐批領料
> 2. 自動扣料
> 3. 單獨領料

適合設「1:逐批領料」；若以食品或化工業的生產模式，以產出成品數量反推材料用量的模式，適合採用「2:自動扣料」再搭配製令系統「自動領料作業」。若為生產所需之料件，但並非隨製令數量而產生相對應的需求，例如設備耗材或是螺絲、貼紙之類的物料就適合設定為「3:單獨領料」。

領料碼之設定在「品號資料建立作業」中，設定為「2:自動扣料」之品號就無法在選擇「1:逐批扣料」時由系統自動顯示在單身。設定正確的領料碼可以避免領到在同一張製令中，但卻是不該在這次領料中被領出之材料。若設定錯誤就會增加領錯料的風險，生管人員若未及時更正，同樣會影響成本計算結果之正確性。
「領料碼」乍看主要影響是倉管人員的發料作業，但領料數量就是領料的成本，若倉管發錯料或扣錯帳，成本自然不會正確。

■ 材料型態：第五章已經介紹過材料型態的功能，此處說明的是如何應用材料型態進行領料。材料型態欄位預設值為

> 1: 直接材料
> 2: 間接材料
> 3: 廠商供料
> 5: 客戶供料
> *: 全部

「1:直接材料」，系統會自動篩選 BOM 中材料型態「1:直接材料」的元件才會出現在領料單的單身，其他材料型態的元件都不會主動出現在領料單單身。

相信各位有發現清單中少了 4 這一類，筆者曾經問過學生為何此處會跳過 4 這個材料型態，有同學馬上回答「因為 4 不吉利...」，當然不是這個原因啊～因為消失的那一類是「4:不發料」。
如果選「*:全部」會領到五種材料型態中的哪幾種呢？

■ 領料方式：領料方式各選項對於領料數量的詳細處理方式，請參考 ERP 軟體應用師(生管模組)教材中之說明。

> 1. 成套領料
> 2. 補足已領套數
> 3. 補足需領用量

此處簡略說明如何應用：預設「1:成套領料」限制必須輸入「領料套數」，以更新「領料套數」。

若僅領零星的材料不宜選擇「1:成套領料」。選 2 或 3 都可以讓「領料套數」欄位為 0，而不會影響製令單頭之「領料套數」。但務必確認領料單單身，每個料件的領料數量都正確。

161

一張領料單可同時領數張製令的材料,若同時有其他製令需領料,只要重覆圖 6.6 中 A~C 的步驟就可以增加其他製令。輸入完成需領料的製令資訊後,可按上方工具列「維護」鈕關閉視窗;或直接關閉視窗表示製令選擇完成。關閉視窗之後領料單單身就會出現該領用的材料(圖 6.6-D)。在確認領料單之前先介紹一下單身幾個重要的欄位:

- 需領料量/未領用量:由於本例一次領完生產所需 1,000 套材料,因此需領料量和未領用量相同。但例如之前已有其他領料單領走 200 套材料,則需領料量仍是 1,000,但未領用量將出現 800。未領用量的資訊來自於製令,各位可參照圖 6.4。

    這兩個資訊在領料單中的功能用於提供領料的參考,若實際發料數量為 500,但未領用量卻是 300,此時就要確認多出來的 200 是因為不良損耗而超領,或是另外一張領料單已經先領走 200,或是很單純的...打錯了!因此未領用量是領料單重要參考資訊。

- 領料數量/領料說明:領料數量除了參考未領用量外也同時考慮到庫存數量,因為如果領料數量大於庫存數量,在領料單存檔或確認時,會被庫別資料的參數所限制→因而無法存檔或確認。

    ☑ 存檔時庫存量不足准許出庫
    ☐ 確認時庫存量不足准許出庫

    因此在領料說明欄位中會註明建立領料單時,料件的庫存可用量。如果可用量大於未領用量的話,領料數量自然就以未領用量為準;如果未領用量大於可用量時,系統會以庫存可用量作為領料數量。雖然系統會自動產生領料單的領料數量,但卻有可能因為庫存不足而無法領足所有的材料。因此在庫存正確性不高,又確定材料足夠或可以及時補齊的狀況下,就可以勾選【庫存不足照領】,系統便不考慮庫存量而以未領用量作為領料數量。因此領料的庫別須先將「存檔/確認時庫存量不足准許出庫」的選項全部勾選,才能確保領料單定能確認,但可能造成庫存數量呈現負數。

- 材料型態:由於選擇製令資料時指定材料型態為「1:直接材料」,因此出現料件都是 BOM 中材料型態為直接材料的元件,若需臨時改領其他材料(不管直接還是間接材料),可手動調整單身內容。製令是否必須與 BOM 完全相同,視各企業之需求來規範。

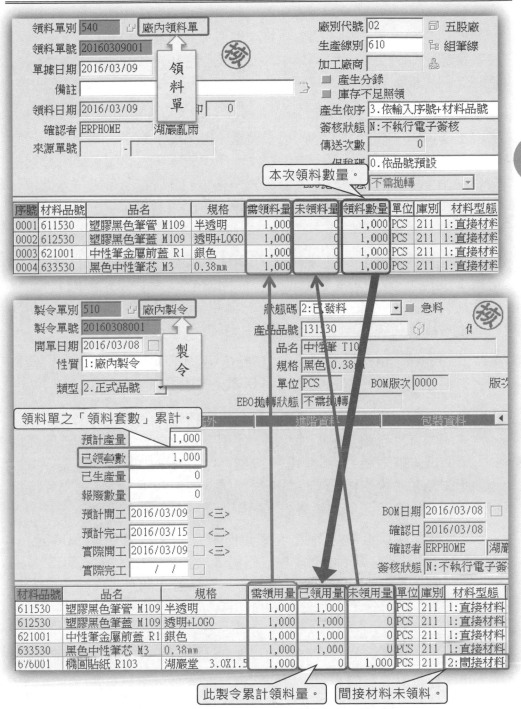

◎ 圖 6.7 領料單單身對製令單身之影響 ◎

確定廠內領料單內容無誤後便可將其確認,但在確認後應該注意到領料的單身發生了變化,即需領用量變成 0。因為確認領料單後,製令最新資訊會即時更新至領料單中,而真正影響庫存的是「領料數量」。確認領料單的人員可由即時更新的需領用量資訊掌握製令欠料狀況。

圖 6.7 的重點並非領料單而是製令,因為製令單頭的「已領套數」出現了 1,000;製令單身的「已領數量」也出現了數字,表示製令即時顯示最新領料狀況,而領多少料就代表多少成本。因此如果要統計這張製令耗用了多少的材料成本不必去查領料單,因為製令可能會分批領料,而所有領料的數量總和會即時出現在單身「已領數量」中,只要將製令單身已領數量乘上單位成本,自然得出該製令所耗用的材料成本。

各位是否發現製令單身中,676001 橢圓貼紙已領數量為 0,也就是根本沒有領 676001 橢圓貼紙。原因就是因為建立領料單時,已經排除材料型態「1:直接材料」以外的料件,身為間接材料的 676001 自然不會出現在領料單中,但有用料沒扣帳不會有問題嗎?

問題的癥結自然是「成本」,在於這個只值 0.2 元的貼紙被定義為間接材料之後,會希望怎麼處理這 0.2 元的成本:

A. **用庫存系統的領料單**:回歸間接材料的特性,生產線以部門領料方式將間接材料領至生產線使用,使用完畢再向倉庫領取。部門領料單的成本就歸屬「製造費用」,後續再以工時分攤製費至各製令中。此法為較傳統的作法,將間接材料轉為製造費用,如此一來間接材料的領用為為滿足生產所需,與製令不產生直接的關聯。

以 676001 橢圓貼紙為例,在三月份領了一卷 2,500 張(500 元),那麼 500 元的費用自然就在三月份攤入製造費用。若 2,500 張經過四個月才用完,等於三月份的產品要負擔四個月中所有產品的貼紙成本,四月份、五月份、六月份產品完全不用分攤貼紙的成本。

間接材料用一般領料單的作法對於成會人員較為單純,因為生產單位領一次間接材料就只要分攤一次製費就好。在這種處理模式下,間接材料出現在製令中,對成本會計而言其實沒有實質上的幫助,那為什麼這裡還要把間接材料放進來呢?

以製造單位的角度，就算間接材料也需要出現在製令裡，才能確保生產過程中不會用錯間接材料以確保製成品的品質，因此製造單位會希望間接材料及用量完整的出現在製令中。

若採此模式處理間接材料，須兼顧到成會人員與製造單位的需求。可於 BOM 記錄間接材料時，將材料形態設為「4:不發料」，如此就既可在製令中看見間接材料又不會領到間接材料。

165

B. **用製令系統的領料單(以卷裝貼紙為例)**：「出來混，總是要還的」，間接材料有用就一定要領出來。如果採用製令領料的模式，卷裝貼紙從原料倉庫領到生產線時，並非使用領料單，而是先用轉撥單把 **2,500** 張一卷的貼紙轉撥到線邊倉，然後利用製令系統領料單從線邊倉領 **1,000** 張，如此便能記錄該製令使用 **1,000** 張貼紙。

在本例題中先略過轉撥的步驟，直接從原物料倉把間接材料(貼紙)領出來。將間接材料要領出來的方法有三種：

- ■ 第一次領料時，材料型態選「*:全部」，將**直接材料**和**間接材料**都領出來。

- ■ 第一次領料後，再打一張領料單，材料型態選「2:間接材料」，領料方式選「2:補足已領套數」，將未領的**間接材料**領出來。

- ■ 如果有很多張的製令都需要領**間接材料**，一張一張打太沒效率，可利用「領料單自動產生作業」將一段期間還沒有領的**間接材料**一口氣領出來。如此一來，平常領料時不必特別選選「*:全部」，直接用預設的「1:直接材料」領料即可。

相信大家應該比較想用有自動功能的作業吧，但在介紹「領料單自動產生作業」之前，各位是否有個疑問？如果都用領料單領走了，那麼間接材料的成本不就一樣變成「材料成本」？那跟直接材料不就一樣了，何苦要設間接材料？這個問題在完成製造業的成本月結作業之後就會知道答案了，這裡先小小賣個關子☺。

PS：「自動領料作業」和「領料單自動產生作業」，是用法和功能完全不同的二支作業，請特別注意。。

製令/託外管理系統 → 批次作業 → 領料單自動產生作業

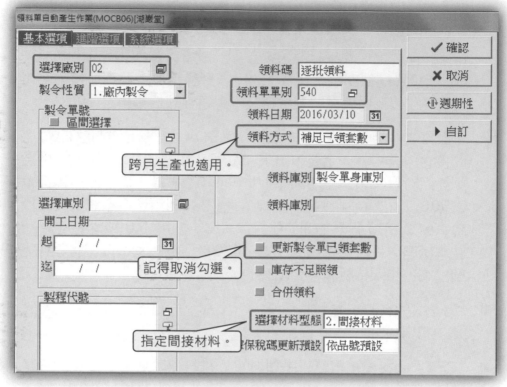

📎 圖 6.8 領料單自動產生作業 ✐

按照圖 6.8 輸入各欄位資料之後,請不要急著按確認鈕,因為還有「進階選項」(圖 6.9) 要設定才能產生間接材料的領料單。

📎 圖 6.9 領料單自動產生作業之處理結果 ✐

圖 6.7 中已顯示製令狀態為「已發料」，若忘了到進階選項(圖 6.9)勾選「已發料」，將無法產生領料單。確定佇列工作控制台的處理結果區出現 **540-20160309002** 的資訊，表示成功產生領料單。

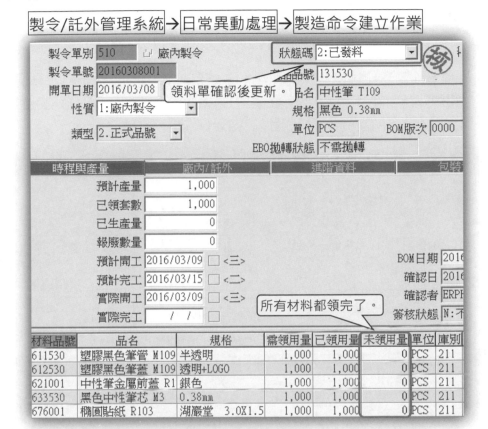

製令/託外管理系統→日常異動處理→製造命令建立作業

製令單別 510　└ 廠內製令　　　狀態碼 2:已發料

製令單號 20160308001　　　　成品品號 131530

開單日期 2016/03/08　　領料單確認後更新。　　品名 中性筆 T109

性質 1:廠內製令　　　　　　　規格 黑色 0.38㎜

類型 2.正式品號　　　　　　單位 PCS　　BOM版次 0000

EBO拋轉狀態 不需拋轉

時程與產量　　廠內/託外　　　　進階資料　　　　包裝

預計產量　　　1,000

已領套數　　　1,000

已生產量　　　　　0

報廢數量　　　　　0

預計開工 2016/03/09 □ <三>　　　BOM日期 2016

預計完工 2016/03/15 □ <二>　　　確認日 2016

實際開工 2016/03/09 □ <三>　　　確認者 ERPF

實際完工 　/ /　□　所有材料都領完了。　簽核狀態 N:不

材料品號	品名	規格	需領用量	已領用量	未領用量	單位	庫別
611530	塑膠黑色筆管 M109	半透明	1,000	1,000	0	PCS	211
612530	塑膠黑色筆蓋 M109	透明+LOGO	1,000	1,000	0	PCS	211
621001	中性筆金屬前蓋 R1	銀色	1,000	1,000	0	PCS	211
633530	黑色中性筆芯 M3	0.38㎜	1,000	1,000	0	PCS	211
676001	橢圓貼紙 R103	湖巖堂 3.0X1.5	1,000	1,000	0	PCS	211

✎ 圖 6.10 間接材料領料單確認後之製令 ✍

將「領料單自動產生作業」產生的領料單確認，查詢製令(圖 6.10)單身，確定單身所有的「未領用量」都是 0，即完成廠內製令的領料。參照圖 6.5～圖 6.6 建立一張 550 託外領料單，選擇製令資訊的材料型態時選「*.全部」，能將製令單身的所有材料一次領足(圖 6.11)

◄◄ ◄ ► ►► ✎　　　　記得改材料型態。

製令單別	製令單號	產品品號	品名	領料套數	領料碼	材料型態	領料方式
*515	20160310001	131536	中性筆 T109	1,000	1.逐批領料	*:全部	1.成套領料

✎ 圖 6.11 託外領料單之製令資訊 ✍

167

序號	材料品號	品名	規格	需領料量	未領料量	領料數量	領料說明	材料型態
0001	611536	塑膠藍色筆管 M10	半透明	1,000	0	1,000	可用量: 2000	1:直接材料
0002	612536	塑膠藍色筆蓋 M10	透明+LOGO	1,000	0	1,000	可用量: 2000	1:直接材料
0003	633536	藍色中性筆芯 M3	0.38mm	1,000	0	1,000	可用量: 2000	1:直接材料
0004	676001	橢圓貼紙 R103	湖巖堂　3	1,000	0	1,000	可用量: 4000	2:間接材料

✎ 圖 6.12 託外領料單之單身內容 ✐

圖 6.12 為材料型態「*:全部」,系統自動帶出的託外領料單單身,這次間接材料有出現,卻為何好像還是少了一個料?先不必擔心,直接把這張領料單確認,接著打開製令來找出問題。

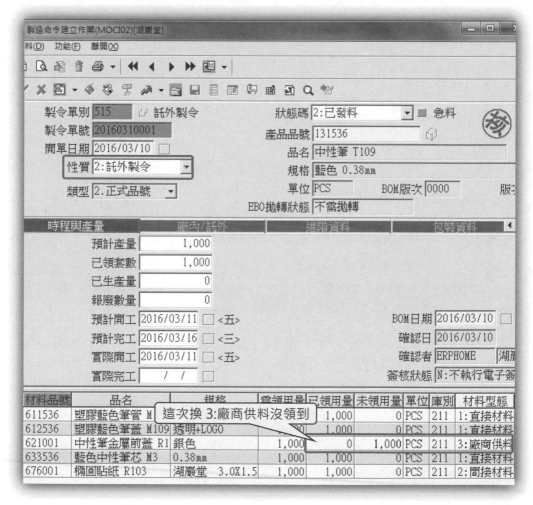

✎ 圖 6.13 沒領到廠商供料之製令單身 ✐

原本想說只要將材料型態改成「＊:全部」，就可以將料一次領足，結果還是有個漏網之魚「3:廠商供料」。定義為廠商供料代表此材料將由廠商提供或代為購買，發料給外包廠商時便不應出現「廠商供料」。

介紹材料型態時曾請教各位一個問題，材料型態選擇「＊:全部」，可以領出那幾類的材料？如果光從字面上看可能回答【1:直接材料、2:間接材料、3 廠商供料、5 客戶供料】，但從圖 6.13 就可以確定正確答案是【1:直接材料、2:間接材料、5 客戶供料】。

如果您問那是不是現在再開一張領料單就可以將廠供料領出來？答案是否定的，因為如果在建立領料單時嘗試過要選【3:廠商供料】，會發現系統並不接受，示【3:廠商供料】無法選取。那豈不今生無緣？為何會有這種只可遠觀不可褻玩的選項？

當然系統不會放個沒有意義的選項在這兒礙眼，若要領取廠供料，必須透過「廠供料自動產生作業」，由系統依照託外進貨的數量自動產生領取廠供料的領料單，如此便可將所有應領之材料領出。

廠供料需要在外包廠商加工完成後送回才能處理，一般以驗收的良品數量來支付加工費，同時也以良品數量計算應付購買廠供料的貨款。如果忘記執行「廠供料自動產生作業」而沒有領到廠供料，除了可能會造成對外包廠的應付貨款有問題之外，在計算成本的時候更將漏計部份材料成本。若於當月補單自然沒有問題，萬一六月份全部生產完成後，也把成本結算完畢。到七月或八月份與外包廠對帳時，才發現怎麼少算廠供料的款項，屆時廠供料的成本就不知要算到誰頭上。即使七月或八月領了廠供料作當月製造費用，也來不及更正六月份虛減的單位成本，也就是一張廠供料沒有即時領料最少會影響兩個月份的成本正確性。

相信大家可以了解為何領料單複雜度可稱為本書之冠，而自動扣料則是另一種生產流程，若再詳述自動扣料的細節，有點變成講解 ERP 生管而不是成本，未來在進階課程將會介紹其他影響成本的生產流程，接下來介紹生產最後的步驟：生產入庫和託外進貨。

第三節 生產入庫單/託外進貨單

製令完成領料後便進入生產階段,產出之數量須完整記錄於 ERP,廠內製令對應**生產入庫單**;託外製令對應**託外進貨單**。這兩種單據雖然操作複雜度不高,但同樣是成本計算的重要元素。

ERP 系統許多單據之關聯採多對多模式,如一張製令可分多次領料;一張領料單也可同時領多張製令的用料,生產入庫單和製令的關係亦然。由於一張生產入庫單可以同時記錄多張製令的生產入庫資訊,日後查核成本時若需要將生產入庫單取消確認以更正資料,需特別注意是否還有其他製令的生產入庫資訊,避免影響其他製令成本。

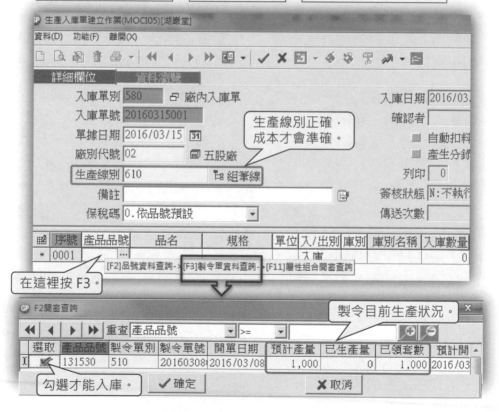

◆ 圖 6.14 建立廠內製令之生產入庫單 ◢

在生產入庫單單身「產品品號」欄位按 **F3**，會出現 **610**(組筆線)未完工的廠內製令，可利用選取方塊同時選取多筆製令。核對廠內入庫單的「入庫數量」正確後，便可將廠內入庫單確認。

製令/託外管理系統 → 日常異動處理 → 生產入庫單建立作業

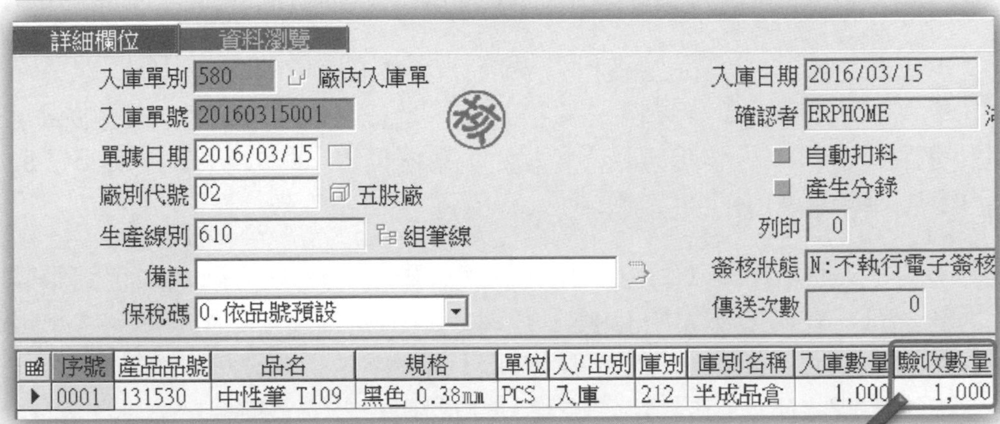

詳細欄位		資料瀏覽								
入庫單別	580	廠內入庫單					入庫日期	2016/03/15		
入庫單號	20160315001						確認者	ERPHOME		
單據日期	2016/03/15						■ 自動扣料			
廠別代號	02	五股廠					■ 產生分錄			
生產線別	610	組筆線					列印	0		
備註							簽核狀態	N:不執行電子簽核		
保稅碼	0.依品號預設						傳送次數	0		

	序號	產品品號	品名	規格	單位	入/出別	庫別	庫別名稱	入庫數量	驗收數量
▶	0001	131530	中性筆 T109	黑色 0.38mm	PCS	入庫	212	半成品倉	1,000	1,000

製令/託外管理系統 → 日常異動處理 → 製造命令建立作業

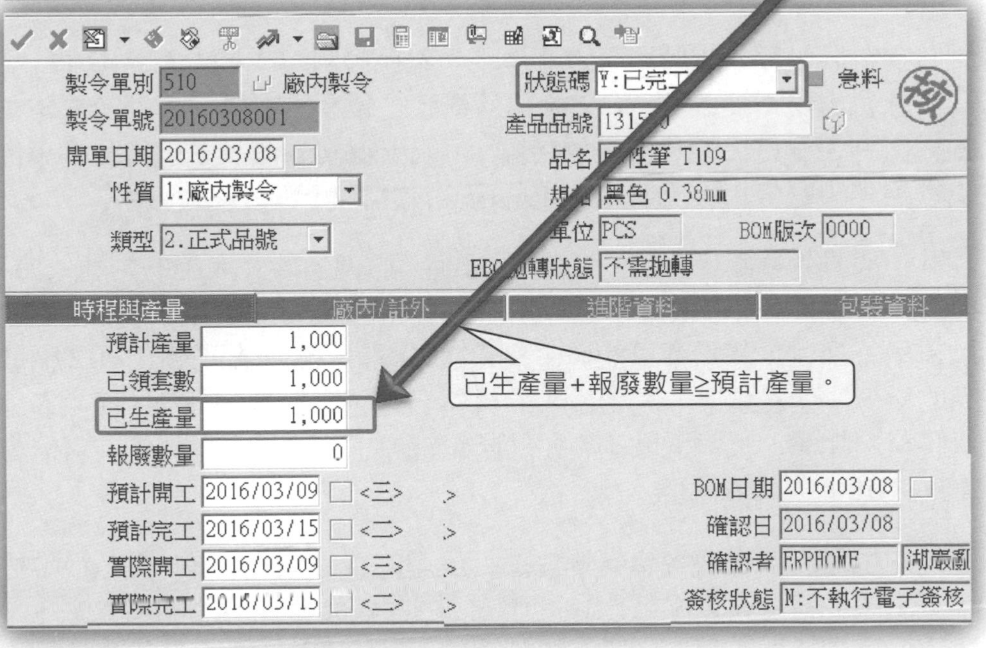

製令單別 510	廠內製令	狀態碼 Y:已完工	急料
製令單號 20160308001		產品品號 131530	
開單日期 2016/03/08		品名 中性筆 T109	
性質 1:廠內製令		規格 黑色 0.38mm	
類型 2.正式品號		單位 PCS	BOM版次 0000
		EBO回轉狀態 不需拋轉	

時程與產量		廠內/託外		進階資料		包裝資料
預計產量	1,000					
已領套數	1,000					
已生產量	1,000	已生產量+報廢數量≥預計產量。				
報廢數量	0					
預計開工 2016/03/09 <三>			BOM日期 2016/03/08			
預計完工 2016/03/15 <二>			確認日 2016/03/08			
實際開工 2016/03/09 <三>			確認者 ERPHOME			
實際完工 2016/03/15 <二>			簽核狀態 N:不執行電子簽核			

✎ 圖 6.15 生產入庫單對製令之影響 ✍

生產入庫單(圖 6.14)單頭的「生產線別」欄位為何是黃色欄位？就庫存管理的角度，只要入庫數量正確就好，生產線的資訊並非必要；但就成本計算的角度來看就大大不同。假設同一條生產線上的製令有一半沒有註明生產線別，等同整個生產線製費都由另外一半的製令分攤。成本誤差自然偏高，因此生產入庫單要求一定要輸入正確生產線別。

一般工廠大多有品管進行各項控管，除了進貨時會有 IQC 之外，生產入庫也有 FQC 作產品品質控管，因此需要輸入「驗收」的數量。即使品號資料中已經設定為「免檢」，系統仍以「驗收數量」(圖 6.15)回寫製令單頭的「已生產量」。

製令畫面(圖 6.15)重點在於「狀態碼」，因狀態碼為決定這張製令是否有「在製成本」的依據，若製令的狀態碼呈現「Y：已完工」或「y：指定完工」，表示製令在這個月已經完工，無法再依此張製令進行和領料或入庫。(某些特殊流程不在此限，部份流程會於本書介紹)。若材料之領料數量與實際不符，將導致成本錯誤，因此在製令完工前應該將領料或入庫之資訊確實完整登錄，以能確保成本計算正確。

在月底結算成本時，若製令呈現「2:已發料」或是「3:生產中」，就可能會出現在製成本。如果跨數月生產之製令的在製成本都有異常，會累積到製令完工的月份一併結算，可能出現同一個品號前後月的單位成本相差十數倍，因此製令完工與否對成本的計算有重大影響。

一般直覺會認為「已生產量＝預計產量」就是製令完工的判斷依據，但「已生產量＋報廢數量≧預計產量」才是判斷「Y：已完工」的依據。以電子業為例，當然不可能發生投入 100 套材料，結果產出 102 個成品的情況。但是如果一開始投入的材料已經包含損耗率 5%，而生產線以將材料用畢，而不是以達到預計產量就停工的方式，自然就有可能產出 100 個以上的成品。

如果是以重量或容量為單位進行生產的食品或化工業，更是很難控制產出成品數量完全不超出預計產量。因此產品特性若可能超量生產，建議設定單據性質時勿啟動「控制超入」。至於報廢數量為何也會納入判斷完工的條件內，下一節會有介紹和說明。

以上為廠內生產製令的標準流程,其他影響成本的變數將在下一章作介紹,現在來介紹「託外製令」最後一個步驟「託外進貨」。

製令/託外管理系統 → 日常異動處理 → 託外進貨單建立作業

| 託外進貨單別 | 590 | 託外進貨單 | | 加工廠商 | 6001 | 金鴻 |

託外進貨單號 20160316001　　　　　廠別 02　　　五股廠
單據日期 2016/03/16　　　　　　　簽核狀態 N:不執行電子簽核
保稅碼 0.依品號預設　　　　　　　　傳送次數　　　0
　　　　　　　　　　　　　　　　　EBO拋轉狀態 不需拋轉

發票資料　　其他資料　　資料瀏覽

稅別碼 P05 進項三聯式發票-應稅外加
統一編號 [　　　　　]　　　發票號碼 [　　　]　　申報年
發票聯數 2 三聯式　　　　　課稅別 2:應稅外加　　營業稅
發票日期 / /　　　　　　　扣抵區分 1:可扣抵進貨及費用

國	序號	品號	品名	規格	進貨數量	單位	驗收數量	驗收日期	計價數量	加工單價
*	0001	...			0		0	2016/03/16	0	0

[F2]品號資料查詢→ [F3]未完工製令查詢 - [F11]屬性組合開窗查詢

F2開窗查詢　　　　　　　　　製令目前生產狀況。

重查 產品品號　　　>=

選取	產品品號	製令單別	製令單號	品名	規格	製令狀態	預計產量	已領套數	已生產量
✓	131536	515	20160310	中性筆	藍色	2.已發料	1,000	1,000	

勾選才能進貨　　　　✓ 確定　　　　✗ 取消

庫存數量增加之數量及時間。

序號	品號	品名	規格	進貨數量	單位	驗收數量	驗收日期	計價數量	加工單價
0001	131536	中性筆	T109 藍色 0.38mm	1,000	PCS	1,000	2016/03/16	1,000	3

本次託外進貨之加工成本。　　　　　　　　　加工成本計算來源。

原幣加工金額	3,000	本幣進貨費用	0
原幣未稅金額	3,000	本幣未稅金額	3,000
原幣扣款金額	0	本幣稅額	150
原幣稅額	150	本幣金額合計	3,150
原幣金額合計	3,150		

✎ 圖 6.16 建立託外製令之託外進貨單 ✐

其實託外進貨單(圖 6.16)和採購系統的進貨單大同小異，差別在這裡是加工單價而非進貨單價，當然要記得確認託外進貨單。完成了生產入庫單和託外進貨單之後，當然趕快來結算成本囉～～

第四節　製造業成本結算

由於 ERP 版本的更新，同時也影響了製造業成本結算的方式，主要的變化是在於線別成本中的製費一分為五、納入了閒置成本的計算、可自動擷取會計科目之金額直接賦予線別成本。

製費分割後更利於計算閒置成本，因為有些製造費用屬於與生產數量直接相關，應全部計入製成品中，此類製費類型可定義為「變動」；如果不論生產多少產品，都要支付相同的成本，就是屬於「固定」類型。考慮到各產業成本特性不同，屬於「變動」這類的製費可能不止一項，使用者可定義一種到五種的製費類型(製造費用一～製造費用五)。

不同的製費來源該如何分類？應考量產業特性以及企業對各項資訊蒐集的能力。若劃分得很理想化很詳細，但執行面卻無法完全配合，可能會讓各單位人員增加負擔卻無法蒐集到正確的資訊。還不如別將製費分得太細，因此建議各位在規劃成本的製費分類時量力而為。

至於如何規劃製費的分類、線別成本比例如何分攤、如何規劃會計分錄以配合線別成本自動產生、間接材料如何更精準分攤到各製令中...這些進階功能其實並非大部份的中小企業都需要採用，因此歸類為進階課程較為適當。而閒置成本會在本書最後一個章節作入門的說明，接下來就先從最單純的成本結算流程結算開始練習，各位可參考圖 1.6 的 Workflow ERP GP 3.X 成本結算流程圖(製造業)。

開始結算成本前再次提醒，讀者若是使用現成的資料庫進行練習，或是跳躍式的學習而非完全依照本書步驟，進行所有的參數設定和基本資料設定操作的話，很可能會無法得到相同之結果。因此請先再次核對目前操作的資料庫，核對各項設定是否和本書第二章內容相同，特別是「成本系統參數設定作業」和「幣別匯率建立作業」。

一、確認相關單據處理完畢

目前現行年月為 **2016/03**，因此要先確定此月份各系統之單據均已處理完畢：即所有書面資料皆已輸入 ERP 系統；已建立之單據均非呈現「未確認」之狀態。

訂單系統：銷貨單／銷退單
採購系統：進貨單／退貨單
庫存系統：庫存異動單據／轉撥單據／成本開帳/調整單
產品結構系統：工程變更單／組合單／拆解單
製令系統：製造命令／領料單／生產入庫單／託外進貨單
(因進階課程才會用到會計相關資訊，故暫不需查核財會單據。)

二、設定帳務凍結日

設定帳務凍結日為 **2016/03/31**。

基本資料管理系統 → 建立作業 → 進銷存參數設定作業

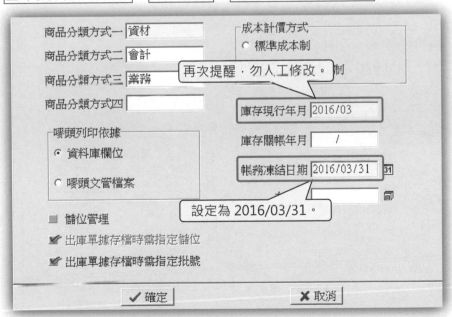

◆ 圖 6.17 設定帳務凍結日 ✍

三、現有庫存重計作業

執行 2016/03 之現有庫存重計作業。

庫存管理系統→批次作業→現有庫存重計作業

✎ 圖 6.18 現有庫存重計 ✍

四、月底成本計價

執行 2016/03 之月底成本計價作業。

庫存管理系統→批次作業→月底成本計價作業

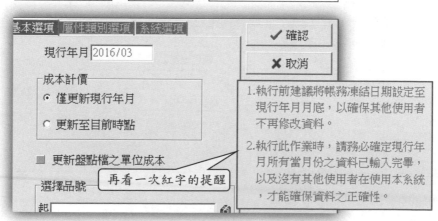

✎ 圖 6.19 月底成本計價 ✍

五、製令工時建立作業

　　相信前面四個步驟各位應該很熟悉，但接下來就是成本計算管理系統中首次登場的「製令工時建立作業」。這支作業顧名思義就是要輸入每一張製令所使用的實際工時，由於預防資料錯誤的防呆功能有加強，因此建立的時侯會需要多一道功夫才能順利建立工時資料。

　　要一筆一筆的建立製令工時當然不輕鬆，但若生產同樣的製成品所花工時並不固定。例如生產 100 個需一小時，但生產 500 個可能只要三小時；或同樣生產 100 個，因為操作人員的熟悉度不同，材料品質不穩定，耗用一到二小時不等。這種情況下又希望能夠記錄完整工時，以反映真實成本的話，便需依生產日報表上的工時資料逐筆建立。實際工時可以作為工廠內部的績效管理；人事部門也可將工時與出勤資料作勾稽以避免加班費的浮報。現在來建立一筆工時資料吧：

成本計算管理系統 → 基本資料管理 → 製令工時建立作業

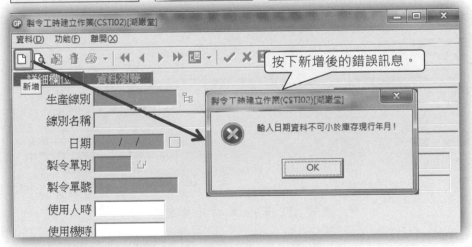

🖎 圖 6.20 製令工時建立 ✍

　　相信各位按下新增鈕後都會出現圖 6.20 的錯誤訊息(除非您看到此書已經是 2016/03 以後了，有這麼長銷嗎☺)，因為系統會以電腦日期為預設值作核對。因此若電腦日期並不是在 2016/03 之後，系統會認為您在打未來的工時資料而出現錯誤訊息，那該怎麼辨呢？

第一個最省時的解決方式就是修改電腦日期,只要電腦日期是2016 年 3 月份就可以順利新增一筆「製令工時」。但並非人人都會改,萬一改過去忘了改回真實時間,也會影響電腦的正常使用。

現在介紹原本應在進階課程中才會介紹的「線別工時產生作業」,讓各位讀者不必修改系統日期一樣能夠建立線別成本。

成本計算管理系統 → 批次作業 → 製令工時產生作業

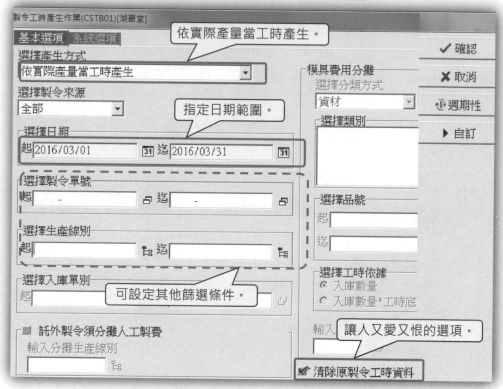

📝 圖 6.21 製令工時產生作業 📝

筆者會將「製令工時產生作業」(圖 6.21)列為進階課程內容主要原因在於系統提供五種工時產生方法中,只有第一項「依生產記錄產生」較符合本書計算實際成本的精神,其他四項都偏向估算值。因此如果生產實況和理想狀況相去甚遠,卻採用第二到第五項的方法產生工時,且沒有進行修正,等於在這一關就開始讓成本誤入岐途。

所謂的依生產記錄產生指的「生產記錄」,是指製程管理系統中記

錄工時的報工單或移轉單,很明顯本書至此尚未介紹。因此如果用預設的產生方法一定是「無符合資料!」。而其他四種都是以系統設定的數值計算出標準的工時,所以適用於實際生產狀況十分穩定的企業,而其中最簡單又一定會產生工時的選項就是「依實際產量當工時產生」。

依字面上理解就是生產多少個就算幾個小時,但組合 1,000 支中性筆要用到 1,000 小時會不會太離譜?當然有解決方法,稍後會介紹。目前我們先讓系統替我們產生一筆工時資料,稍後再修改成正確時數,便可解決我們無法手動建立一筆未來工時的問題。

成本計算管理系統→基本資料管理→製令工時建立作業(修改)

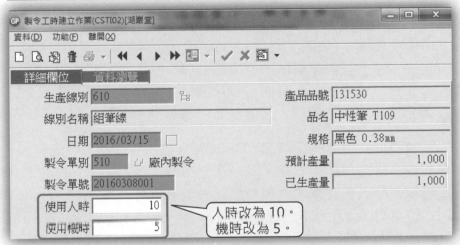

✎ 圖 6.22 製令工時建立作業 ✍

1,000 支筆用 10 小時應較為合理,人時和機時應以實際資料記錄作為製費分攤依據,本例假設使用人時為 10;使用機時為 5。

如何不必手動修改工時?假設工廠生產十分穩定,平均一小時組合 100 支中性筆。可先在「品號資料建立作業」作業中「成本」頁籤設定「工時底數」為 0.01(圖 6.23),表示一支筆花的時間是 0.01 小時。在選擇「依實際產量當工時產生」來自動產生各製令工時時,就會自動出現 10 小時(人時和機時皆為 10)。

※依實際產量當工時產生 = 實際產量 × 工時底數 = 1,000 × 0.01 = 10

庫存管理系統 → 基本資料管理 → 品號資料建立作業(131530)

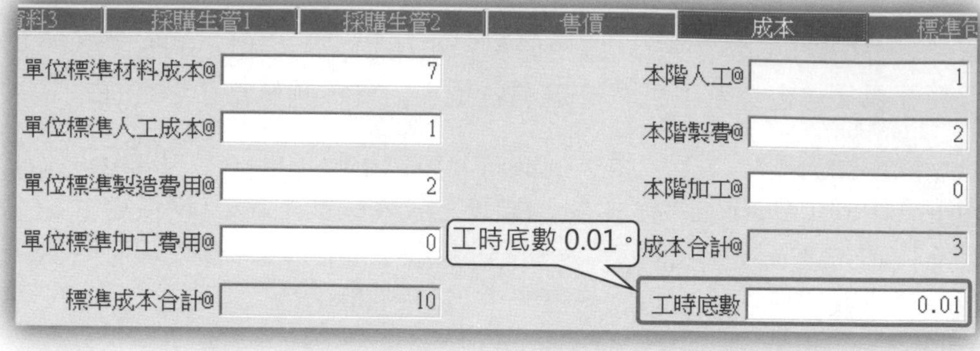

資料3	採購生管1	採購生管2	售價	成本	標準自

單位標準材料成本@	7	本階人工@	1
單位標準人工成本@	1	本階製費@	2
單位標準製造費用@	2	本階加工@	0
單位標準加工費用@	0	成本合計@	3
標準成本合計@	10	工時底數	0.01

工時底數 0.01。

❧ 圖 6. 23 品號資料建立作業之成本頁簽內容 ✍

設定 131530 黑色中性筆的工時底數為 0.01 之後,可再執行一次「線別工時產生作業」(先將工時改回 1,000)觀察是否出現 10 小時。原本沒有製令工時系統自動新增一筆工時資料,但是如果再執行一次,工時資料會不會無法更新?此時便可利用線別工時產生作業(圖 6.21)「清除原製令工時資料」選項,以最新資料覆蓋舊有資料。

理論和實際通常會有差距,就算 95% 製令都能在標準工時內完成,仍可能有些製令會耗用較多工時,若為了這 5% 的製令可能多耗工時,而要求生管或成會人員逐筆建立製令工時,似乎不符合成本效益。此時可先利用「製令工時產生作業」產生所有製令的工時,再與實際記錄工時的「生產日報表」進行核對,差異較大者再進行工時調整。若該月無重大事件導致工時產生誤差,可視系統自動產生之工時為實際工時。

執行「製令工時產生作業」時若沒有取消「清除原製令工時資料」,則所有原本記錄的工時資料將被清除。如果工時被「蓋台」的情況沒有核對是否正確就計算成本,所得之成本將較接近標準成本而非實際成本。若想測試工時底數是否有作用,記得要勾選「清除原製令工時資料」,否則新工時就不會出現。

關於「製令工時產生作業」的其他應用各位可以自行練習或測試,但請利用測試區或單獨開一個練習的公司別,千萬不要用正式區的資料來作練習,因為工時一錯,後面人工成本和製費成本也將一團亂。

六、線別工時彙總作業

在建立完所有的製令工時之後，如果不知道總工時有多少，也就不知道單位人工和單位製費各是多少，也就無法得知每張製令該分攤多少人工/製費，統計的工作就交給「線別工時彙總作業」。

成本計算管理系統 → 批次作業 → 線別工時彙總作業

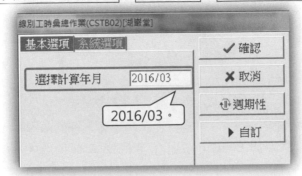

✎ 圖 6.24 線別工時彙總作業 ✑

「線別工時彙總作業」統計完成後，便將各生產線總人時和總機時記錄在線別成本檔，須透過「線別成本建立作業」來檢視彙總之結果。

七、線別成本建立作業

「線別成本建立作業」可說是 GP 3.X 版本中成本進化的重頭戲。除了製造費用一分為五之外，還可計算閒置成本(無產能之成本投入)，也從只能人工建立線別成本，進階到可由系統自動產生人工製費金額，可說是直接從排骨酥湯升級佛跳牆。但天下沒有白吃的午餐，功能大躍進後，自然複雜度也是大幅增加。由於製費分攤之設定與其他參數設定作業聯動，因此成本相關設定須專人全權處理，別在這時講究分工…

成本系統參數設定作業： 設定製費分攤最多可分幾類。
設定各類製費分攤是否計算閒置成本。

生產線資料建立作業：定義由成本參數設定之製費類型之分攤方式。
設定標準產能以搭配閒置成本之計算。

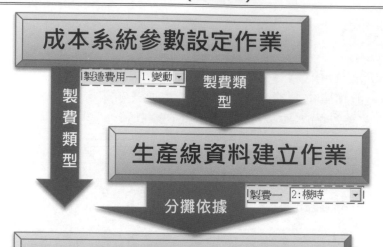

◈ 圖 6.25 線別成本建立三部曲 ✍

成本計算管理系統 → 基本資料管理 → 線別成本建立作業

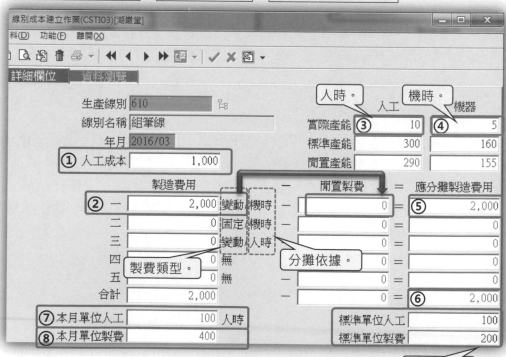

◈ 圖 6.26 線別成本建立作業 ✍

　　圖 6.25 為線別成本建立三部曲,圖中三支作業的設定環環相扣,如果系統上線後到結算成本時,才發現原來生產線別設定錯誤,到時是要重新更正全部資料(會影響到生產流程)以取得正確的成本,還是將錯就錯下去呢?請務必在 ERP 的規劃階段就要將成本結算納入。

　　「線別工時彙總作業」執行完畢後會產生一筆「線別成本」資料:〔生產線:610〕/〔年月:2016/03〕(圖 6.26)。按下「修改」鈕,輸入【人工成本:1,000】【製造費用(一):2,000】後儲存。

183

　　第一次接觸此作業的讀者可能有點眼花撩亂吧,為了讓各位能由淺入深的認識線別成本,筆者將在分兩階段介紹「線別成本建立作業」。第一部份先以無「閒置成本」的情境,介紹此作業是如何得出計算製造業成本所需的「單位人工」和「單位製費」。後面的章節會介紹有閒置成本發生時,系統如何計算「單位人工」和「單位製費」。

　　各位是否注意到製造費用的欄位只有前三個可以輸入,並非系統有問題,而是一開始在「成本系統參數設定作業」中的設定所致。有三個欄位可輸入並不代表都要使用,因為在同一間工廠也會有性質差異很大的生產部門。例如在組合床墊時,雖然有用輔助的機器,但主要仍以人力為主,因此製費的分攤會以人工小時為基準;如果是床墊上的花布,主要靠大型車縫機台進行電腦車花,如果機器停擺就無法再車花,在這條生產線上的費用分攤自然會以機台為主。

　　完全依人工或機器來決定產出的生產線,通常只會使用一組製費,若某些生產線的製費部份是人工之相依需求,其他則與機器直接相關,這時必須同時運用二組製費的攤才能計算出合理的成本,因此在設定「成本系統參數設定作業」和「生產線資料建立作業」前,須先將各生產線製費分攤方式定義清楚,才能確定該分幾類。並非用到二組製費分攤就一定用類型一和類型二,而是能符合該生產線的製費分攤需求。

　　本書以人工輸入之方法建立線別成木,主要是讓各位能完整的了解線別成本各欄位功能。因為雖然系統可以自動產生線別成本,但若無法確定「人工成本」和「製造費用」是正確的數字,系統仍然不可能算出正確的成本,ERP 上線初期可先採人工輸入,日後再改為電腦產生。

　　現在介紹圖 **6.26** 各欄位間的關係及運算式；單位人工最為單純，但製費的分攤就要同時考量到製費類型及分攤依據：

➢　**單位人工**：不論何種狀況，單位人工都是相同計算方式。

$$⑦本月單位人工 = \frac{①人工成本}{③人工(實際產能)} = \frac{1,000\,元}{10\,小時} = 100\,人時$$

➢　**單位製費**：從圖 **6.25** 中可知製費分攤有二項重要的參數，是由成本參數和生產線所賦予，因此系統會先判斷這二項參數設定，以決定如何計算單位製費：

製費類型＝變動：表示無閒置成本，因此閒置製費為 **0**。

$$⑤應分攤製造費用 = ②製造費用【一】－閒置製費【一】$$
$$= 2,000 - 0 = 2,000$$

※目前只有一組的製費成本，所以本月分攤的製費為：

$$⑥應分攤製造費用合計 = ⑤製造費用【一】 = 2,000$$

分攤依據＝機時：表示以機器之工時作為分攤之依據。

製費類型＋分攤依據＝變動/機時：表示以機器之工時進行分攤且無閒置成本，也就是以機器之實際產能為準。

$$⑧本月單位製費 = \frac{⑥應分攤製造費用合計}{④機器小時(實際產能)} = \frac{2,000}{5} = 400$$

★各位能以單位人工 **100** 元和單位製費 **400** 元算出中性筆成本嗎？

　　一般狀況下記錄製令工時只記錄人時或只記錄機時，另一項工時可能以 0 填入。若透過「製令工時產生作業」產生製令工時，「使用人時」和「使用機時」會出現相同的數字。

　　圖 6.22 人時和機時不同的情況較為少見，例如因為組織架構或是其他因素，將數個製費分攤特性不同的生產線，合為一個生產線代號，但又希望能把製費作較精準的分攤，於是就分開記錄人時和機時，便出現人時和機時的數字不同。本例為觀察「生產線資料建立作業」中設定的製費分攤依據的影響，於是設定不同人時與機時。

　　圖 6.26 左下角的本月單位人工和本月單位製費，是依輸入的人工製費和線別工時彙總所取得的工時計算所得，那右下方的標準單位人工和標準單位製費是從何處取得數字呢？

　　本月單位製費為 400 元；標準單位製費為 200 元，這表實際成本算出來的製費會是標準成本的二倍嗎？如果製費分攤一的分攤依據不是設定機時而是設定為人時，這二種設定算出來的實際成本會不同嗎？

　　在進銷存參數設定中設定的成本計價方式是「月加權平均成本制」，為何在圖 6.26 中會有「標準單位人工」和「標準單位製費」？這二個數字在實際成本的計算中會發生作用嗎？

　　上述的問題會在後面慢慢為各位解答，這只是線別成本的變化和應用的一部份。要正確的計算出某一條生產線的製費而且正確的進行分攤相當複雜，這也就是成本系統為什麼要將成本的結算分階段進行，而不是將所有的成本結算程序整合成一支作業。因為如果不在每個階段保留檢核及調整成本的彈性，就無法反映真實狀況而得出正確的實際成本。

　　在進入成本結算下一階段前要提醒各位，如果製令單身的材料中有「間接材料」時，在實際建立線別成本的製費時，要記得將間接材料的成本加入製費中，才能算出正確的成本。為什麼會提醒這一件事，很快就會揭曉了。

八、成本低階碼計算更新作業

如果沒有按照正確的順序計算成本，可能導致大部份成本計算錯誤，由於可能每個月的 BOM 會不停增加，而導致同一個品號的低階碼會隨時間而變化。但每個月結算當月成本的順序不能變來變去，因此每個品號在每個月都會有一個屬於自己的「成本低階碼」，以確保重新計算任何月份成本時皆能正確運行(即使是過去時間點的成本)。

186

成本計算管理系統 → 批次作業 → 成本低階碼計算更新作業

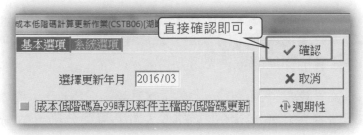

📎 圖 6.27 成本低階碼計算更新作業 ✍

執行完「成本低階碼計算更新作業」(圖 6.27)，系統會產生 2016/03 各品號的成本低階碼(圖 6.28)。

成本計算管理系統 → 基本資料管理 → 品號成本低階碼維護作業

年月	品號	低階碼	單位	品名	規格	庫存管理	品號屬性
2016/03	126012	01	PCS	讚筆(粉紅)	藍色墨水 0.5mm	☑	P:採購件
2016/03	126013	01	PCS	讚筆(橙色)	藍色墨水 0.5mm	☑	P:採購件
2016/03	126015	01	PCS	讚筆(綠色)	藍色墨水 0.5mm	☑	P:採購件
2016/03	126016	01	PCS	讚筆(藍色)	藍色墨水 0.5mm	☑	P:採購件
2016/03	126018	01	PCS	讚筆(紫色)	藍色墨水 0.5mm	☑	P:採購件
2016/03	129020	00	PCS	讚筆二色組合	紫色+粉紅色	☑	M:自製件
2016/03	129030	00	PCS	讚筆五色組合	藍+橙+綠+紫+粉	☑	M:自製件
2016/03	131530	00	PCS	中性筆 T109	黑色 0.38mm	☑	M:自製件
2016/03	131532	00	PCS	中性筆 T109	紅色 0.38mm	☑	M:自製件
2016/03	131536	00	PCS	中性筆 T109	藍色 0.38mm	☑	M:自製件

📎 圖 6.28 品號成本低階碼維護作業 ✍

九、成本異常檢視表(成本計算前)

　　結算成本之所以會令成會人員頭痛的最主要原因,就是前端單據資料不完整。因為數字是否正確只有打單人員最清楚,若加上某些資料沒有建立完整或是內容有誤,都可能會導致成本計算錯誤。核對各項基本資料是否正確這種工作,當然不適合完全由人工檢查,於是系統提供「成本異常檢視表」。此表可將系統中當月所有會影響成本計算結果的資料列出,成會人員在逐一檢視及修正錯誤或補足資料後,可再次執行「成本異常檢視表」來確保系統中現有資料可以計算出正確的成本。

　　為了讓各位看到何謂異常,筆者另外建了一張紅色中性筆的製令,只有打入庫單卻沒有打領料單,然後執行「成本異常檢視表」來看會有什麼問題。各位不必建立異常資料,以免後續操作無法順利進行。

成本計算管理系統→報表列印→成本異常檢視表

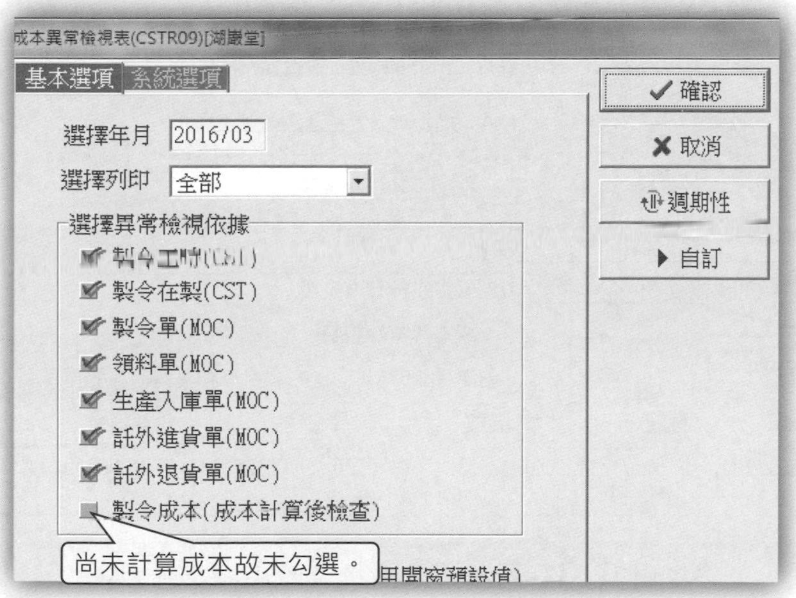

圖 6.29 成本異常檢視表

　　依圖 6.29 將「製令成本(成本計算後檢查)」之外選項全部勾選,若廠內和託外有不同負責人員則可視情況篩選內容。按下確認後開始產生報表。但各位可能會找不到這支「成本異常檢視表」,因為它住在...

✎ 圖 6. 30 佇列工作控制台→文字報表 ✑

　　原則上文字報表區可說是「成本異常檢視表」的地盤，要看「成本異常檢視表」就要到佇列工作控制台的「文字報表」區。接下來畫面是筆者刻意產生的異常，希望讀者在實務上遠都不會出現異常資料 ☺

✎ 圖 6. 31 成本異常檢視表→兩項異常 ✑

　　圖 6.29 中勾選 7 項資料進行檢查，產出的報表最少就會有 7 頁。在逐項檢查的過程中如果該頁出現「報表沒有資料」，表示此項檢核沒有出現問題。在核對到第 5 頁的<生產入庫異常>時出現了一筆資料，而這一筆資料同時出現兩種錯誤訊息(E 和 W)。

➤ E：錯誤 (Error)

此類訊息表示該錯誤將會直接影響成本計算的正確性。

以「無製令領料資料」為例，如果一張製令只有入庫沒有領料，表示產出之成品無材料投入，不僅實務上不合理，而且可能造成成品成本為 0，因此如果出現 E 之錯誤訊息一定要排除。

➤ W：警告 (Warning)

此類訊息表示該錯誤可能導致成本計算錯誤，但可能影響不大。

以「無製令工時資料」為例，可能是這個行業本身就是以材料為主要成本，工和費可被忽略；或是該張工單是辦公室人員利用上班時間完成，並未使用其他人力，於是只計算材料成本即可。

從系統面來看，如果製令有給工時，但線別成本卻為 0，算出來的結果同樣沒有工和費的成本。因此有建工時也不一定保證會有人工或製費的成本，所以「無製令工時資料」不宜列為 E。

但是如果標準狀況下應建立工時的話，出現「無製令工時資料」錯誤訊息時務必進行核對。

在一般電子或組裝業的生產模式下，有入庫而未領料的機率當然是很少，但是如果是化工或射出成型(自動扣料制)的產業先入庫後領料就是常態了。所以如果出現大量的有入庫未領料的製令時，可能就是生管人員忘記執行自動扣料的標準程序，因此千萬不可忽略各個錯誤訊息。若因不良而產生的補領材料卻忘了打領料單，電腦可就判斷不出來...

在整個成本結算流程中，「成本異常檢視表」可說是成會人員的最大挑戰。筆者在企業擔任 MIS 時，協助成會人員處理異常少則十多頁，多則近百頁，幾乎要加班到天亮才能處理完。會出現這麼多異常，幾乎都是倉庫或是生產單位單據建立不全或主管忘記確認。這些人為的疏失凸顯公司管理不足或流程規劃不良，導致大量錯誤資料影響成本結算。因此實務上結算成本的重點其實不是在於會不會操作 ERP 成本系統，而是如何去確保前端人員，能夠正確且及時將資料建入 ERP 系統中。

既然成本異常檢視表提到說忘了領料，那就把領料單補上吧，然後再跑一次「成本異常檢視表」。

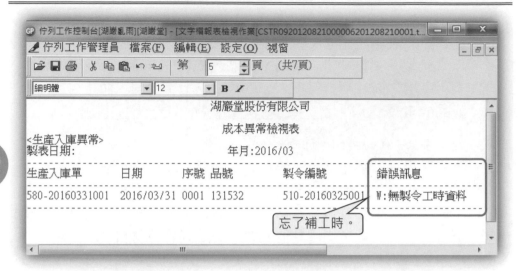

✎ 圖 6.32 成本異常檢視表→一項異常 ✐

　　雖然補上了領料單，但卻忘了補工時的資料，所以還是有一筆錯誤訊息出現，二話不說再去把工時資料補上吧…

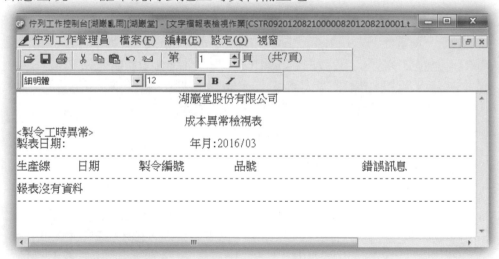

✎ 圖 6.33 成本異常檢視表→沒有異常 ✐

　　補上工時資料後，<製令工時異常>這頁終於出現「報表沒有資料」，但還是要把第 1~7 頁內容全面檢查一次，才能確定單據無明顯異常，接下來就正式開始算成本。

十、生產成本計算作業

　　經過這麼多的前置作業，終於開始計算製造業的成本。其實執行「生產成本計算作業」相當簡單，只要「成本系統參數設定作業」設定正確，直接按下 確認 鈕即可。

　　如果「成本系統參數設定作業」中，**選擇工資率及製費分攤率設為**「標準」的話，只要選擇「**實際**」後確認即可。

成本計算管理系統 → 批次作業 → 生產成本計算作業

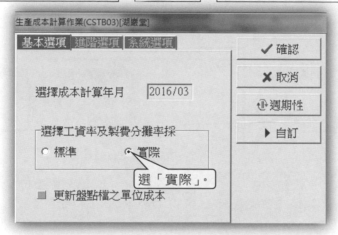

❧ 圖 6.34 生產成本計算作業 ☙

　　或許有人會好奇**進階選項**的內容，「生產成本計算作業」**進階選項**所設定之內容為有關**在製成本**計算方式，由於本書操作之範例皆不會產生**在製成本**，因此**進階選項**內容並不會影響本次成本計算之結果，故不需特別設定。

　　而「選擇工資率及製費分攤率採」選擇標準和**實際**對成本計算結果之影響為何，各位可以先思考一下，再與後續章節介紹之內容作對照。

生產成本計算作業執行完畢之後，成本就計算出來了。如果要詳細了解成本結算的細節，自然就是要看第一章的 ERP 成本結算架構圖(圖1.5)最清楚，但我們先從較簡化版的成本結算結構圖學起：

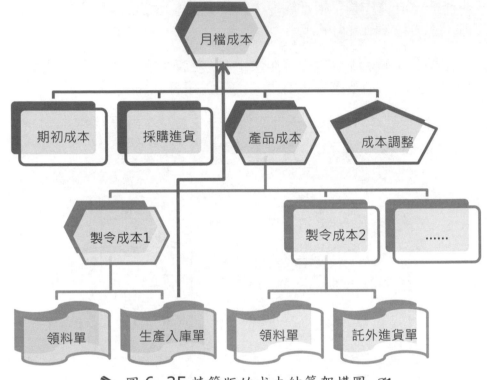

✎ 圖 6.35 精簡版的成本結算架構圖 ✍

圖 6.35 中可以看到成本計算順序是由下而上進行，在建立並確認最底下的領料單和生產入庫單，而且執行「生產成本計算作業」之後，就會依【製令成本】→【產品成本】→【月檔成本】的順序計算出成本。

一張製令一個月會產生一筆【製令成本】資料，若一個品號在一個月中如果有五張製令存在，不論是當月開工、跨月生產、當月完工或是尚未完工，都會各產生一筆製令成本的資料，而這五筆製令成本的總和就是【產品成本】。

若同時有期初在製成本或者有採購進貨，就會再將【期初成本】/【進貨成本】/【產品成本】納入加權平均後，計算出【月檔成本】。本例只有一張製令，因此【製令成本】＝【產品成本】＝【月檔成本】。

第五節　成本解析之製令成本

成本計算管理系統 → 基本資料管理 → 製令成本建立作業

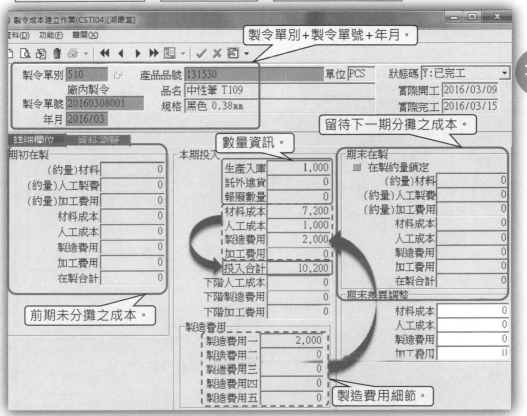

製令單別+製令單號+年月。

留待下一期分攤之成本。

數量資訊。

前期末分攤之成本。

製造費用細節。

193

◆ 圖 6.36 製令成本建立作業 ◆

　　「製令成本建立作業」中共分三區，出現在製成本時，位於左方的「期初在製」和右方的「期末在製」才會有數字。為方便說明線別成本中各欄位與其出處之關聯，本書介紹線別成本內容時會略去「期初在製」和「期末在製」這兩區，而以「本期投入」區的資料進行說明。

　　從圖 6.36 中「本期投入」的成本內容便可看出是「廠內製令」。因數量資訊區中僅「生產入庫」有數字，因為廠內製令對應「生產入庫」；但如果本期沒有產出呢？就要看本期投入成本。如果是「人工成本」或「製造費用」就是廠內製令，若出現「加工費用」就是託外製令了。

510-20160308001
2016/03(實際)

號 131530		單
名 中性筆 T109		
格 黑色 0.38mm		

此製令之本月
所有生產入庫數量總和

194

本期投入

製令成本建立作業

① 生產入庫	1,000
託外進貨	0
報廢數量	0
② 材料成本	7,200
③ 人工成本	1,000
④ 製造費用	2,000
加工費用	0
⑤ 投入合計	10,200
下階人工成本	0
下階製造費用	0
下階加工費用	0

此製令之本月
所有領料成本金額總和
(非間接材料→7,200)

線別成本檔

人工成本+製費費用+加工費用

製造費用

	製造費用一	2,000
	製造費用二	0
⑥	製造費用三	0
	製造費用四	0
	製造費用五	0

選擇工資率及製費分攤率採：實際

製令資訊查詢作業(查領料明細)

製令單別	510 廠內製令	產品品號	131530
製令單號	20160308001	品名	中性筆 T109
開單日期	2016/03/08	■ 急料	規格 黑色 0.38mm
性質	1:廠內製令	查領料明細。	確認碼 Y:已確認
狀態	Y:已完工	BOM版次 0000	

查用料狀況 | 查製程狀況 | 查領料明細 | 查入庫明細 | 查託外進貨明細 | 查託外退貨明細
查工時明細 | 查採購明細 | 查生產記錄 | 查子製令資料 | 查製令領料套數 | 查詢結果

材料品號	品名	規格	日期	領退料數量	領料單位成本	領料成本
611530	塑膠黑色筆管 M109	半透明	2016/03/09	1,000	2	2,000
612530	塑膠黑色筆蓋 M109	透明+LOGO	2016/03/09	1,000	1	1,000
621001	中性筆金屬前蓋 R1	銀色	2016/03/09	1,000	1	1,000
633530	黑色中性筆芯 M3	0.38mm	2016/03/09	1,000	3.2	3,200
▶ 676001	橢圓貼紙 R103	湖巖堂 3.	2016/03/09	1,000	0.2	200

直接材料

總領料成本 7,400。

⑦ 總領料成本: 7,400

✎ **圖 6.37 製令成本之來源解析** ✎

在圖 6.36 的製令成本檔中可以看到，510-20160308001 這張製令生產入庫數量和本期投入的成本(料/工/費)金額。如果想知道平均成本非常簡單，只要將投入合計除以生產入庫就得平均成本 10.2 元。但為什麼在製令成本檔中沒有顯示平均成本？通常一個品號在同一月份會有一張以上的製令存在，除非是「分批成本」才會在意某一張製令平均成本，一般情況下【製令成本】的數字用於彙總出【產品成本】。而製令成本重點在於記錄成本細節，產品成本則記錄生產成本的總和，單位生產成本可於「產品成本建立作業」中查詢。

若於查核成本時，發現某一個料號的平均生產成本和標準單位成本或歷史成本差異過大，想找出成本問題時，必須先從製令成本檔下手。只要找出製令成本檔中有異常數字的欄位，自然找到成本錯誤的源頭，找到問題出處才能將其修正。因此除了要瞭解「製令成本建立作業」中各個欄位相互間的關聯外，更要能夠掌握每一個欄位數字的來龍去脈，才能從數字異常的欄位資料往前追到根源。

圖 6.37 中除介紹製令成本檔外，同時也介紹查核生產成本的好幫手「製令資訊查詢」。這支作業記錄製令各項相關資訊，只要能善用「製令資訊查詢」作業，對於製令成本檔內容的核對就輕鬆許多。例如製令成本檔中僅顯示出入庫數量為 1,000，但無法判斷到底是一次入庫 1,000 還是分批入庫。這時便可用「製令資訊查詢」作業「查入庫明細」功能來得知生產入庫的明細，就可得知 510- 20160308001 這張製令只有一次 580-20160315001 的入庫記錄。

而圖 6.37 中顯示的是「查領料明細」的查詢結果，相信有人猜出來重點在於「成本」。因為領料明細除詳列所領料件之最新單位成本，還貼心的在單尾顯示「總領料成本」，方便成會進行材料成本的核對。如果某一個材料分好幾次領料，單身會列出所有領料的明細可供核對，因此善用「製令資訊查詢」作業，便可輕鬆掌握生產成本來源。

各位一定有發現圖 6.37 查詢所得的總領料成本，與圖 6.36 中的材料成本並不相符。當然不會是 ERP 系統算錯，至於問題在哪裡呢？又要如何確定資料正確與否呢？讓我們繼續看下去…

①生產入庫：此製令在當月所有生產入庫數量總和，資料來自製令系統「生產入庫單」；生產入庫數量同時記錄在產品成本檔中「生產入庫」欄位，用以計算「單位生產成本」。

②材料成本：此製令在當月所領用非間接材料成本總和，源自製令系統「領料單」；同時記錄在產品成本檔「材料成本」欄位中，用以統計「生產成本」。

圖 6.37②材料成本為 7,200，但「製令資訊查詢」中「總領料成本」的金額是 7,400，出現差額 200 元。仔細看一下領料明細就會發現，676001 (橢圓貼紙)的領料成本恰巧就是 200 元。

圖 6.36 中**材料成本**定義為當月領用之非間接材料成本，但在製令資訊查詢作業中，無法確認何者是間接材料，這時就要回到源頭「製造命令建立作業」來確認。

製令/託外管理系統→日常異動處理→製造命令建立作業

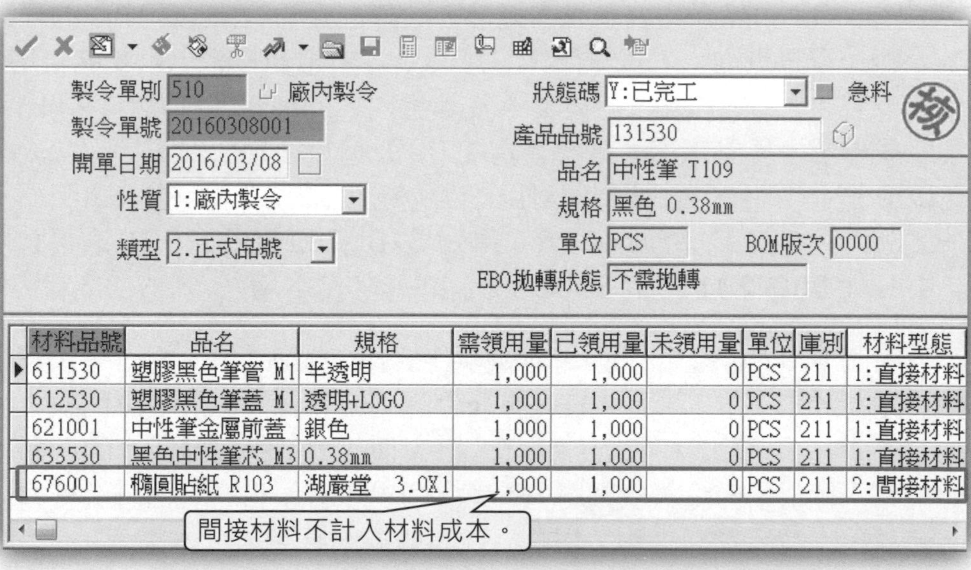
製令單別 510 廠內製令
製令單號 20160308001
開單日期 2016/03/08
性質 1:廠內製令
類型 2.正式品號
狀態碼 Y:已完工
急料
產品品號 131530
品名 中性筆 T109
規格 黑色 0.38mm
單位 PCS
BOM版次 0000
EBO拋轉狀態 不需拋轉
材料品號 品名 規格 需領用量 已領用量 未領用量 單位 庫別 材料型態
611530 塑膠黑色筆管 M1 半透明 1,000 1,000 0 PCS 211 1:直接材料
612530 塑膠黑色筆蓋 M1 透明+LOGO 1,000 1,000 0 PCS 211 1:直接材料
621001 中性筆金屬前蓋 銀色 1,000 1,000 0 PCS 211 1:直接材料
633530 黑色中性筆芯 M3 0.38mm 1,000 1,000 0 PCS 211 1:直接材料
676001 橢圓貼紙 R103 湖巖堂 3.0X1 1,000 1,000 0 PCS 211 2:間接材料
間接材料不計入材料成本。

圖 6. 38 製令 510-20160308001

由圖 6.38 得知 676001 的確是間接材料，因此 ERP 系統將其成本從製令的總領料成本中扣除。

②材料成本＝⑦總領料成本－間接材料成本＝ 7,400－200 ＝ 7,200

被領走的材料成本有 **7,400** 元，計入製令的材料成本只有 **7,200** 元，這 **200** 元間接材料成本應歸入製費成本，但系統不會直接加入製造費用之中。

執行「月底成本計價作業」後，可取得間接材料成本金額，成會人員在統計製造費用時，請記得將間接材料之成本金額加入製造費用中。

③人工成本：此製令當月依使用人時比例分攤所得之線別人工成本，源自線別成本檔(人工成本 / 實際產能<人工>)及製令工時(使用人時)；同時記錄於產品成本檔「人工成本」欄位，用以統計「生產成本」。

$$③人工成本 = \frac{使用人時(製令工時檔)}{實際產能<人工>} \times 人工成本(線別成本檔)$$

$$= \frac{10}{10} \times 1,000 = 1,000 \ 元$$

由於 131530(黑色中性筆)在 2016/03 只有一張製令，因此生產線 610(組筆線)該月份所有人工成本 **1,000** 元都攤入製令 510-20160308001 的製令成本中。

④製造費用：此製令當月所分攤之製造費用，源自「本期投入」區下方的五組製造費用細目總和；同時記錄於產品成本檔中「製造費用」欄位，用以統計「生產成本」。

$$④製造費用 = ⑥製造費用一 + ⑥製造費用二 + \cdots + ⑥製造費用五$$
$$= 2,000 + 0 + 0 + 0 + 0 = 2,000 \ 元$$

製造費用可以說是製令成本中最複雜的部份,除了可以分成五個部份來蒐集製造費用之外,各個製費細目更可以分別設定是否要排除閒置成本;再依據各製費細目是因機器或是人工而發生來決定如何分攤,因此最多會有四種計算製費的方法同時存在一張製令成本中。除了一開始的規劃一定要非常謹慎及考慮週全外,日後要查核製費分攤也就要花更多精神。

⑤投入合計:製令成本之投入合計,包含材料成本/人工成本/製造費用/加工費用;此金額匯入產品成本檔「生產成本」。

⑤投入合計 = ②材料成本 + ③人工成本 + ④製造費用 + 加工費用

※加工費用將於後面之章節中作說明

⑥製造費用:製令依線別成本〔製費類型+分攤依據〕設定之人時或機時比例,計算當月所分攤之線別製造費用,源自線別成本檔(製造費用/實際產能<機器>)及線別工時(使用機時);同時記錄於產品成本中「製造費用」欄位,用以統計「生產成本」。

此製令生產線 610(組筆線)線別成本中「製造費用(一)」之製費類型為「變動」,故不會產生閒置製費;而分攤依據為「機時」表示依實際產能<機時>,作為製造費用分攤比率的計算基準。

$$⑥製造費用一 = \frac{使用機時(製令工時檔)}{實際產能<機器>} \times 製造費用[一](線別成本檔)$$

$$= \frac{5}{5} \times 2,000 = 2,000$$

選擇工資率及製費分攤率採：實際

製費類型	分攤依據	製造費用計算公式
變動	人時	$\text{製造費用 } y = \dfrac{\text{使用人時(製令工時檔)}}{\text{實際產能}<\text{人工}>\text{(線別成本檔)}} \times \text{製造費用 } y\text{(線別成本檔)}$
變動	機時	$\text{製造費用 } y = \dfrac{\text{使用機時(製令工時檔)}}{\text{實際產能}<\text{機器}>\text{(線別成本檔)}} \times \text{製造費用 } y\text{(線別成本檔)}$
固定 實際產能>標準產能時,分母採實際產能	人時	$\text{製造費用 } y = \dfrac{\text{使用人時(製令工時檔)}}{\text{標準產能}<\text{人工}>\text{(線別成本檔)}} \times \text{製造費用 } y\text{(線別成本檔)}$
固定 實際產能<標準產能時,分母採實際產能	機時	$\text{製造費用 } y = \dfrac{\text{使用機時(製令工時檔)}}{\text{標準產能}<\text{機器}>\text{(線別成本檔)}} \times \text{製造費用 } y\text{(線別成本檔)}$

✎ 表 6.1 製造費用之四種計算組合 ✐

在表 6.1 中為執行「生產成本計算作業」時，選擇「實際」為工資率及製費分攤率時的四種計算製費的方式。

製費類型選擇「固定」時，表示將閒置成本排除在製令成本之外，但是也要在〔標準產能>實際產能〕的前提下才會產生閒置成本，如果〔實際產能>標準產能〕就不會出現閒置產能，自然不會有閒置成本，因此系統就會自動以實際產能進行製費的分攤。

有沒有比較簡單一點的方式計算工費呢？如果實際發生的人工和製費都相當固定，可以在執行「生產成本計算作業」設定選擇工資率及製費分攤率採為「標準」，實際看選「標準」所算出來的人工和製費，和選「實際」算出來的人工和製費有何不同，了解其中差異及各自的計算邏輯後，才能選用最適合的方式計算成本。

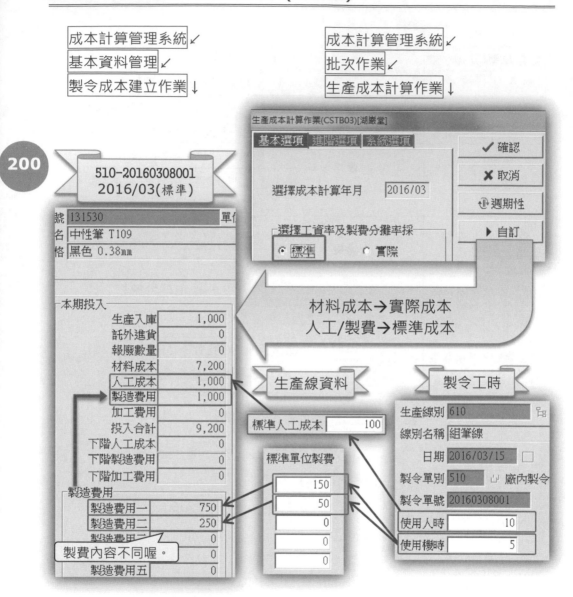

🖎 圖 6.39 製令 510-20160308001 單身 ✍

※各位試著解讀為何這二種方式會出現不同的成本數字。

從圖 6.39 中可以看到選擇「標準」方式計算人工及製費時，系統以「生產線資料」資料計算，與圖 6.37 選擇「實際」時以「線別成本」之資料進行計算不同。

因此選擇「標準」方式，人工及製費的計算如下：

> ➢ 人工成本 ＝使用人時 X 標準人工成本 ＝10X100 ＝1,000

> ➢ 製造費用一＝使用機時 X 標準單位製費一 ＝5X150 ＝750

> ➢ 製造費用二＝使用機時 X 標準單位製費二 ＝5X50 ＝250

※請記得本書之範例是選擇「實際」來計算人工製費的喔！

　　一般成會人員查核成本，大多查到哪一張領料單或入庫單有問題，就會反映給相關單位進行更正，只要能從「製令資訊查詢」作業中查到單別及單號就可以收工。如果想要更進一步看到原始單據的資料，就要請新成員「製令樹狀資訊查詢」出場了。

製令/託外管理系統→製令樹狀資訊查詢

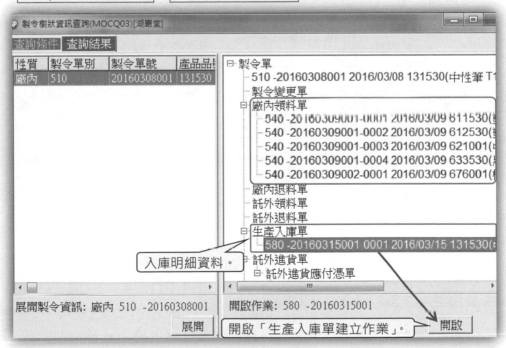

◈ 圖 6.40 製令樹狀資訊查詢 ◈

第六節　成本解析之生產成本

　　介紹了相當複雜的製令成本檔之後，各位腦袋不知有沒有打結了？接下來介紹成本結算的下一站：「產品成本」。產品成本其實就是該產品在當月所有的製令成本的總和，也可以稱之為該產品的**生產成本**。

成本計算管理系統 → 基本資料管理 → 產品成本建立作業

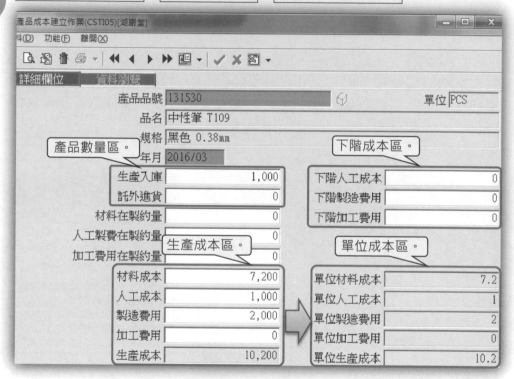

✎ 圖 6.41 黑色中性筆 131530 的產品成本檔 ✍

　　圖 6.41 中右下角單位成本區，為左方生產成本區中各成本細目，除以產品數量區之數量所得。右上角的下階成本區將於第七章作介紹。在製約量部份屬於進階成本的課程範圍。

　　看起來產品成本並不複雜，但其呈現當月以生產方式該品號的成本，可與採購進貨的成本進行比較及分析，評估該增加產能或增加外購比例，以達到企業最大的利益。

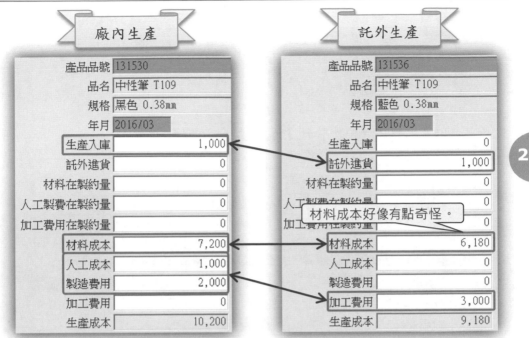

圖 6.42 以二個相似產品作初步的成本比較

觀察圖 6.42 對照發現，由於二個品號剛好都只有一張製令，所以不是自製品就是託外件。若同一產品有二張以上製令存在時，就不宜由「產品成本」來判斷產品的生產方式，而是應該從製令成本下手。

能夠判斷是自製或託外的方式除了 生產入庫 VS. 託外進貨，就是 人工成本/製造費用 VS. 加工費用。圖 6.42 以兩個產品成本作比較，模擬實際查核成本的情境。一般如果初步判斷某個品號(例如 131536)成本某月份有明顯異常，可先以類似的產品(假設 131530 成本無異常)來進行比較，先初步判斷問題是材料成本還是人工製費。

圖 6.42 左方「生產入庫」數量與右方「託外進貨」數量都是 1,000，按理說成本應該不會有太大差異。左方的人工成本+製造費用和右方的加工費用都是 3,000 元，初步可排除加工費異常；而左方材料成本為 7,200 元，右方材料成本 6,180 元，材料成本差異近 15% 確實偏高，因此先將材料成本列為查核的目標。第一步就是往回查 131536 的製令成本檔，找到製令編號後，開始查核領料明細。

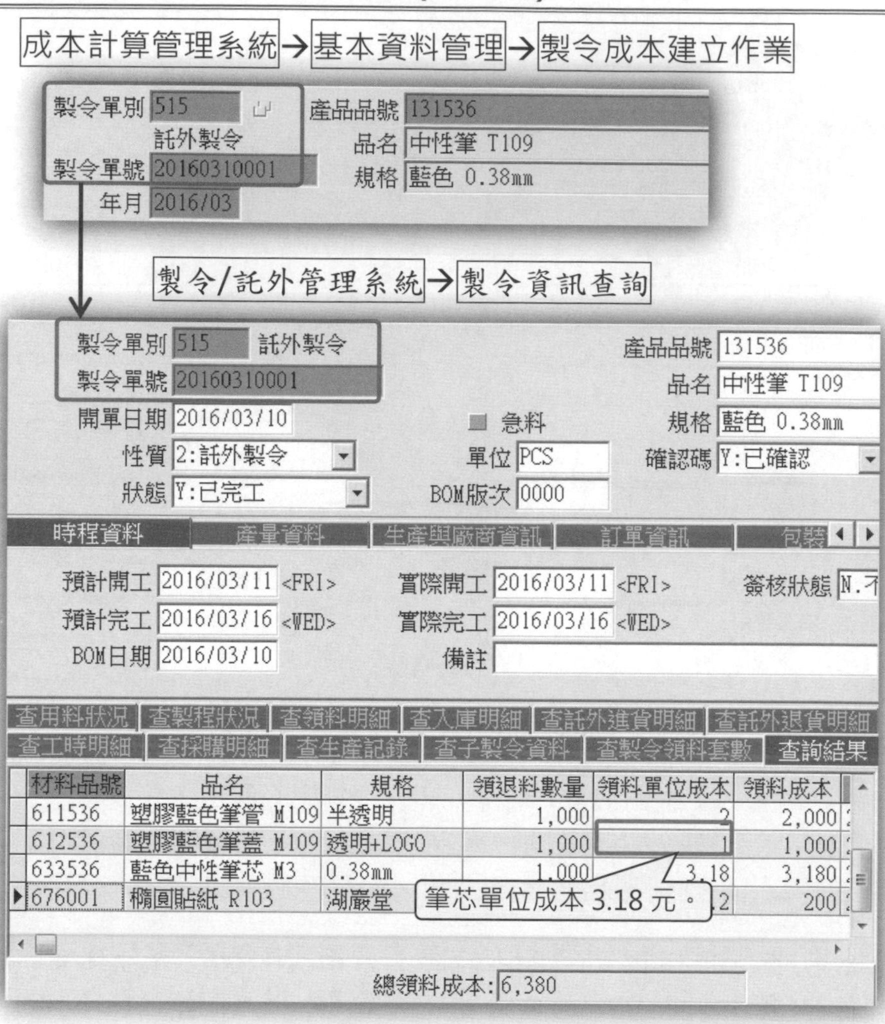

成本計算管理系統 → 基本資料管理 → 製令成本建立作業

製令單別 515
託外製令
製令單號 20160310001
年月 2016/03

產品品號 131536
品名 中性筆 T109
規格 藍色 0.38mm

製令/託外管理系統 → 製令資訊查詢

製令單別 515 託外製令
製令單號 20160310001
開單日期 2016/03/10
性質 2:託外製令 ▼
狀態 Y:已完工 ▼

■ 急料
單位 PCS
BOM版次 0000

產品品號 131536
品名 中性筆 T109
規格 藍色 0.38mm
確認碼 Y:已確認 ▼

| 時程資料 | 產量資料 | 生產與廠商資訊 | 訂單資訊 | 包裝 ◀ ▶ |

預計開工 2016/03/11 <FRI>　　實際開工 2016/03/11 <FRI>　　簽核狀態 N.不
預計完工 2016/03/16 <WED>　　實際完工 2016/03/16 <WED>
BOM日期 2016/03/10　　　　　　備註

查用料狀況 查製程狀況 查領料明細 查入庫明細 查託外進貨明細 查託外退貨明細
查工時明細 查採購明細 查生產記錄 查子製程資料 查製令領料套數 **查詢結果**

材料品號	品名	規格	領退料數量	領料單位成本	領料成本
611536	塑膠藍色筆管 M109	半透明	1,000	2	2,000
612536	塑膠藍色筆蓋 M109	透明+LOGO	1,000	1	1,000
633536	藍色中性筆芯 M3	0.38mm	1,000	3.18	3,180
▶ 676001	橢圓貼紙 R103	湖巖堂	1,000	0.2	200

筆芯單位成本 3.18 元。

總領料成本: 6,380

✎ 圖 6.43 藍色中性筆 131536 託外製令之領料明細 ✐

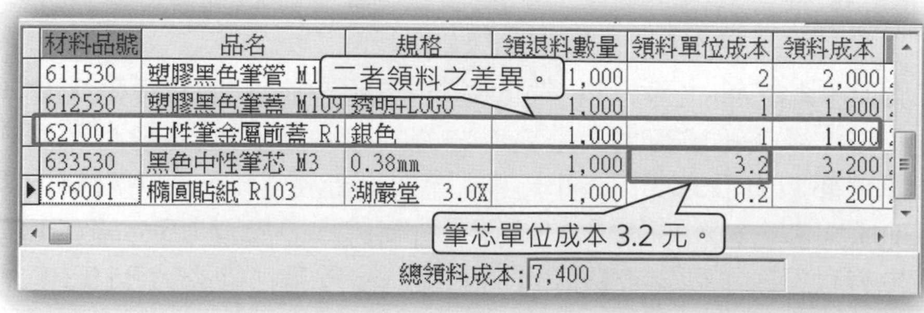

材料品號	品名	規格	領退料數量	領料單位成本	領料成本
611530	塑膠黑色筆管 M1		1,000	2	2,000
612530	塑膠黑色筆蓋 M109	透明+LOGO	1,000	1	1,000
621001	中性筆金屬前蓋 R1	銀色	1,000	1	1,000
633530	黑色中性筆芯 M3	0.38mm	1,000	3.2	3,200
▶ 676001	橢圓貼紙 R103	湖巖堂 3.0X	1,000	0.2	200

二者領料之差異。

筆芯單位成本 3.2 元。

總領料成本: 7,400

✎ 圖 6.44 黑色中性筆 131530 廠內製令之領料明細 ✐

從圖 6.43 的託外製令領料明細中似乎像是少了什麼。於是將品號 131530 的廠內製令領料明細(圖 6.44)和圖 6.43 作比較。

比較後發現圖 6.43 比圖 6.44 少領一個料,這部份將在下一節討論,現在先研究為何筆芯的單位成本差了 0.02。

想知道 633536(藍色中性筆芯)單位成本為何是 3.18 元,可用庫存管理系統「庫存明細帳」查核。也可以利用「庫存狀況查詢作業」中「查歷史異動」功能,列出 633536 所有的庫存異動記錄(圖 6.45)。

庫存管理系統→庫存狀況查詢作業 〔查歷史異動〕

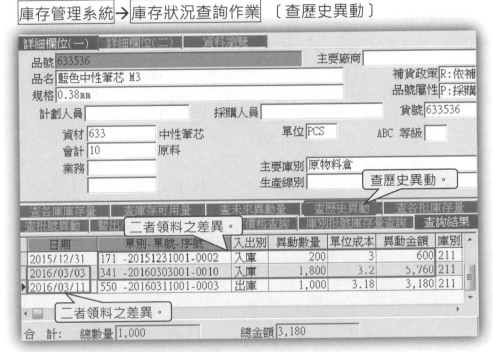

✎ 圖 6.45 藍色中性筆芯 633536 之庫存異動明細 ✍

在查核成本的過程中,製令狀況查詢主要用來查詢某一產品之成本異常是何原因;庫存狀況查詢則是針對查核某項材料成本是何種異常。運用「庫存狀況查詢作業」查核材料成本前,應能掌握 ERP 系統各單別對成本的影響。例如 171 是成本開帳單,影響成本碼為 Y,影響當月庫存金額,卻不影響當月加權平均成本;341 是進貨單,是影響成本碼為 Y,影響當月的庫存數量及金額,同時也影響當月的加權平均成本。若無法迅速判斷各單別的成本影響,建議作一份清單方便對照。

要快速辨別各單別與成本的關聯有二個技巧，其一是鼎新 ERP 各系統之單別性質代號有邏輯可循：，1 開頭是庫存系統、2 開頭是訂單系統、3 開頭是採購系統、5 開頭是製令系統等等；另一個技巧則是在同一月份有多筆進出資料時，若有某些單據的單位成本完全相同，特別又有三四位的小數資料，通常那就是月加權平均的成本，可由此判斷是影響成本碼為 N 的單據。反之單位成本數字都是接近整數，則比較可能是 Y 或是 y 的單據，在不確定該筆交易之成本影響是 Y 或 N 或 y 時，到「異動明細維護作業」中查詢便可得到答案。

圖 6.45 中第一筆開帳資料日期為 2015/12/31，表示開帳單中的 200 PCS / 600 元，會成為 2016/01 月檔之期初數量及期初金額。由於 2016/01 和 2016/02 都沒有進出貨，因此 200 PCS / 600 元就從 2016/01 月檔的期初資料，隨著月結作業的進行，現在就成為 2016/03 月檔的期初資料。如果只有期初的 200 支藍色筆芯，平均成本自然是 3 元。但在 2016/03/03 採購各色中性筆且完成進貨之後，多了一筆進貨記錄 1,800 PCS / 5,760 元。之所以不像其他色的筆芯一樣進 2,000 支，因事先查詢庫存已有 200 支，所以只買 1,800 支，但由於物價上漲導致單價調整為 3.2 元。

現已經進入月結程序，原則上 2016/03 當月單據均應輸入完成。要先算出月加權平均成本，才能將計算出來的單位成本寫入影響成本碼為 N 的託外領料單。現在來驗算 633536 的加權平均成本：

$$加權平均 = \frac{期初成本 + 本期投入成本}{期初數量 + 本期投入數量} = \frac{600 + 5,760}{200 + 1,800} = \frac{6,360}{2,000} = 3.18$$

這個例子主要是提醒各位查核材料成本時請不要忘記，前期期末結存的庫存金額和庫存數量，也會對當月的材料單位成本產生直接影響。當然本例中的數字是經過設計才沒有除不盡的小數，實務的運用上出現除不盡小數，在取位時因四捨五入而產生些微誤差的情況經常會發生。因此再次提醒，若幣別匯率的成本取位規劃不良，每次四捨五入產生的誤差再小，也有可能因為異動數量較大而影響成本的正確性或合理性。

第七節 廠供料之產生及成本分析

在圖 6.43 中神祕消失的 621001 中性筆金屬前蓋是怎麼回事呢？相信看到本章節標題後，各位都猜到是因為「廠供料」吧。各位只要回頭看一下圖 6.13，就會想起來廠供料是在建立領料單時怎麼領都領不到的一個材料，那到底要怎麼把廠供料領出來呢？

一般正常的程序，廠供料應該在月結前要完成領料的動作，但仍可能有所疏漏，因此材料成本過低時，便可能是某個材料沒有完成領料。現在模擬的情境是亡羊補牢，絕非正常的程序。當然廠供料領料不該是成本會計的工作，此練習是為了讓各位了解，如果有這種情況發生時的處理方式，實務上工作的規畫和分配仍應以企業實際狀況為準。

要領取廠供料有前置動作要進行，那就是將「帳務凍結日」調整回前一個月的月底：2016/02/29。為確保系統自動產生的廠供料單據，單據日期在三月的任何一天都能順利確認，因此須先調整帳務凍結日。

製令/託外管理系統 → 批次作業 → 廠供料自動產生作業

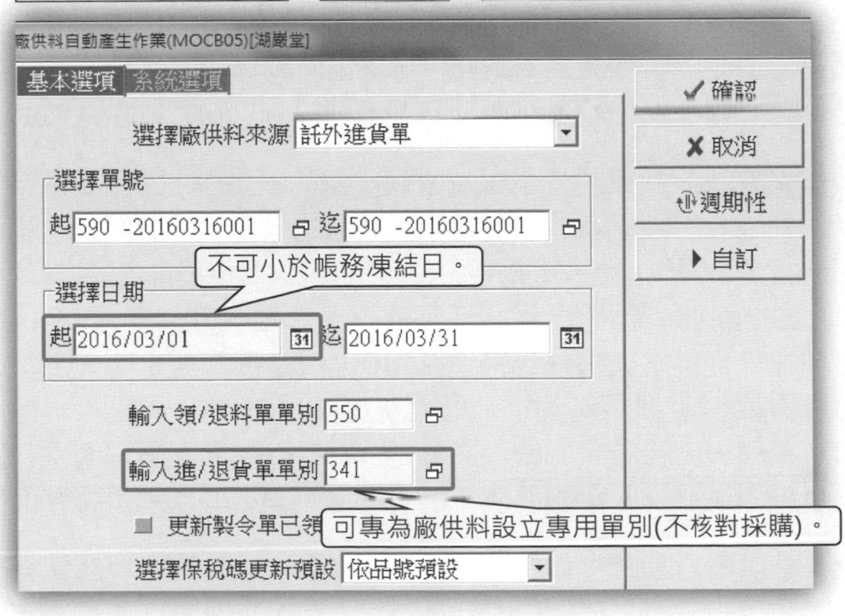

圖 6.46 廠供料自動產生作業

「廠供料自動產生作業」執行完畢後,佇列工作控制台「處理結果」區中會出現「領退料單號」及「進貨-退貨單號」(圖6.47)。

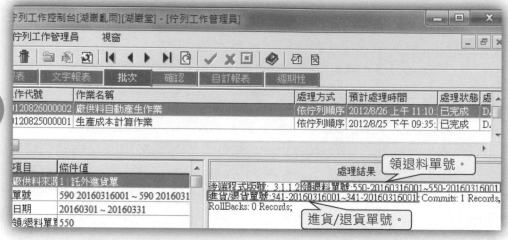

✎ 圖6.47 廠供料自動產生作業之處理結果 ✍

為何系統同時產生二種單據?因為廠供料就是請外包廠商加工時,同時提供廠供料用於產品上,支付貨款時應包含加工費及廠供料貨款。但實際上並沒有發出廠供料的採購單,自然就不會有進貨,也就是倉庫裡應該不會有廠供料的庫存(雖然可能有例外)。但付錢總是有憑有據,因此為了清楚的管理廠供料的帳,同時也能夠讓成本呈現真實的狀態,於是就有了虛進虛出的廠供料管理模式。

在完成託外進貨同時也視為收到足量的廠供料,因此廠供料的產生是以託外進貨的數量為準,來計算廠供料的進貨及領料數量。本例中的託外進貨是1,000支,因此系統會自動產生1,000份廠供料的進貨單(因此方式無採購單,因此進貨單單據性質設定不可勾選「核對採購」),視為在託外進貨當天向外包廠進1,000份廠供料,也可成立對外包廠的應付帳款,解決帳務上的問題。由於企業內部並沒有廠供料的庫存,當然應在同一天將所有的廠供料領走,才不會在帳上出現廠供料庫存。系統產生與託外進貨單相同製令的託外領料單,用以解決庫存的問題。

「廠供料自動產生作業」產生之進貨單和託外領料單請記得確認。請特別注意進貨單之單價(假設廠供料單價為1.3元),如果系統預設帶出的單價並非此次交易議定的單價,請自行更正為1.3元後再確認。

廠供料的入庫單和託外領料單都確認之後,成本就會自動恢復正確的數字嗎?當然沒有這麼簡單。廠供料 621001 本月進貨單價是 1 元,但廠供料進貨時單價是 1.3 元,表示 621001 的加權平均成本應該落在 1 元 ~ 1.3 元之間,各位先算看看是多少。

$$加權平均 = \frac{採購進貨成本 + 廠供進貨成本}{採購進貨數量 + 廠供進貨數量} = \frac{5,000 + 1,300}{5,000 + 1,000} = \frac{6,300}{6,000} = 1.05$$

209

現在知道託外製令廠供料 2016/03 的加權平均成本是 1.05 元,以領料數量 1,000 個來算就是增加 1,050 元,加上原本 6,180 後的材料成本就是 7,230。看來成本的問題似乎找出來了,事實卻是不然。因為廠內製令也領了同樣的 621001,因此在算出託外領料金額同時,馬上要聯想到有領用 621001 的廠內領料金額也被影響而有所變化,只要共用料成本一變,所有多階用途清單上的品號成本都會被影響。

要讓 ERP 系統能夠正確的算出廠供料領料之後的成本,當然不能只是再執行一次「生產成本計算作業」。只要更動過與庫存有關的單據,最保險的作法就是將月結程序從頭再執行一次。

需對於月結程序每支作業的功能十分清楚,才可只執行必要作業。以廠供料作業為例,由於只有影響材料成本,並沒有變更工時或製令,因此工時/線別成本/成本低階碼的相關作業可不必重覆執行,但如果沒有十足把握的時侯,建議執行完整月結程序較為妥當。

◆ 　設定帳務凍結日 　　→ 　改回 2016/03/31 以防止資料被異動
◆ 　現有庫存重計 　　　→ 　確保庫存數量正確
◆ 　現有庫存重計 　　　→ 　更新材料之單位成本
◆ 　生產成本計算作業 → 　更新製令成本/產品成本/月檔成本

執行完上述成本計算作業之後,仍應核對圖 6.42 的產品成本檔,看是否有明顯的異常存在(在本書例題中,相似產品具有相近的成本),再決定是否執行後續的月結程序。

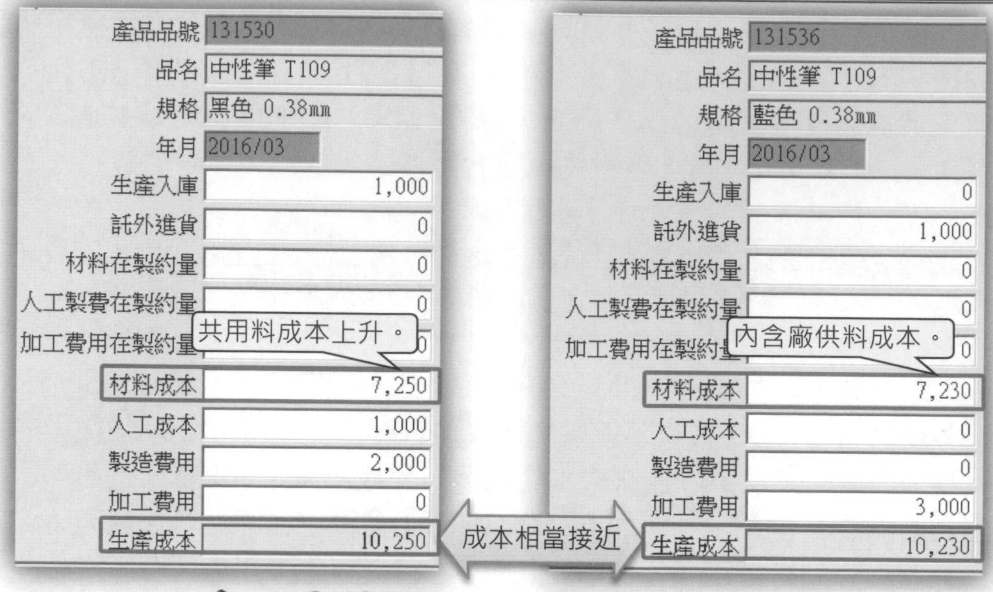

圖 6.48 廠供料產生後之成本比較

　　相較於圖 6.42 兩個相似的產品成本差異過大，圖 6.48 中的材料成本只有 20 元（0.28%），應可認定 131536 的產品成本沒有明顯異常。圖 6.42 與圖 6.48 的成本變化均來自 621001：

➢ 131536：原本的材料成本沒有包含廠供料 621001，在廠供料進貨同時領料之後，就增加了廠供料的成本 1,050 元，因此材料成本就變成 6,180 + 1,050 = 7,230 元

➢ 131530：原本的材料成本就已經包含 621001 的成本，但由於廠供料的進貨單價為 1.3 元，導致 621001 的單位成本從 1 元變成 1.05 元，因此材料成本就增加了 1,000PCS X (1.05-1) = 50 元，因此材料成本變成 7,200 + 50 = 7,250

　　看來所有成本都有合理的解釋，託外加工時廠供料以 1.3 元購入，卻被現有庫存降低成本為 1.05 元，對於成本的真實呈現有一定落差。因一般狀況下廠供料只由外包廠提供，所以不應被現有庫存影響成本。若廠供料在同一個月內，有數次不同單價的進貨(材料價格波動所致)，成本結算後同樣會以加權平均後的成本，賦予廠供料新的成本。因此廠供料的定義和規劃妥善與否，同樣會對成本的合理性造成影響。

第八節 成本解析之月檔成本

在確定產品成本正確之後，來看月檔成本是否正確。

品號	131530	品號月檔(品號每月計維護)	
庫存年月	2016/03	單位 PCS	
月初總數量	0	品名 中性筆 T109	
月初總成本	0	規格 黑色 0.38mm	

成本計算後固定不變。

工費資料	資料瀏覽		
月初成本-材料	0	單位成本	10.25
		單位成本-材料	7.25
月初成本-人工	0	單位成本-人工	1
月初成本-製費	0	單位成本-製費	2
月初成本-加工	0	單位成本-加工	0

品號	131530	品號資料檔	庫存數量	1,000
品名	中性筆 T109		庫存金額	10,250
規格	黑色 0.38mm	定重	單位成本	10.25
貨號	131530	SIZE 包裝單位	隨時更新之成本。	0

✎ 圖 6.49 黑色中性筆 131530 之成本 ✍

品號	131536	品號月檔(品號每月計維護)	
庫存年月	2016/03	單位 PCS	
月初總數量	0	品名 中性筆 T109	
月初總成本	0	規格 藍色 0.38mm	

成本計算後固定不變。

工費資料	資料瀏覽		
月初成本-材料	0	單位成本	10.23
月初成本-人工	0	單位成本-材料	7.23
		單位成本-人工	0
月初成本-製費	0	單位成本-製費	0
月初成本-加工	0	單位成本-加工	3

品號	131536	品號資料檔	庫存數量	1,000
品名	中性筆 T109		庫存金額	10,230
規格	藍色 0.38mm	定重	單位成本	10.23
貨號	131536	SIZE 隨時更新之成本。	包裝數量	0

✎ 圖 6.50 藍色中性筆 131536 之成本 ✍

131530 之成本明細 (2016/03)

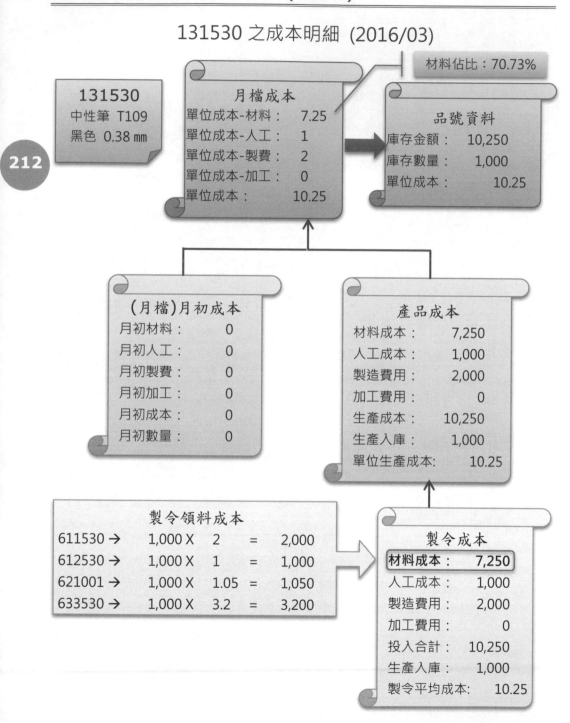

材料佔比：70.73%

131530
中性筆 T109
黑色 0.38 ㎜

212

月檔成本
單位成本-材料： 7.25
單位成本-人工： 1
單位成本-製費： 2
單位成本-加工： 0
單位成本： 10.25

品號資料
庫存金額： 10,250
庫存數量： 1,000
單位成本： 10.25

(月檔)月初成本
月初材料： 0
月初人工： 0
月初製費： 0
月初加工： 0
月初成本： 0
月初數量： 0

產品成本
材料成本： 7,250
人工成本： 1,000
製造費用： 2,000
加工費用： 0
生產成本： 10,250
生產入庫： 1,000
單位生產成本： 10.25

製令領料成本
611530 → 1,000 X 2 = 2,000
612530 → 1,000 X 1 = 1,000
621001 → 1,000 X 1.05 = 1,050
633530 → 1,000 X 3.2 = 3,200

製令成本
材料成本： 7,250
人工成本： 1,000
製造費用： 2,000
加工費用： 0
投入合計： 10,250
生產入庫： 1,000
製令平均成本： 10.25

✎ 圖 6.51 黑色中性筆 131530 之成本細部分析 ✍

131536 之成本明細 (2016/03)

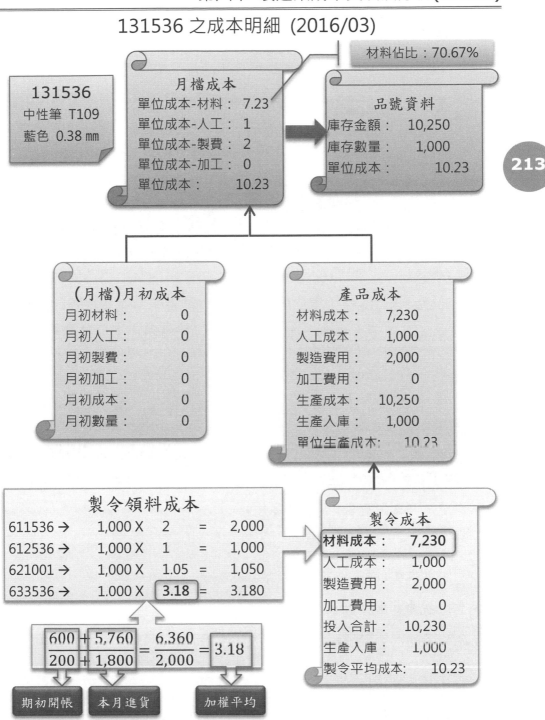

材料佔比：70.67%

131536
中性筆 T109
藍色 0.38 mm

月檔成本
單位成本-材料： 7.23
單位成本-人工： 1
單位成本-製費： 2
單位成本-加工： 0
單位成本： 10.23

品號資料
庫存金額： 10,250
庫存數量： 1,000
單位成本： 10.23

(月檔)月初成本
月初材料： 0
月初人工： 0
月初製費： 0
月初加工： 0
月初成本： 0
月初數量： 0

產品成本
材料成本： 7,230
人工成本： 1,000
製造費用： 2,000
加工費用： 0
生產成本： 10,250
生產入庫： 1,000
單位生產成本： 10.23

製令領料成本
611536 → 1,000 X 2 = 2,000
612536 → 1,000 X 1 = 1,000
621001 → 1,000 X 1.05 = 1,050
633536 → 1.000 X 3.18 = 3.180

製令成本
材料成本： 7,230
人工成本： 1,000
製造費用： 2,000
加工費用： 0
投入合計： 10,230
生產入庫： 1,000
製令平均成本： 10.23

$$\frac{600 + 5,760}{200 + 1,800} = \frac{6,360}{2,000} = 3.18$$

期初開帳　本月進貨　加權平均

213

✎ 圖 6.52 藍色中性筆 131536 之成本細部分析 ✐

　　雖然圖 6.51 及圖 6.52 中品號月檔(品號每月統計維護)的「單位成本」及品號資料的「單位成本」，都與產品成本的「單月生產成本」相同，但是這三個成本所代表的意義卻是各不相同：

➤ **產品成本**：「單位生產成本」指該品號當月透過生產方式所取得之平均成本，因此品號只要在某個月有生產製造，就會取得一組產品成本可供查核。

➤ **月檔成本**：此處「單位成本」指將品號當月生產之「產品成本」、採購進貨之「進貨成本」、庫存月檔裡的「月初成本」加權平均後所得之平均成本，為當月影響成本碼為 N 單據之成本來源。月檔成本與產品成本一樣會分別記錄「材料/人工/製費/加工」，但二者不同為正常現象。

➤ **品號成本**：品號「單位成本」正如之前說明，並非實際存在 ERP 系統中的資料，而是以當下庫存金額除以庫存數量所得之成本。只要有影響庫存數量的單據確認或取消確認，品號資料中的「單位成本」就會隨之更新。

　　月結程序走到第十步「生產成本計算作業」之後，現在可以確定 2016/03 的各品號成本應無異常，但是月結程序還是要完整的執行才算功德圓滿。請讀者依照順序完成接下來的月結程序，為 2016/03 的成本畫下完美句點。

◆ 成本異常檢視表（成本計算後）
　 成本計算管理系統 → 報表列印 → 成本異常檢視表
　 同圖 6.29 之成本異常檢視表，這次要多勾選「製令成本」。
　 如果沒有意外，應該 8 頁都是「報表沒有資料」

◆ 自動調整庫存成本作業
　 庫存管理系統 → 批次作業 → 自動調整庫存(成本)作業
　 如果一切順利，應該也是不會有庫存成本調整單出現。

◆ 月底存貨結轉
　 庫存管理系統 → 批次作業 → 月底存貨結轉作業
　 執行完成之後，製造業成本月結程序就大功告成了。

第七章 製造業成本實戰及分析(入門篇)

第六章介紹了製造業成本的月結程序及相關作業之功能,以純自製和純外包的成本模式介紹製造業成本結算的軌跡,相信各位對於 ERP 的成本結算已有初步的認識。相信有些讀者會想說成本就這麼簡單嗎?因為第六章範例是在完全沒有不良率的狀況下,完美的達成生產任務,才能有這麼單純的成本數字。實務上要是數字都這麼美好的話,就該擔心是不是造假的生產數據了...

為了讓讀者能夠循序漸進的學習更複雜的成本結算,筆者分別設計了不同的複雜度的範例讓各位練習。第七章主要是介紹生產過程中常見的材料超領、產品報廢、指定完工等狀況對於成本的影響,但仍是屬於單階的生產模式。第八章介紹的重點在於非單階生產的成本、單階生產的成本差異、閒置產能對成本的影響。

為了環保愛地球少砍幾棵樹,之前曾擷圖介紹的畫面會盡量省略,只針對較特殊的操作畫面進行介紹,因此第七章重點將會放在各種影響成本的因子對於成本計算結果的影響。雖說本章大部份篇幅皆針對成本數字進行解析,但希望各位讀者能夠確實的操作每一張單據,掌握每個數字的變化。在瞭解各成本數字的來龍去脈之後,各位可以試著自行更改某些金額,試算出不同的成本和心中預想的數字作比對。如果您只是把計算公式和算出來的數字核對一下而沒有上機操作,紙上談兵的方式將導致學習效果大打折扣。

這個時代的成本計算早已不是簡單的幾個總數加加減減就可以,結算成本需要倚靠 ERP,卻不能依賴 ERP,有能力解析 ERP 算出來的成本才算真的懂成本。因此筆者再次強調本書著重實機操作,先按照本書內容操作後得到完全相同的結果,再自行設計不同的數字套入之後觀察各種變化,直至所有的成本變化都和心中預期數字相同,那才算是真正的學會 ERP 的成本結算。

第一節 製令開立、材料進貨及生產領料

本章與第六章相同將生產兩個產品，但本章使用三張製令而材料領用將損耗率納入，以暸解不同變數對成本計算結果之影響。

製令單別	開單日期	產品品號	預計產量	預計開工	預計完工
510	2016/04/05	131530	1,000	2016/04/11	2016/04/19
510	2016/04/06	131532	500	2016/04/12	2016/04/20
515	2016/04/07	131532	300	2016/04/13	2016/04/21

✎ 表 7.1 四月份製令清單 ✍

製令/託外管理系統→日常異動處理→製造命令建立作業

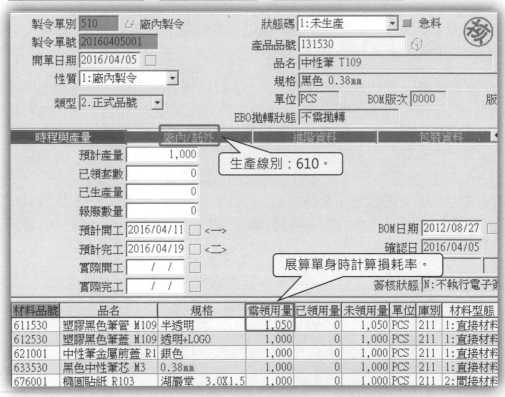

✎ 圖 7.1 中性筆 131530 之廠內製令 ✍

建立 131530 製令(圖 7.1)時，記得切換「廠內/託外」輸入生產線別【610】，核對 611530 需領用量是否含損耗率（1,050）。

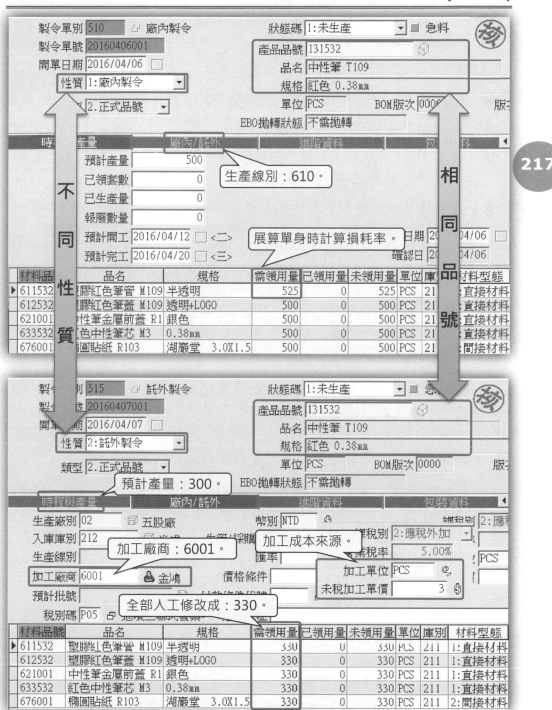

✎ 圖 7.2 中性筆 131530 之廠內製令 ✐

　　圖 7.2 即為兩個產品需要三張製令的原因，131532 在同一個月份有兩張製令（廠內製令及託外製令）。廠內製令與圖 7.1 大同小異，僅預計產量不同，而託外製令需要注意的欄位就多了一些：

◆　加工廠商：請輸入加工廠商代號【6001】

◆　稅別碼：記得要確認是【P05】

◆　加工單位/未稅加工單價：加工單價須同時考慮加工單位，此處設定是加工 1 PCS 需付 3 元加工費。

◆　需領用量：考慮到若提供給外包廠之材料發生不良時再行補料，導致交貨時間延誤，因此發料數量不宜比照廠內自行生產方式。發料時將預測之損耗率納入，待外包廠交貨時同時將餘料退回，因此全部材料多發 10%，請將需領用量全部改成【330】。

　　三張製令建立完成且確定單身用料數量與圖 7.1 及圖 7.2 相同後，請記得將製令確認。確認製令後就應建立領料單，但在領料前還有另一張單要建立，那就是進貨單。

　　在 2016/03 進貨的各項材料數量都是 2,000 PCS，黑色中性筆和藍色中性筆皆已被領用 1,000 PCS 進行生產，因此應該各剩下 1,000 PCS 可用(金屬前蓋例外)。但是在圖 7.1 中的 611530 需要 1,050PCS，因此需要將材料補齊才能順利進行生產。

　　由於供應商不提供 50 PCS 的散裝出貨，要求要以 1,000 的倍數(補貨倍量)下訂。考慮到如果只有買筆管一項材料，那下次要再生產時又要再買一次筆蓋和筆芯，乾脆三種主要生產材料各買 1,000 PCS。但由於此次採購數量較少，因此廠商為了分攤運費成本，於是每項材料都比三月份增加 0.2 元。現在請依照圖 7.3 的內容建立一張進貨單，調整各材料之「單位進價」與圖 7.3 內容相同後將進貨單確認。

　　相信有讀者猜到此例題要介紹：材料成本增加對產品成本的影響，但是如果只是為了材料各增加 0.2 元，就再增加範例來練習也未免太小題大作。因此 131530 黑色中性筆不會只是擔任這麼簡單的任務，131530 在後續操作練習中，還會出現其它影響成本的狀況。

採購管理系統→日常異動處理→進貨單建立作業

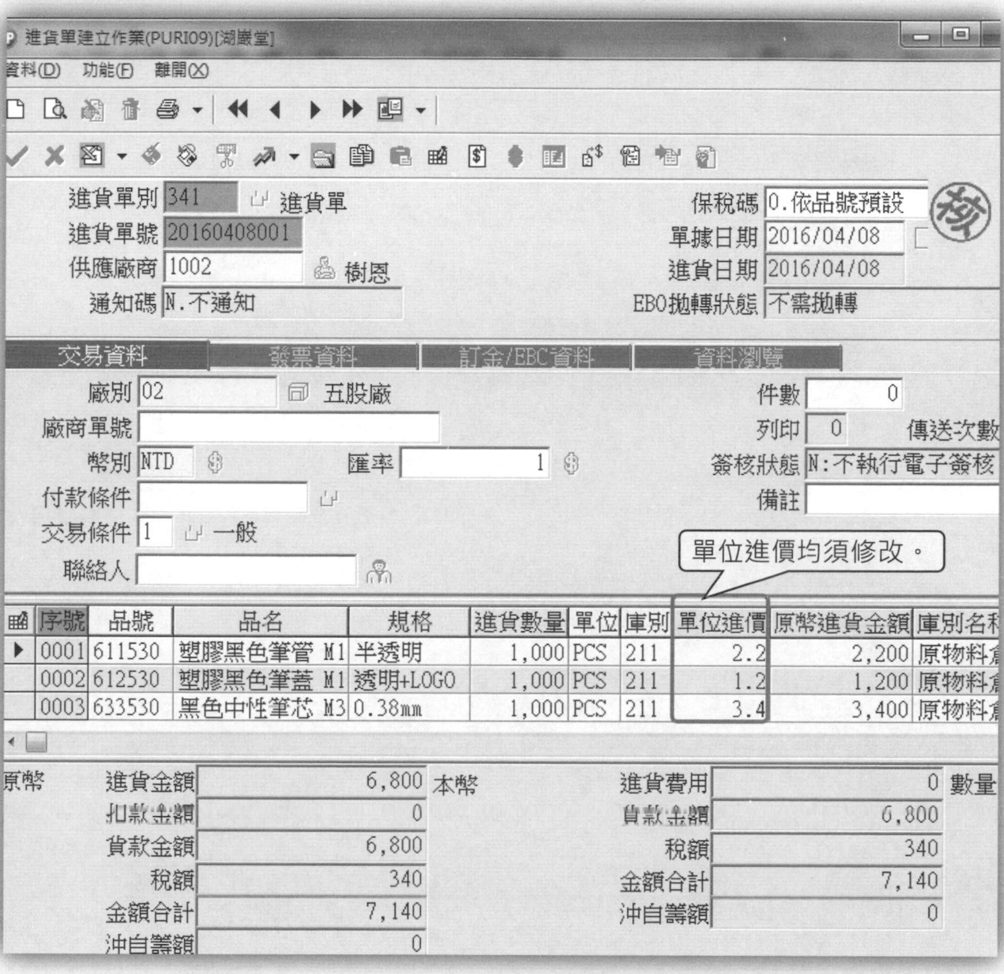

序號	品號	品名	規格	進貨數量	單位	庫別	單位進價	原幣進貨金額	庫別名稱
0001	611530	塑膠黑色筆管 M1	半透明	1,000	PCS	211	2.2	2,200	原物料倉
0002	612530	塑膠黑色筆蓋 M1	透明+LOGO	1,000	PCS	211	1.2	1,200	原物料倉
0003	633530	黑色中性筆芯 M3	0.38mm	1,000	PCS	211	3.4	3,400	原物料倉

✎ 圖 7.3 中性筆 131530 所需材料之進貨單 ✍

　　將圖 7.3 的進貨單確認後，生產所需之材料齊備，接下來須建立生產領料單。建立生產領料單可參考第六章，但這次有兩張廠內製令的預計開工日相當接近(4/11 和 4/12)，而且又在同一生產線。因此只要生產線有足夠的空間可存放兩張製令所需材料，可採用一張生產領料單同時領取多張製令用料的領料方式，只要在生產領料單中出現選擇製令畫面(圖 7.4)時同時選定兩張製令即可。為了簡化領料的程序，請在材料型態欄位都選擇「*:全部」，可將直接材料和間接材料一次領出。

製令/託外管理系統 → 日常異動處理 → 領料單建立作業

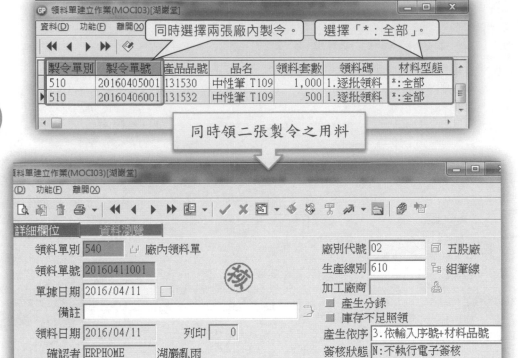

同時選擇兩張廠內製令。

選擇「＊：全部」。

製令單別	製令單號	產品品號	品名	領料套數	領料碼	材料型態
510	20160405001	131530	中性筆 T109	1,000	1.逐批領料	＊：全部
510	20160406001	131532	中性筆 T109	500	1.逐批領料	＊：全部

同時領二張製令之用料

領料單建立作業(MOCI03)[湖巖堂]

詳細欄位　　資料瀏覽

領料單別 540　　廠內領料單
領料單號 20160411001
單據日期 2016/04/11
備註
領料日期 2016/04/11　　列印 0
確認者 ERPHOME　　湖巖亂雨
來源單號

廠別代號 02　　五股廠
生產線別 610　　組筆線
加工廠商
■ 產生分錄
■ 庫存不足照領
產生依序 3.依輸入序號+材料品號
簽核狀態 N:不執行電子簽核
傳送次數 0
保稅碼 0.依品號預設
EBO拋轉狀態 不需拋轉

序號	材料品號	品名	規格	需領料量	未領料量	領料數量	單位	庫別	材料型態
0001	611530	塑膠黑色筆管 M109	半透明	1,050	0	1,050	PCS		
0002	612530	塑膠黑色筆蓋 M109	透明+LOGO	1,000	0	1,000	PCS		
0003	621001	中性筆金屬前蓋 R1	銀色	1,000	0	1,000	PCS		
0004	633530	黑色中性筆芯 M3	0.38mm	1,000	0	1,000	PCS		
0005	676001	橢圓貼紙 R103	湖巖堂 3	1,000	0	1,000	PCS	211	2:間接材料
0006	611532	塑膠紅色筆管 M109	半透明	525	0	525	PCS		
0007	612532	塑膠紅色筆蓋 M109	透明+LOGO	500	0	500	PCS		
0008	621001	中性筆金屬前蓋 R1	銀色	500	0	500	PCS		
0009	633532	紅色中性筆芯 M3	0.38mm	500	0	500	PCS		
0010	676001	橢圓貼紙 R103	湖巖堂 3	500	0	500	PCS	211	2:間接材料

黑色中性筆用料。

紅色中性筆用料。

✎ 圖 7.4 同時領二張廠內製令之領料單 ✍

　　確定每個領料數量都等於需領料量(圖 7.4)，便可確定所有材料的庫存都足夠(沒有勾選「庫存不足照領」之前提)，領料單單身分別將不同製令所領用的材料分別列出，可方便進行核對。

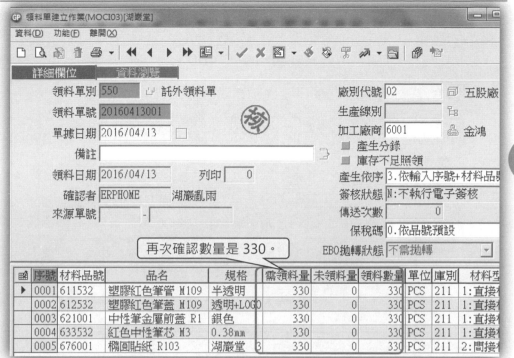

✎ 圖 7.5 託外製令之領料單 ✐

完成三張製令的領料作業後，生產線開始進行生產。理想狀況下，下一張單當然就是生產入庫單或託外進貨單，但是那是基礎篇裡才有的理想狀況，在入門篇中當然是 沒那麼簡單...

第二節 生產餘料退庫及損耗過多補料

生產過程中難免會出現不良的情況，若在 BOM 中設定損耗率，在開立製令時將損耗率納入需領料量，生產完成時若有餘料就退回倉庫；若是不良率過高，則可能還要再補領材料才有辦法完成生產，因此本節介紹的就是這兩種情形對成本的影響。

原訂於 2016/04/19 完工的製令由於某些因素(例如客戶砍單)，2016/04/18 生產 600 個後需要指定完工。若立刻指定完工就等於用 1,000 套材料作 600 個產品，材料成本會變成正常的 1.6 倍，因此要先將沒有用完的材料先辦理退庫再指定完工，才不會出現異常的成本。

要將生產後的餘料退庫,須用製令系統的「退料單建立作業」。退料單的操作和領料單十分相似,在選擇製令時「退料方式」選用預設的「1.成套退料」即可,退料套數則輸入 400。

製令/託外管理系統 → 日常異動處理 → 退料單建立作業

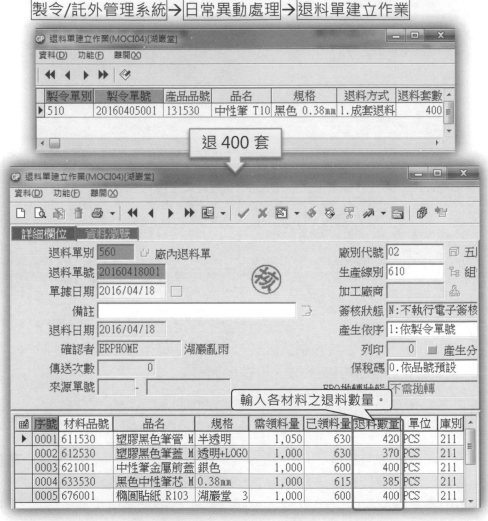

📎 圖 7.6 託外製令之領料單 📣

建立退貨單時請注意正確的操作方法,如果選擇成套退料的方式,則這張退料單會同時影響製令單頭「已領套數」及單身「已領用量」。

如果只是想退製令單身的材料,而不想影響製令單頭「已領套數」,就不能採取圖 7.6 的退貨單建立方式。

製令 510-20160406001 在 2016/04/20 生產的過程中，發現 612532(筆蓋)和 633532(紅色筆芯)二個材料都出現 15 個不良品，需要各補領 15 個才能完成這張製令。原本多領 5%的 611532(紅色筆管)則是有 10 個沒有使用到需要退庫，因此除了補料單之外還要一張退料單才能呈現完整的製令領料狀況。

製令/託外管理系統→日常異動處理→領料單建立作業

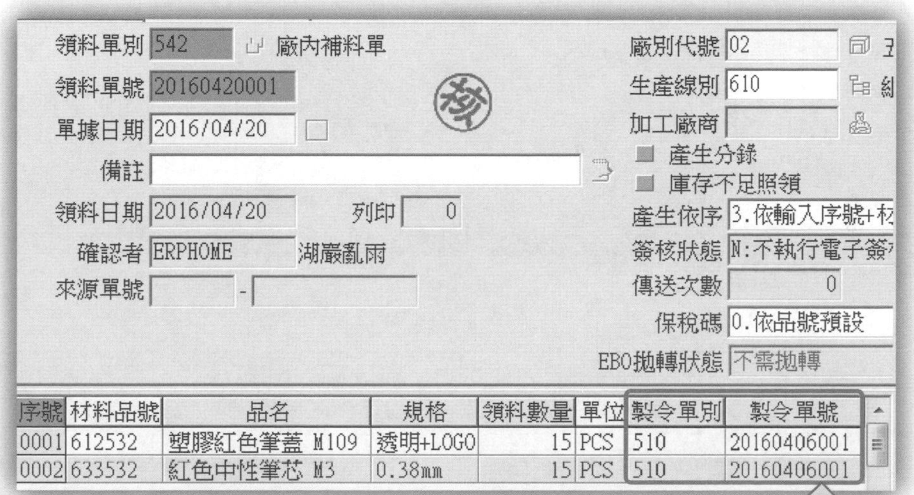

製令/託外管理系統→日常異動處理→退料單建立作業

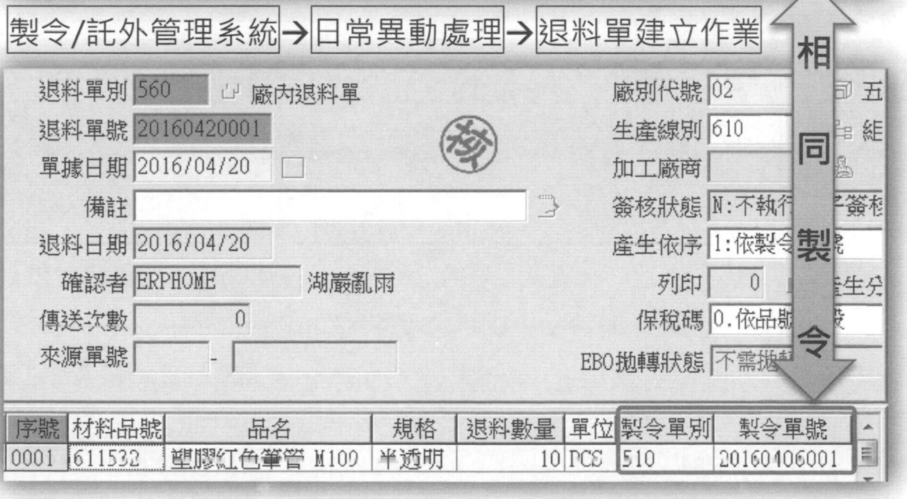

圖 7.7 廠內補料單及廠內退料單

由於補料只是二個品項，退料只有一個品項，因此在出現選擇製令的畫面時不必指定製令，到了單身再指定製令單別單號就可以。

確認圖 **7.7** 的補料單和退料單後,回到製令查看已領料量是否正確。

製令/託外管理系統 → 日常異動處理 → 製造命令建立作業

材料品號	品名	規格	需領用量	已領用量	未領用量	單位	庫別	材料型態
611532	塑膠紅色筆管 M109	半透明	525	515	10	PCS	211	1:直接材料
612532	塑膠紅色筆蓋 M109	透明+LOGO	500	515	-15	PCS	211	1:直接材料
621001	中性筆金屬前蓋 R1	銀色	500	500	0	PCS	211	1:直接材料
633532	紅色中性筆芯 M3	0.38mm	500	515	-15	PCS	211	1:直接材料
676001	橢圓貼紙 R103	湖巖堂 3.0X1	500	500	0	PCS	211	2:間接材料

✎ 圖 7.8 完成補料及退料後之製令 ✍

　　圖 **7.8** 的內容看來似乎是相當接近實際的範例,但前提是圖 **7.7** 的單據要完整建立。但很多企業卻不一定有辦法蒐集到很詳細的資料,要是再加上建立領料單或是退料單時不夠確實;或是明明有補退料的狀況發生,卻被人為刻意省略的話,再厲害的 **ERP** 也算不出正確的成本。因此成本會計人員除了會算成本,也要能了解各成本資料的來龍去脈。要有能力判斷資料的正確性,而非過度依賴及相信前端所提供的資料,才能成為一位稱職的成本會計人員。

外包廠 6001(金鴻)在 2016/04/21 將加工完成的所有成品和材料送回。由於當初協定不論材料良率有多少，以完成最大產品量為準，而加工完成後需要將所有的材料退回(以避免虛報損耗)。而退回的材料如果是正常品就退回原倉庫，不良品則不入庫直接報廢。

此次退回之不良材料共計有 611532(15 個)、612532(10 個)、633532(5 個)，那這次的託外退料單的品號和數量各為多少呢？

製令/託外管理系統 → 日常異動處理 → 退料單建立作業

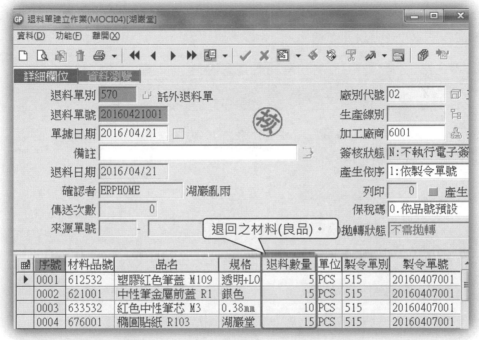

圖 7.9 完成補料及退料後之製令

由於不良材料最多的品項有 15 個，表示當初發出的 330 套材料中有 315 套可以製成產品，同時也代表將有 15 套材料會被退回，因此將 15 套材料扣除不良材料後，就是此次託外退料單的內容(圖 7.9)。

目前已完成各製令的領料及退料，由於只要製令完工之後，就無法再建立領料單或退料單。因此在完工入庫(指最後一次的產品入庫)前，必需完成所有的領料、補料及退料作業。此部份工作流程需要倉管和產線人員確實配合，才能確保材料成本正確。

第三節 產品入庫及指定完工

由於製令 510-20160405001 在 2016/04/18 已退 400 套料，因此生產入庫的產品數量下修到 600，而但由於須緊急生產其他急單，因此延至 2016/04/20 才完成生產，入庫 600 PCS。

製令 510-20160406001 雖有補領材料，但是在生產入庫時才發現有 15 個成品有嚴重不良需要作廢。由於生產線產能滿載無法重新補料及生產，於是與 510-20160405001 在 2016/04/20 同一天進行生產入庫，合併在同一張生產入庫單。

製令/託外管理系統 → 日常異動處理 → 生產入庫單建立作業

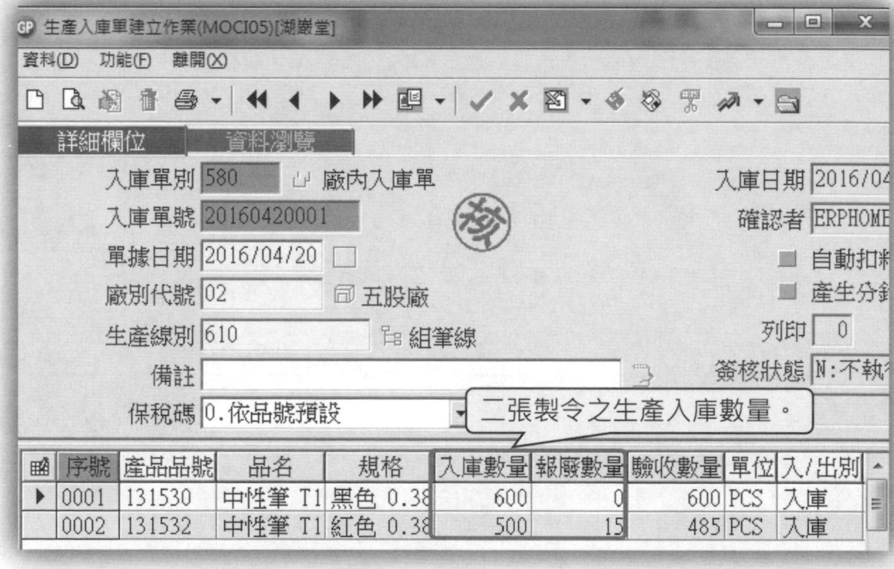

✎ 圖 7.10 同時記錄二張製令產出之廠內入庫單 ✑

在建立生產入庫單時會出現「此產品製令領料不足!」之提示訊息，因為退料單導致製令有「未領用量」所導致，各位直接按下 OK 就可以關閉提示訊息。

請依照圖 7.10 建立生產入庫之內容，不知讀者現在是否能夠手工計算出這二張製令的單位平均成本呢？

製令 510-20160405001 在生產入庫後其實故事還沒結束,因為當初要生產 1,000 PCS,因為後來改為生產 600 PCS 才會退料 400 套,但目前製令狀態碼仍為「生產中」。結算成本時不是完工狀態的製令會出現在製成本,因此要將這張製令「處理」一下,才能結算出正確的成本。

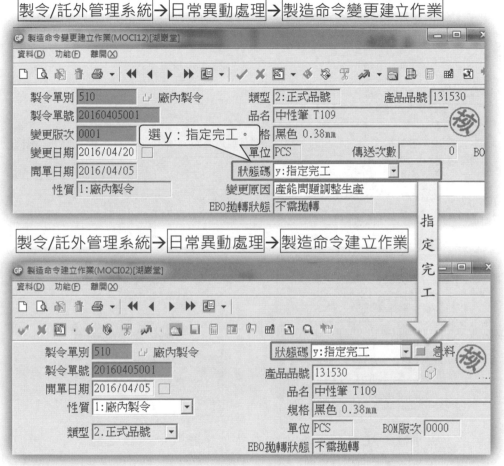

✎ 圖 7.11 建立「製造命令變更單」將製令「指定完工」 ✍

若要確定製令 510-20160405001 以後不會再進行領料或生產,就要將製令「指定完工」,同時也可以確保 2016/04 所投入的所有成本均計入該月生產的所有產品中。

要指定完工就需要建立一筆製造命令變更的記錄,只要將狀態碼欄位選定「y:指定完工」後,確認製造命令變更單即可(圖 7.11)。

製令/託外管理系統 → 日常異動處理 → 託外進貨單建立作業

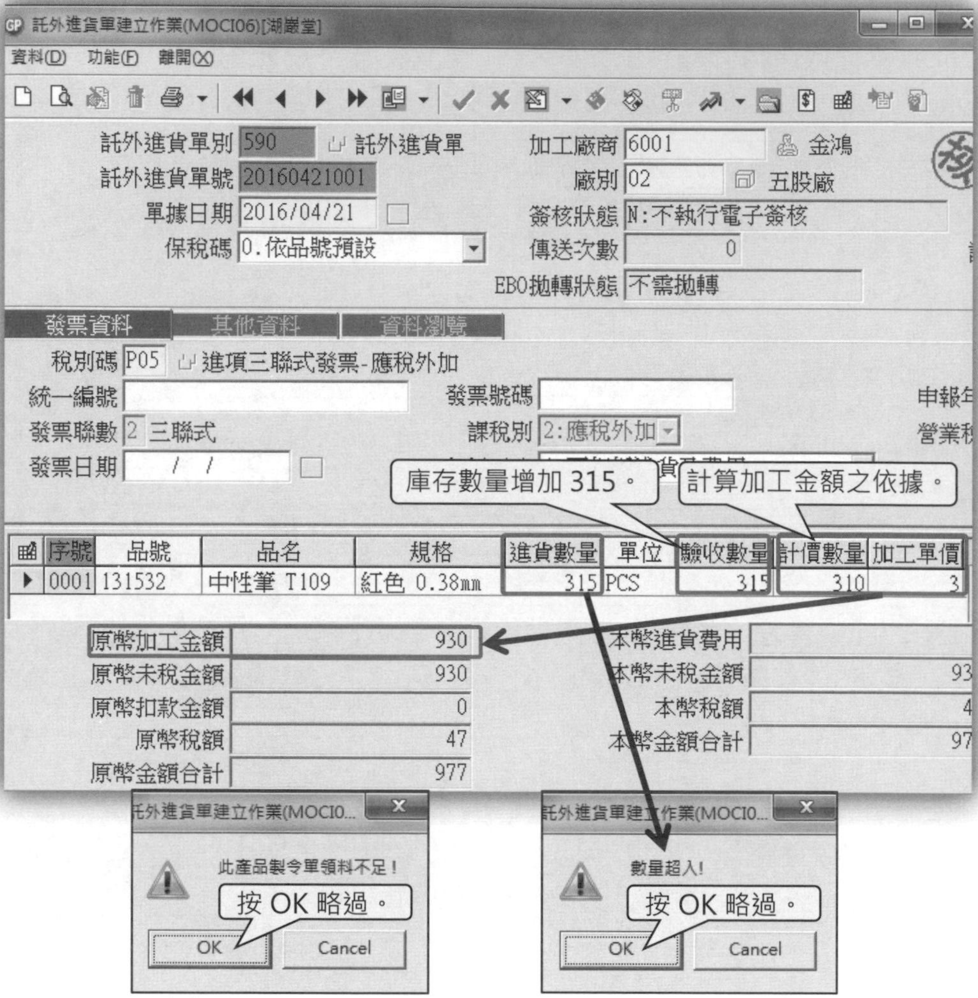

228

✎ 圖 7.12 建立「製造命令變更單」將製令「指定完工」 ✐

按照圖 7.12 建立託外進貨單會發現不如其他單據順利，因為會不時跳出提示訊息，雖說按下 OK 就可略過，還是要了解原因為何：

➤ **此產品製令單領料不足**：由於為發料給外包廠時預留 10%的損耗量，因此系統將 330 套材料視為生產 300 產品所需，因此只要實際領料數量少於 330 就會提示領料不足。

➤ **數量超入**：只要〔進貨數量＞預計產量〕就會提示，避免人為失誤輸入過多入庫數量，不僅庫存數錯誤，成本更無法正確。

在完成託外進貨後才發現 131532 只有 **900 PCS** 的庫存,月底前急需再增加 **100 PCS**,於是直接向廠商進行採購。

採購管理系統 → 日常異動處理 → 進貨單建立作業

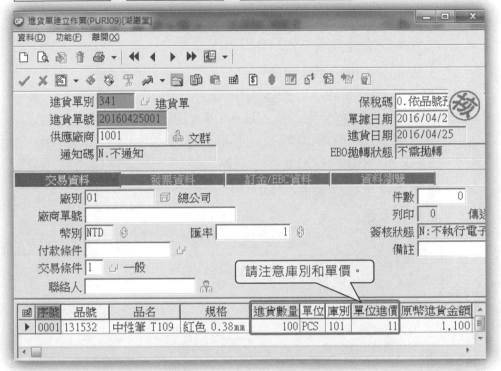

✎ 圖 7.13 建立「製造命令變更單」將製令「指定完工」 ✐

在較傳統的觀念裡,可能會認為某一個產品是自行生產的,就應該不是用採購方式取得,因此在探討製造業成本時,會認為只要把材料/人工/製費算出來,就可以掌握成本以及各細目之比例。但是實務上同一個料件的取得方法可能相當多元。因此如果同一品號同時有生產及採購二種取得方式存在時,就要特別觀察成本發生的變化。

假設採購人員以為採購進來的都是商品,因此進貨時都入 **101** 倉。由於 WF-ERP 並非採分庫成本,因此不論貨品放在哪一個倉庫,最後算出來的成本都是相同的,就庫存金額的角度是並無疑慮。但將貨品入錯倉庫卻會影響另一個和成本有關的程序以及日後的成本分析,讀者可以先想看看。

第四節 成本月結程序

確定所有單據輸入完畢且確認,開始進行 **2016/04** 的月結程序。

➢ 設定帳務凍結日:**2016/04/30**

➢ 現有庫存重計作業:**2016/04**

➢ 月底成本計價:**2016/04**

➢ 製令工時建立作業:若無法手動建立製令工時,可執行「製令工時產生作業產生二筆 **2016/04** 的製令工時後修改內容。
| 510-20160405001 | 使用人時:6 | 使用機時:6 |
| 510-20160406001 | 使用人時:5 | 使用機時:5 |

➢ 線別工時彙總作業:**2016/04**

➢ 線別成本建立作業:生產線別:610　　　年月:**2016/04**

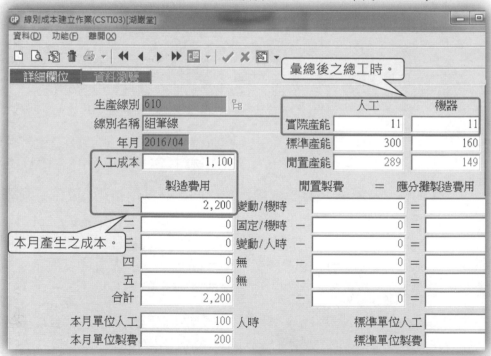

✎ 圖 7.14 線別成本建立作業 ✐

➢ 成本低階碼計算更新作業:**2016/04**

➢ 生產成本計算作業:**2016/04**

第五節 指定完工之成本解析

131530 之成本明細 (2016/04)

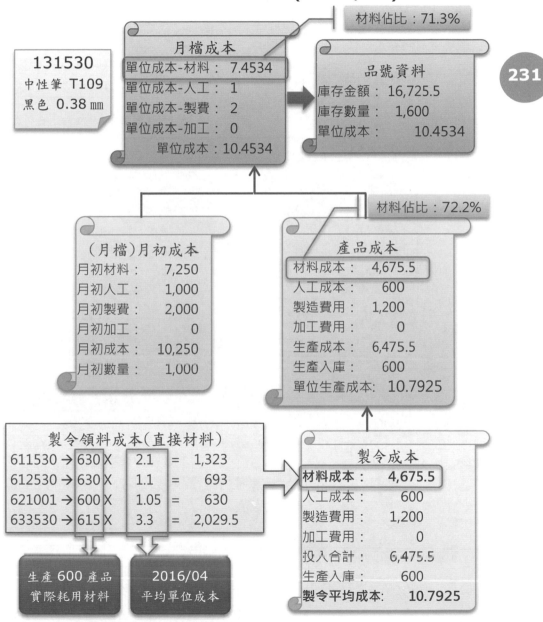

材料佔比：71.3%

月檔成本
單位成本-材料： 7.4534
單位成本-人工： 1
單位成本-製費： 2
單位成本-加工： 0
單位成本： 10.4534

131530
中性筆 T109
黑色 0.38㎜

品號資料
庫存金額： 16,725.5
庫存數量： 1,600
單位成本： 10.4534

材料佔比：72.2%

（月檔）月初成本
月初材料： 7,250
月初人工： 1,000
月初製費： 2,000
月初加工： 0
月初成本： 10,250
月初數量： 1,000

產品成本
材料成本： 4,675.5
人工成本： 600
製造費用： 1,200
加工費用： 0
生產成本： 6,475.5
生產入庫： 600
單位生產成本： 10.7925

製令領料成本(直接材料)
611530 → 630 X 2.1 = 1,323
612530 → 630 X 1.1 = 693
621001 → 600 X 1.05 = 630
633530 → 615 X 3.3 = 2,029.5

生產 600 產品
實際耗用材料

2016/04
平均單位成本

製令成本
材料成本： 4,675.5
人工成本： 600
製造費用： 1,200
加工費用： 0
投入合計： 6,475.5
生產入庫： 600
製令平均成本： 10.7925

✎ 圖 7.15 中性筆 131530 之成本明細圖 📖

131530 之成本明細 (忘記退料版)

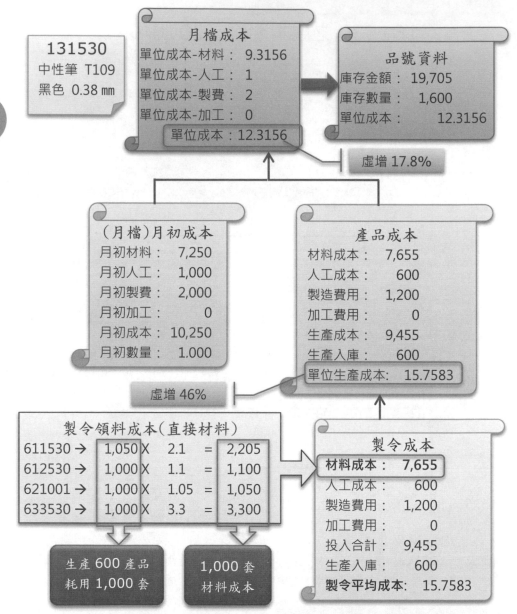

131530
中性筆 T109
黑色 0.38 mm

月檔成本
單位成本-材料: 9.3156
單位成本-人工: 1
單位成本-製費: 2
單位成本-加工: 0
單位成本: 12.3156

品號資料
庫存金額: 19,705
庫存數量: 1,600
單位成本: 12.3156

虛增 17.8%

(月檔)月初成本
月初材料: 7,250
月初人工: 1,000
月初製費: 2,000
月初加工: 0
月初成本: 10,250
月初數量: 1.000

產品成本
材料成本: 7,655
人工成本: 600
製造費用: 1,200
加工費用: 0
生產成本: 9,455
生產入庫: 600
單位生產成本: 15.7583

虛增 46%

製令領料成本(直接材料)
611530 → 1,050 X 2.1 = 2,205
612530 → 1,000 X 1.1 = 1,100
621001 → 1,000 X 1.05 = 1,050
633530 → 1,000 X 3.3 = 3,300

生產 600 產品
耗用 1,000 套

1,000 套
材料成本

製令成本
材料成本: 7,655
人工成本: 600
製造費用: 1,200
加工費用: 0
投入合計: 9,455
生產入庫: 600
製令平均成本: 15.7583

✎ 圖 7.16 中性筆 131530 之成本明細圖(模擬未退料) 📷

指定完工前完成退料的動作,才能計算出正確的成本(圖 7.14),不就變成用 **1,000** 套料生產 **600** 個產品的錯誤成本(圖 7.15)。

本章範例與第六章最大的差異在於材料損耗,大部份的生產都難免會有材料的損耗發生,而發生損耗的原因主要有二大類:

➤ **來料不良**:廠商提供的料件品質不佳,或運送過程產生的不良。

大部份的企業會有 IQC 負責進貨品質的把關,若剛好沒有抽驗到不良品或是原本就是免檢的料件,就可能會發生來料不良的情形。發現材料來料不良時,如果和供應商有協議以不良品換良品的話,即使有材料不良也不會影響成本;若不良品數超過料件現存數時,若供應商補送良品不及,生產線勢必要停工待料或換線生產。

為了減少停工待料的風險,可在採購時會要求供應商提供一定比率的備品,若有來料不良的材料出現,就變成需要超額領料的狀況。超領材料將增加**領料數量**,但由於備品視為無價取得,會降低平均**單位成本**,因此在整體的**材料成本**上應不會出現過大的波動。

➤ **製程不良**:指在生產過程中發生之不良,並非來料不良。

來料不良之責任可歸於供應商,因此可與供應商協商後獲得補償。但**製程不良**為生產單位在製造過程中所造成的不良,而**製程不良**所造成的材料成本增加應由企業自行承擔,因此**製程不良**的比率就和額外增加的材料成本成正比了。

圖 7.15 中會發現各材料實際耗用材料數量可能與標準用量有差異,若希望這些差異能夠真實反映到材料成本中,就需要生產單位確實記錄每次生產耗用的材料明細,才能在製令的「已領用量」欄位中呈現真實的領料資訊,ERP 系統才能算出實際的材料成本。

「指定完工」對成本的影響大多在於材料成本,但其影響與生產過程中因來料不良或製程不良所增加的材料成本不同,差異在於指定完工和退料作業處理不當所增加的材料成本是「假的」。因為如果在指定完工前沒有將用不到的材料退回倉庫,想說這些材料可以用來補充其他的的製令所發生的損耗,就不必去補料。但卻沒有考慮被指定完工的製令會發生材料成本虛增,其他製令反而變成材料成本虛減,因此在訂定生產相關 SOP 時,務必正確規劃指定完工之流程。

第六節 混合生產之成本解析

131532 之成本明細(2016/04)

材料佔比：74.22%

月檔成本
單位成本-材料： 7.8578
單位成本-人工： 0.6
單位成本-製費： 1.2
單位成本-加工： 0.93
單位成本： 10.5878

品號資料
庫存金額： 10,587.75
庫存數量： 1,000
單位成本： 10.5878

131532
中性筆 T109
紅色 0.38 ㎜

（月檔）月初成本
月初材料： 700
月初人工： 100
月初製費： 200
月初加工： 0
月初成本： 1,000
月初數量： 100
月初平均成本： 10

產品成本
材料成本： 6,057.75
人工成本： 500
製造費用： 1,000
加工費用： 930
生產成本： 8,487.75
生產入庫： 485
託外進貨： 315
單位生產成本： 10.6097

進貨成本
金額： 1,100
數量： 100
單價： 11

材料佔比：71.37%

材料佔比：70.00%

材料佔比：71.25%

材料佔比：71.55%

製令成本(自製)
材料成本： 3,718
人工成本： 500
製造費用： 1,500
加工費用： 0
投入合計： 5218
生產入庫： 485
報廢數量： 15
製令平均成本： 10.7588

製令成本(託外)
材料成本： 2339.75
人工成本： 0
製造費用： 0
加工費用： 930
投入合計： 3,269.75
生產入庫： 315
報廢數量： 0
製令平均成本： 10.3802

✎ 圖 7.17 中性筆 131532 之成本明細圖 ✍

234

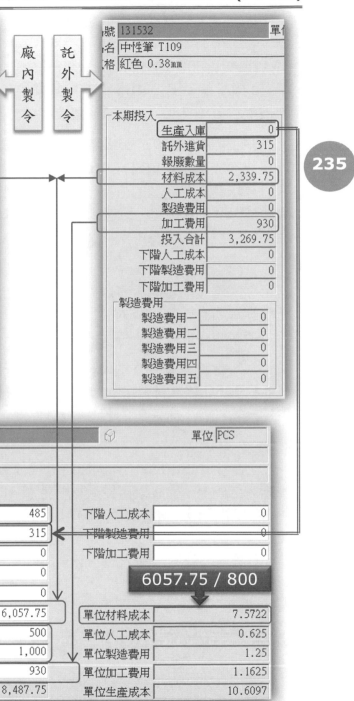

✎ 圖 7.18 製令成本合計為產品成本(131532) ✍

產品成本是製令成本的總和相信各位都已暸解，但在廠內製令部份除了有「生產入庫」的 485 個之外，還有「報廢數量」15 個，這表示這次生產出 500 個產品，只有 485 個通過檢驗可以入庫。但問題在這報廢的 15 個和另外 485 個花費同樣的材料／人工／製費，而在生產入庫前被檢驗為不良品，那這 15 個要不要分攤成本呢？

在 ERP 系統中，報廢品視為不具有產品價值，因此實際增加庫存以及分攤成本的數量只有 485 個，報廢的 15 個當然不是備註的功能，還可以作為製令完工的依據。也就是雖然實際入庫只有 485 個，但是由於 485 個+15 個已經達到預計產量 500 個，因此系統就自動將該製令完工，意即該製令不應再領料或入庫。

實務上如果有 15 個不良品在入庫前被檢出，除可將其報廢之外，若可立即修復就退回生產線修復，若為此情況就不該記錄報廢 15 個，而是應等所有產品完成的最後結果再行記錄入庫數量，以避免後續無法入庫造成庫存數量不正確及成本的錯誤。

系統會將報廢數量納入製令結案的依據，主要是因為生產用的材料可能只有 500 套。材料用盡後若只有 485 個良品可以入庫卻沒有完工，生管將增加一張未完工的製令待處理；成本會計也多了一筆在製成本。因此〔報廢數量+生產入庫≧預計產量〕即視為自動完工。

預計生產 500 個卻在入庫時發現 15 個報廢品，但必須有 500 個才能完工的話，就必須再投入材料生產。此時如果已經建立生產入庫單(生產入庫 485+報廢數量 15)的話，等到另外 15 個要入庫時就會因為製令完工而無法入庫。如果用一般入庫單硬將 15 個良品入庫的話，那這 15 個良品就無法納入製令計算成本，會導致製令成本不正確，進而影響該產品的單位成本，以及所有使用該產品生產的其他產品之成本。因此建議若必須滿足預計產量且有分批入庫的情況時，為避免製令提前完工的情形，所有的報廢數量可在最後一次入庫時再行記錄，只要領料資訊正確，不論是否跨月都不會影響成本之正確性。

圖 7.17 已將 131532 的成本重點詳列，但仍應清楚這些數字的來龍去脈。圖 7.18 以「製令成本」和「產品成本」的系統畫面作說明，特別要注意的就是產品成本中的生產入庫量不含報廢數量。

進行成本分析時，除了正確的成本數字之外，各成本細目佔總成本的比例也是一個重要的資訊，因為不同產業或不同產品均應有其合理的料工費比例。因此要判斷成本是否正常，除了成本數字過高或過低之外，如果〔材料/人工/製費/加工費〕中有任何一項成本細目之佔比偏離正常比例太嚴重時，這個品號就應該被列入成本查核的名單中。例如**材料成本**的佔比突然上升，最大的可能當然就是材料漲價或是不良率過高，或是指定完工忘了退料等情形所造成。當然也有可能是工時記錄錯誤，導致人工製費下降而導致材料成本比例過高，因此在圖 **7.17** 中特別加註各階段的材料成本佔比。

各位在圖 **7.17** 中會發現，**製令成本**到**產品成本**的材料佔比都介於 **70% ~ 71.55%**，但到了月檔成本時上升到 **74.22%**。造成此差異的主因在於「進貨單」。因為不論是廠內自製或是託外加工的材料佔比都不超過 **72%**，期初開帳時也是將〔材料/人工/製費〕分開建立，因此材料佔比應該不會超過 **72%**。

由於進貨單所增加的成本都是「材料成本」，因此如果進貨數量增加的時侯，材料成本的佔比自然會隨之上升。如果在進貨當月沒有將其領用完畢或銷貨完畢，這張進貨單對成本比例的影響將會一直延續到庫存數量為 **0** 的月份為止。

如果一開始的開帳不是用**成本開帳單**而是**一般入庫單**的話，成本比例會有什麼變化呢？如果不是用採購進貨來補足這 **100 PCS** 的差額而是用自製或託外的方式補足 **100 PCS** 的話，成本又會有什麼變化呢？當然不是請各位重新打單，各位試著自行試算一下吧。

期初開帳	廠內自製	託外加工	採購進貨	成本金額	材料佔比
100	485	315	100	10.5878	74.22%
100 一般入庫	485	315	100	?	?
100	585	315	0	?	?
100	485	415	0	?	?

✎ 表 7.2 製令成本合計為產品成本(131532) ✁

第七節 成本分析之報表應用

如果對於影響成本的各項變數有十足把握,想完成表 **7.2** 可以直接將不同情境下的成本差異直接增減就有答案,並不必從頭算起。

要知道成本的各項細節真的需要像圖 **7.18** 打開每個產品成本或製令成本來抄數字嗎?查三五個品號或許還可以,如果用這種方式查核成千上百個品號的成本是否有異常也太不切實際了,若能善用報表就能夠快速有效率的查核出異常的成本。

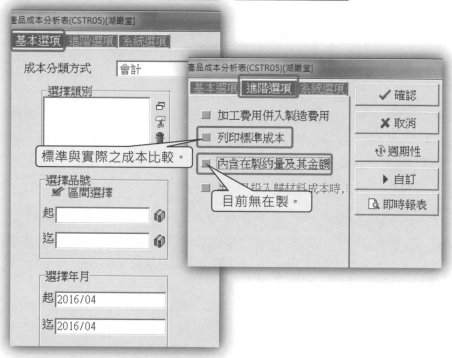

> 成本計算管理系統 → 報表列印 → 產品成本分析表

✎ 圖 7.19 產品成本分析表(2016/04) ✎

本書範例皆無在製成本,為避免報表多餘欄位增加資料閱讀的困擾,可將「內含在製約量及其金額」選項取消。勾選「列印標準成本」後,報表就會出現標準成本供使用者比較,轉 EXCEL 之後可用不同的呈現方式進行實際成本與標準成本之比較。

湖巖堂股份有限公司
產品成本分析表

製表日期: 2016/04/30　　　期間: 2016/04 至 2016/04

產品品號 品名 規格	生產入庫 託外進貨	材料成本 單位材料成本 材料成本(%)	人工成本 單位人工成本 人工成本(%)	製造費用 單位製造費用 製造費用(%)	加工費用 單位加工費用 加工費用(%)	生產成本 單位生產成本
131530 中性筆 T109 黑色 0.38 mm	600 0	4675.5 7.7925 72.2	600 1 9.27	1,200 2 18.53	成本細目。	6,475.5 10.7925
131532 中性筆 T109 紅色 0.38 mm	485 315	6,057.75 7.5722 71.37	500 0.625 5.89	1,000 1.25 11.78	930 1.1625 10.96	8,487.75 10.6097
小計:	1,085 315	10,733.25	1,100	2,200 材料佔比。	930	14,963.25

表 7.3 產品成本分析表(2016 年 4 月份)

產品成本分析表主要依「產品成本」角度，分析〔材料/人工/製費/加工費〕所佔之比例，因此每筆產品成本資料，都會有一組成本細目的成本佔比。每月生產成本計算後，可用此表清查各品號**生產成本**之成本比例是否異常。

產品成本分析表產生之後肯定長得不像表 7.3，因為這是筆者將報表資料轉 Excel 後重新排版，主要是為了讓讀者能一眼就將不同的資料分組，能清楚快速的了解各欄位的關係及找到重要的資訊。

相同的資訊，在不同人眼中具有不同的價值，也就代表不同的使用者所需要的資訊也有所不同，要讓成本分析的資料發揮作用，需要要能夠善用 Excel 的分析功能。如果只是使用系統預設的格式，就會在一堆數字裡尋它千百度，成本躲在燈火闌珊處；除了應用 Excel 之外，ACL(電腦稽核)或 BI(商業智慧)也是相當好用的工具。

表 7.3 顯示內容為產品成本檔的資料，意即在「產品成本建立作業」中查詢將得到相同的結果(但沒有成本佔比)。以 131532 為例，同時有人工製費和加工費，明顯不是單一製令的結果。如果想知道產品成本更詳細的內容，就要使用「產品成本明細表」。

239

成本計算管理系統 → 報表列印 → 產品成本明細表

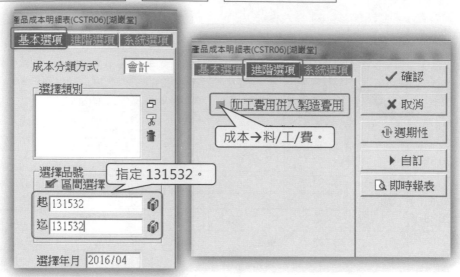

✎ 圖 7.20 產品成本明細表(131532) ✍

湖巖堂股份有限公司

產品成本明細表

製表日期: 2016/04/30　　　　　　年月:2016/04　　　　　　　第 1 頁

產品品號	生產入庫	材料	材料成本	人工成本	製造費用	加工費用	生產成本
品　　名	託外進貨	人工	單位材料成本	單位人工成本	單位製造費用	單位加工費用	單位生產成本
規　　格		加工	材料成本(%)	人工成本(%)	製造費用(%)	加工費用(%)	
131532	485	0	6,057.75	500	1,000	930	8,487.75
中性筆 T109	315	0	7.5722	0.625	1.25	1.1625	10.6097
紅色 0.38 ㎜		0	71.37	5.89	11.78	10.96	
製令單號	生產入庫	在製	本月材料成本	本月人工成本	本月製造費用	本月加工費用	本月生產成本
	託外進貨	在製	月初材料成本	月初人工成本	月初製造費用	月初加工費用	月初生產成本
無在製成本。		在製	單位材料成本	單位人工成本	單位製造費用	單位加工費用	單位生產成本
510- 20160406001	485	0	3,710	500	1,000		5,218
	0	0	0	0	0	0	0
		0	7.666	1.0309	2.0619	0	10.7588
515- 20160407001	0	0	2,339.75	0	0	930	3269.75
	315	0	0	0	0	0	0
二張製令。		0	7.4278	0	0	2.9524	10.3802
小計			6,057.75	500	1,000	930	8,487.75

✎ 表 7.4 產品成本明細表(2016 年 4 月份) ✍

較傳統的成本分析習慣把成本分為〔材料/人工/製費〕三個部份，鼎新 Workflow ERP 則是把成本分為〔材料/人工/製費/加工〕四塊。使用者想看較傳統的成本分析時，在「產品成本分析表」和「產品成本明細表」進階選項中有「加工費用併入製造費用」的選項(圖 7.20)，勾選之後得到的報表，就會將製造費用與加工費用合併為製造費用。

如果要在成千上萬筆的產品成本資料中，快速找出異常成本資料，可以先用「產品成本分析表」進行篩選，例如材料成本比例超過 77%，或加工成本低於 20%，便可將其列入查核清單(成本比例依產品特性有所不同)。接下來可利用「產品成本明細表」，查看組成該產品成本之各製令成本內容，核對是否有較為異常的資料。若發現某張製令的數字值得深究，就可以再利用「製令成本分析表」或是「製令成本明細表」查詢更詳細的資訊。

「產品成本明細表」欄位相當多，如果只想知道某個產品成本是由哪些製令成本資訊彙總而成，也可以在「製令成本建立作業」中查詢特定的品號和年月。在表 7.4 中為了能顯示所有的資訊，因此在重新排版時將暫時無用武之地的在製相關欄位瘦身，也為了讀者不必為了看清楚到底是小數點還是千分位要瞪大眼睛，因此讓所有的數字小數點對齊，請千萬不要以為系統跑出來的報表就是長這個樣子。

各位可以將表 7.4 的內容和圖 7.17 及圖 7.18 對照，只要完成了正確的月結程序，不論是用什麼作業或報表來查核成本，都會得到相同的結果。

131532 紅色中性筆的成本介紹到此告一段落，若從圖 7.17 來看，應該是對每一個成本數字都有清楚的交代。如果想再確認自製的材料成本是否為 3,718 元，託外的材料成本是不是 2,339.75 元，便可利用「製令成本明細表」或「製令資訊查詢作業」查詢每個材料的領料明細及成本。既然如此那就該往下完成 2016/04 的成本月結程序，但事情似乎沒有這麼簡單…

第八節 分庫成本調整之分析

執行「生產成本計算作業」之後，利用成本分析報表查看生產成本沒有明顯異常之後，就可以繼續月結的程序：

➤ 成本異常檢視表（成本計算後）：**2016/04**

同圖 **6.27** 之成本異常檢視表，這次要多勾選「製令成本」。
如果沒有意外，應該 **8** 頁都是「報表沒有資料」，表示截至目前為止沒有出現其他成本的異常。

➤ 自動調整庫存成本作業

| 庫存管理系統 | → | 批次作業 | → | 自動調整庫存成本作業 |

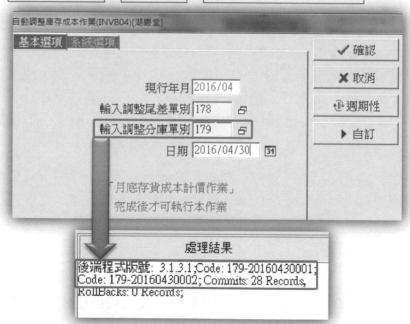

📎 圖 7.21 自動調整庫存成本(2016/04) 📷

執行完「自動調整庫存成本作業」之後，赫然出現二張分庫調整單 **179-20160430001** 和 **179-20160430002**，難道有什麼單打錯了嗎？趕快叫出這二張單來一探究竟吧。

庫存管理系統→日常異動處理→成本開帳/調整單建立作業

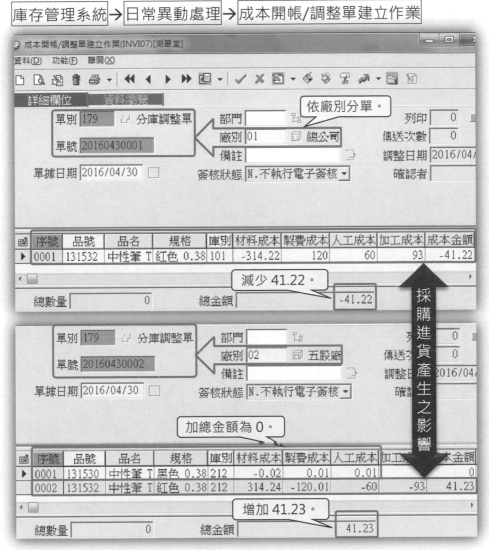

📝 圖 7.22 二張分庫調整單 ✐

　　圖 7.22 中發現只有三筆資料卻分成二個單號，原因是需要調整兩個廠別裡的倉庫，因此會分成二張單號。本月 2016/04 生產的兩個品號都出現分庫調整，而且 131532 同時出現在兩張調整單，成本金額還剛好是正負號相反，但數字卻不完全相符，這些金額是怎麼算出來的？131530 明明就只有一個倉庫有庫存，怎麼還有分庫成本差？材料調整【0.02】；人工加製費調整【-0.02】，這二者有直接關係嗎？

庫存管理系統 → 維護作業 → 品號每月統計維護

品號 131530 ⏎
庫存年月 2016/04 　　　單位 PCS
月初總數量 　　　1,000 　　　品名 中性筆 T109
月初總成本 　　　10,250 　　　規格 黑色 0.38mm
　　　　　　　　　　　　　　備註

月檔單位成本。

244

工費資料 　　　資料瀏覽

月初成本-材料	7,250
月初成本-人工	1,000
月初成本-製費	2,000
月初成本-加工	0

單位成本	10.4534
單位成本-材料	7.4534
單位成本-人工	1
單位成本-製費	2
單位成本-加工	0

庫別	稱	庫性	月初成本	月初數量	本月入庫數量	本月入庫金額	成本-材料	期末成本
半成品倉		1:存貨倉	10,250	1,000	600	6,475.5	4,675.5	16,725.5

庫存成本
庫存成本-材料：11,925.5
庫存成本-人工：1,600
庫存成本-製費：3,200
庫存成本-加工：0
庫存數量：1600

月檔成本
單位成本-材料：7.4534
單位成本-人工：1
單位成本-製費：2
單位成本-加工：0
單位成本：10.4534

(月檔)月初成本
月初材料：7,250
月初人工：1,000
月初製費：2,000
月初加工：0
月初成本：10,250
月初數量：1,000

產品成本
材料成本：4,675.5
人工成本：600
製造費用：1,200
加工費用：0
生產成本：6,475.5
生產入庫：600
單位生產成本：10.7925

✎ 圖 7.23 期初加本期異動之庫存成本 ✍

圖 7.23 中「庫存成本」區是由「月初成本」區 加上「產品成本」區的金額所得，而庫存成本區中的〔材料成本/人工成本/製費成本〕再分別除以庫存數量，就會得到記錄在「月檔成本」區的平均成本。

這樣看起來應該是不會有成本需要調整，但是如果用分庫成本的公式來驗算就不一定了，例如材料比例成本應該是：

$$庫存成本(材料) = \frac{[單位成本-材料](月檔)}{單位成本(月檔)} \times 期末成本(月檔)$$

因此材料成本的分庫成本調整計算公式為：

$$分庫調整金額 = \frac{[單位成本-材料](月檔)}{單位成本(月檔)} \times 期末成本(月檔)$$
$$-([月初成本-材料] + [本月成本-材料])$$

套用分庫調整金額的公式來計算 131530 的分庫調整金額就是：

	庫存比例成本	現時成本	調整金額
材料	$\frac{7.4534}{10.4534} \times 16{,}725.5 = 11{,}925.48$	11,925.5	-0.02
人工	$\frac{1}{10.4534} \times 16{,}725.5 = 1{,}600.01$	1,600	+.001
製費	$\frac{2}{10.4534} \times 16{,}725.5 = 3{,}200.01$	3,200	+0.01

✎ 表 7.5 分庫成本調整金額之計算 ✍

表 7.5 對照圖 7.22 中 179-20160430002 的分庫調整單，會發現 131530 分庫調整金額剛好是〔材料成本＝人工成本＋製費成本〕，但這只是套用公式後出來的巧合，因為不一定分庫調整的淨值都是 0，例如圖 7.22 中的 131532 在 101 倉的調整金額是-41.22，而 212 倉的調整金額則是 41.23，這一切又是四捨五入的傑作。

131530 分庫成本調整公式似乎並不複雜，這是因為只有一個倉庫的簡化公式，真正製造業的分庫成本計算要用 131532 來舉例：

品號	131532			單位	PCS	
庫存年月	2016/04			品名	中性筆 T109	
月初總數量 (A1)		100		規格	紅色 0.38mm	
月初總成本 (A2)		1,000		備註		

工費資料　　　資料瀏覽

月初成本-材料 (A3)	700		單位成本 (B1)	10.5878
月初成本-人工 (A4)	100		單位成本-材料 (B2)	7.8578
月初成本-製費 (A5)	200		單位成本-人工 (B3)	0.6
月初成本-加工 (A6)	0		單位成本-製費 (B4)	1.2
			單位成本-加工 (B5)	0.93

庫別	庫別名稱	月初成本	月初數量	庫性	本月入庫數量	本月入庫金額
101	商品倉	(C1) 0	(C2) 0	1:存貨倉	(C3) 100	(C4) 1,100
212	半成品倉	(D1) 1,000	(D2) 100	1:存貨倉	(D3) 800	(D4) 計算當月成本。

庫別	本月成本-材料	本月成本-人工	本月成本-製費	本月成本-加工	期末成本	
101	(C5) 1,100	(C6) 0	(C7) 0	(C8) 0	1,100	(C9)
212	(D5) 6,057.75	(D6) 500	(D7) 1,000	(D8) 930	9,487.75	(D9)

圖 7.24 月檔各欄位之代號(二個庫別)

以 101 商品倉的材料成本為例，分庫調整成本的計算方法為：

$$材料現時成本 = A3 \times \frac{C2}{A1} + C5 = 0 \times \frac{700}{1,000} + 1,100 = 1,100$$

$$材料比例成本 = (C9 + D9) \times \frac{B2}{B1} \times \frac{C2 + C3}{A1 + C3 + D3}$$

$$= (1,100 + 9,487.75) \times \frac{7.8578}{10.5878} \times \frac{100}{100 + 100 + 800} = 785.78$$

$$分庫調整成本 = 材料比例成本 - 材料現時成本$$
$$= 785.78 - 1,100 = -314.22$$

圖 7.25 分庫調整成本計算說明

看了圖 **7.24** 的月檔內容和圖 **7.25** 的計算式，可能還不太清楚是怎麼一回事，其實分庫成本調整主要目的是確保各項成本比率一致：

➢ **月檔成本比**：如果有成本異常要調整，前提是要有個標準作為比較的依據。正如各成本分析表的重點都是在於各成本細目的佔比，而經過生產成本計算作業計算出來的單位成本，就是最重要的成本比例，也就是圖 **7.24** 的 B1~B5：

材料成本比：$\dfrac{B2}{B1} = \dfrac{7.8578}{10.5878} = 74.2156\ldots\%$

人工成本比：$\dfrac{B3}{B1} = \dfrac{0.6}{10.5878} = 5.666896\ldots\%$

製費成本比：$\dfrac{B4}{B1} = \dfrac{1.2}{10.5878} = 11.33379\ldots\%$

加工成本比：$\dfrac{B5}{B1} = \dfrac{0.93}{10.5878} = 8.783694\ldots\%$

表 **7.5** 內容為以月檔之單位成本比例 X 總成本作為比較的依據，與目前當下系統所記錄之成本進行比較，以決定是否需要調整，目的就是要讓系統記錄的各項成本符合月檔成本比。因此在圖 **7.25** 中計算材料比例成本時，出現了**材料成本比(B2/B1)**。

➢ **分庫數量比**：這是在不止一個存貨倉有庫存時需要考量的部份，第四章的分庫調整依照各庫數量佔總數量的比率計算正確成本。由於 **211333** 只有材料成本，因此就不會有月檔成本比的問題，只會有分庫數量比的問題。

圖 7.24 中有二個存貨倉，就要考慮分庫數量比的問題

$101\ 倉 = \dfrac{101\ 倉\ 庫存量}{總庫存量} = \dfrac{C2 + C3}{A1 + C3 + D3} = \dfrac{100}{1,000} = 10\%$

$212\ 倉 = \dfrac{212\ 倉\ 庫存量}{總庫存量} = \dfrac{D2 + D3}{A1 + C3 + D3} = \dfrac{900}{1,000} = 90\%$

247

> ➢ 月初成本比：月檔單身只有記錄月初該庫別的月初成本，並沒有分別記錄〔材料/人工/製費/加工〕各是多少成本。如果要計算各倉當下的材料成本，首先就要算出月初成本的比率：

月初材料比：$\dfrac{A3}{A2} = \dfrac{700}{1,000} = 70\%$

月初人工比：$\dfrac{A4}{A2} = \dfrac{100}{1,000} = 10\%$

月初製費比：$\dfrac{A5}{A2} = \dfrac{200}{1,000} = 20\%$

月初加工比：$\dfrac{A6}{A2} = \dfrac{0}{1,000} = 0\%$

分庫調整的目的就是希望以品號成本的角度，維持各庫的成本比率都能夠符合「分庫數量比」；以各庫成本的角度，希望各種成本〔材料/人工/製費/加工〕的比率都能符合「月檔成本比」。

而「月初成本比」的功用是在於計算出各類成本的現時成本：

材料現時成本＝〔月初成本-材料〕＋〔本月成本-材料〕

131532 紅色中性筆 101 倉材料現時成本

$$= 101\,倉月初成本 \times \dfrac{101\,倉月初數量}{月初總數量} + 101\,倉[本月成本 - 材料]$$

$$= A3 \times \dfrac{C2}{A1} + C5 = 0 \times \dfrac{700}{1,000} + 1,100 = 1,100$$

✎ **圖 7.26 分庫調整成本計算說明** ✎

在介紹月初成本比時，不是已經將材料的比率 **70%** 算出來了嗎？為何在算式中還是要把〔月初成本-材料〕及〔月初總成本〕列入呢？因為 **70%** 只是這個例子的數字，像月檔成本比就會需要四捨五入，如果沒有以原始資料進行運算，原本是為了要解決因為四捨五入所造成的成本差異的作業，就可能被四捨五入影響準確度。介紹完材料現時成本，接下來介紹材料的**比例成本**如何計算。

材料比例成本並不複雜,只是公式套上欄位後顯得較為複雜,只要了解月檔成本比和分庫成本比的意義,要看懂算式就不會很困難。

材料比例成本=期末總成本 × 月檔成本比 × 分庫數量

131532 紅色中性筆 101 倉材料比例成本

$$期末成本總和 \times \frac{[單位成本 - 材料]}{單位成本} \times \frac{101 倉[月初數量 + 本月異動量]}{月初總數量 + 各庫本月異動量}$$

$$= (C9 + D9) \times \frac{B2}{B1} \times \frac{C2 + C3}{A1 + C3 + D3}$$

$$= (1{,}100 + 9{,}487.75) \times \frac{7.8578}{10.5878} \times \frac{0 + 100}{100 + 100 + 800} = 785.78$$

✎ 圖 7.27 計算材料比例成本 ✐

品號			庫存年月	
月初總數量		A1	品號每月統計維護	
月初總成本		A2		
			單位成本	B1
月初成本 - 材料		A3	單位成本 - 材料	B2
月初成本 - 人工		A4	單位成本 - 人工	B3
月初成本 - 製費		A5	單位成本 - 製費	B4
月初成本 - 加工		A6	單位成本 - 加工	B5
庫別	月初成本	月初數量	本月入庫數量	本月入庫金額
C 倉	C1	C2	C3	C4
D 倉	D1	D2	D3	D4
E 倉	E1	E2	E3	E4
庫別	本月成本 材料	本月成本 人工	本月成本 製費	本月成本 加工	期末成本
C 倉	C5	C6	C7	C8	C9
D 倉	D5	D6	D7	D8	D9
K 倉	E5	E6	E7	E8	E9

✎ 表 7.6 月檔欄位代號(三個庫別) ✐

131532 紅色中性筆的 101 商品倉沒有期初，因此「月初成本」和「月初數量」皆為 0，因此現時成本的計算時較為簡單。為了避免各位日後核對分庫成本時有所遺漏，現以表 7.6 為例，列出 C 倉計算分庫調整成本之算式，其他倉庫則可依此類推。

材料成本之分庫調整

$$\left((C9 + D9 + E9) \times \frac{B2}{B1} \times \frac{C2 + C3}{A1 + C3 + D3 + E3} \right) - \left(A3 \times \frac{C2}{A1} + C5 \right)$$

人工成本之分庫調整

$$\left((C9 + D9 + E9) \times \frac{B3}{B1} \times \frac{C2 + C3}{A1 + C3 + D3 + E3} \right) - \left(A4 \times \frac{C2}{A1} + C6 \right)$$

製費成本之分庫調整

$$\left((C9 + D9 + E9) \times \frac{B4}{B1} \times \frac{C2 + C3}{A1 + C3 + D3 + E3} \right) - \left(A5 \times \frac{C2}{A1} + C7 \right)$$

加工成本之分庫調整

$$\left((C9 + D9 + E9) \times \frac{B5}{B1} \times \frac{C2 + C3}{A1 + C3 + D3 + E3} \right) - \left(A6 \times \frac{C2}{A1} + C8 \right)$$

✎ 圖 7.28 計算分庫調整金額(材料/人工/製費/加工) ✎

在一般的正常狀況下，**分庫調整金額**主要是因為月檔單位成本因為四捨五入產生誤差而產生的。但是在圖 7.22 中的分庫調整單卻出現 314.24 如此高的金額，原因在於 Workflow ERP 系統並非採分庫成本的成本計算方式，也就是不論有多少個存貨倉，同一個品號在不同倉庫的成本及其成本比例應該完全相同。

但是在庫存異動的同時，成本異動並不會自動跨庫將成本平均。以 131532 為例，採購進貨入了 101 倉之後，1,100 元的成本不僅只會進入 101 倉，而且全部都是材料成本，和 212 倉中的成本有〔材料/人工/製費/加工〕的成本結構完全不同。

為了讓不同倉庫中的成本有相同的成本比例，因此「自動調整庫存成本作業」會將 101 倉中的一部份材料成本移入 212 倉，而 212 倉就會移出一部份的〔人工/製費/加工〕的成本至到 101 倉中，因此才會出現較大的分庫調整數字。

由於各項成本的調整都是單獨計算，因此算出 101 倉總共減少成本 41.22 元，212 倉增加 41.23 元，因此 131532 在調整之後整體成本會增加 0.01 元。而圖 7.25 已經列出 101 倉材料成本調整金額 -314.22 的計算過程，131532 另外七個分庫調整的數字各位可以參照圖 7.28 的公式自行驗算。

請記得在月底存貨結轉之前要先將這二張分庫調整單確認，才能確保下個月成本的各種比例都正確，因此接下的的月結程序是…

➢　調整帳務凍日：2016/04/29

➢　確認成本調整單據：成本開帳單/調整單建立
　　179-20160430001 / 199-20160430002

➢　月底存貨結轉：2016/04

在結束本章前，可以查核 131532 的月檔，確認各庫之成本比例與月檔成本比相符。

庫存管理系統→維護作業→品號每月統計維護作業

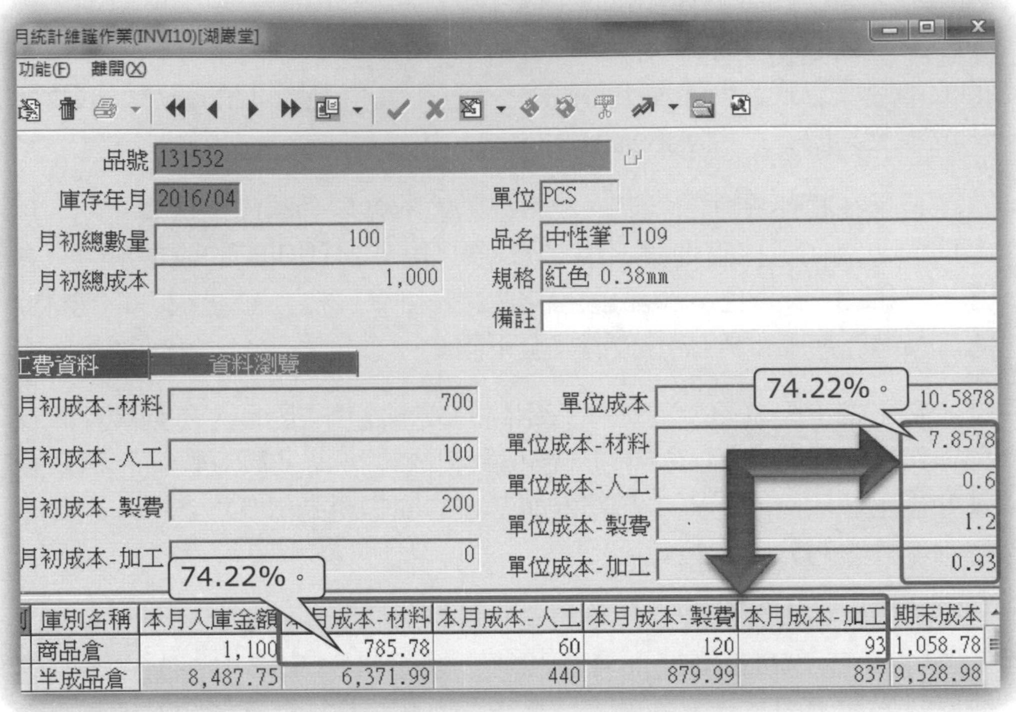

月統計維護作業(INVI10)[湖巖堂]								
功能(F) 離開(X)								

品號 131532

庫存年月 2016/04　　　　單位 PCS

月初總數量 100　　　　品名 中性筆 T109

月初總成本 1,000　　　規格 紅色 0.38mm

備註

工費資料　　　資料瀏覽

月初成本-材料	700		單位成本	**74.22%。**	10.5878
月初成本-人工	100		單位成本-材料		7.8578
月初成本-製費	200		單位成本-人工		0.6
			單位成本-製費		1.2
月初成本-加工	0		單位成本-加工		0.93

74.22%。

庫別名稱	本月入庫金額	本月成本-材料	本月成本-人工	本月成本-製費	本月成本-加工	期末成本
商品倉	1,100	785.78	60	120	93	1,058.78
半成品倉	8,487.75	6,371.99	440	879.99	837	9,528.98

✎ 圖 7.29 成本調整後的月檔成本 ✍

第八章 製造業成本實戰及分析(初階篇)

在簡單的生產狀況下可能某些欄位永遠派不上用場(例如製令成本的下階成本),因此各位讀者需要掌握的重點是什麼單據會影響成本、會產生什麼影響,不一定要將每支成本相關作業的每個欄位都去深究。如果產業型態僅為購買材料生產,而且加工製造一次之後就可以銷售,所有製令都在同一個月份領料和入庫完畢,學習前七章應已足夠應用,但大部份的製造業並非如此單純。

253

為了讓大家的成本計算功力再上一層樓,筆者特別設計了第八章來介紹較為進階的內容,前提是各位一定要對前七章有完整的瞭解。因為除了前七章課文中某些提問會在此章作解答,更重要的是如果沒有先詳讀前七章而進入第八章,會有不少地方會出現似懂非懂的狀況。因此請各位看第八章前先回想前七章是否有不明之處,如果各位都準備好了,那就一起來進入第八章的初階成本實戰情境。

完成 2016/04 的生產入庫之後,現在庫存裡最多的成品就是紅、藍、黑這三色的中性筆,但總不能生產出來就放著不管吧。然而這樣的商品在市場上隨處可見,若不想用低價競爭就必需要有點小創意。五月份已近畢業季,若能推出一個文具組合,除了可以當作畢業贈品,也可以作為新生開學前準備文具的選擇,因此湖巖堂就決定要推出一個文具組合的產品。但如果只有三支筆好像太單調了,於是搭配一月份買進的便利貼,推出一款中性筆搭便利貼的文具組合。

考慮到中性筆和便利貼的形狀大不同,加上要顯出其價值,因此決定包裝方式採取塑膠內盒+紙質外盒,然後再用熱縮膜封裝。但這時碰到的問題是沒有一台熱縮機,在不確定文具組合是否被市場接受,就貿然採購數萬元的熱縮機似乎過於冒險,於是就決定和熱縮機廠商先租用三個月,每月的租金 4,000 元,於是新的一個月就此展開...

第一節 基本資料建立

這是五月份才想出來的新產品，ERP 裡當然不會有各項基本資料，因此首先就要依序把基本資料補齊：

一、新類別及新品號建立

庫存管理系統→基本資料管理→品號類別資料建立作業

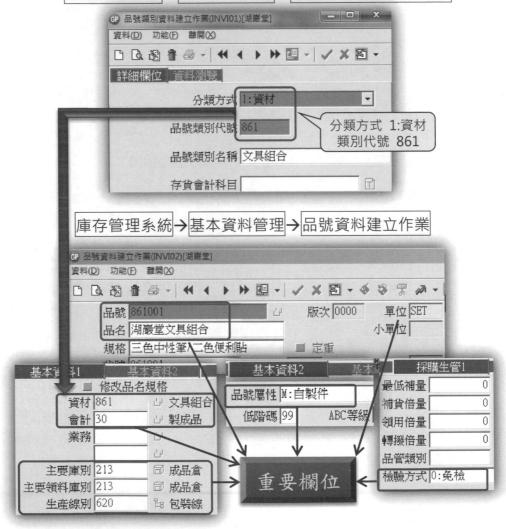

庫存管理系統→基本資料管理→品號資料建立作業

📎 圖 8.1 新品號類別及新品號資料建立 ✍

二、BOM 用量資料建立作業

　　基本資料下一步就是建立 BOM，一般在建立 BOM 之前都會先手繪 BOM，待確定之後再輸入 ERP 系統。圖 8.2 上半部為文具組合的 BOM 表，由於前面的章節中已經建立各色中性筆的 BOM，只要將各色中性筆的 BOM 帶進來就會變成圖 8.2 的下半部了（由於篇幅所限，故下展藍色中性筆之用料為代表）

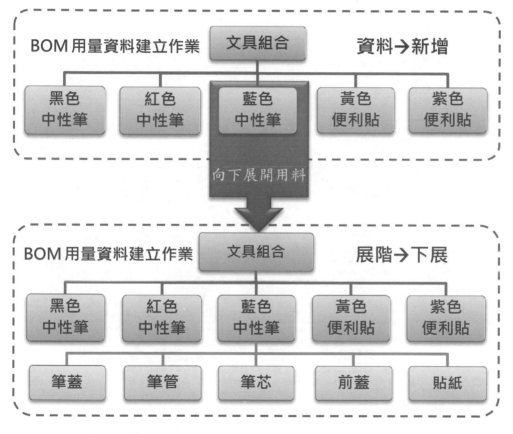

✎ 圖 8.2 新 BOM 建立及下展之二階 BOM ✍

　　建立 BOM 用量資料時每筆資料都只能建立一階的資料，如圖 8.2 上半部；若其中某一個元件本身也是 BOM 的主件時，系統就會自動連結組合成圖 8.2 的下半部。想看到 ERP 系統裡多階 BOM 的呈現方式，請於「BOM 用量資料建立作業」依圖 8.2 上半部建立文具組合 BOM。

　　各位建立完文具組合的 BOM 之後請記得要進行確認(圖 8.3)，
然後在上方的工具列中按下展階鈕，然後選擇「下展(Y)」功能，就會
出現 **861001** 的多階用量明細表：

256

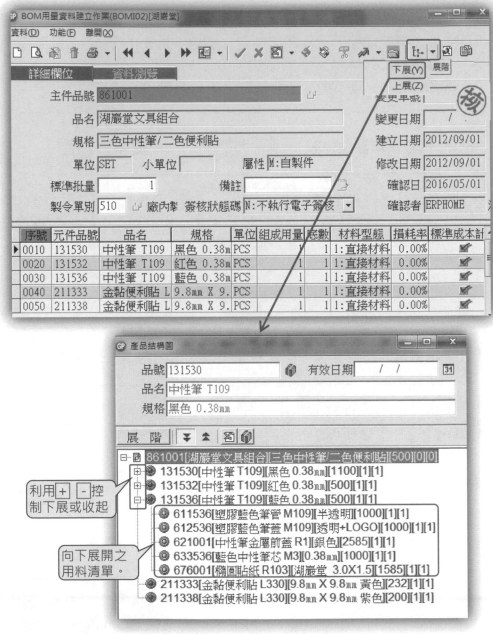

✎ 圖 8.3 BOM 之下展功能 ✍

三、 低階碼計算更新作業

建新 BOM 或 BOM 內容變更，務必執行「低階碼計算更新作業」，但在執行低階碼更新前，先看一下中性筆目前的低階碼是多少：

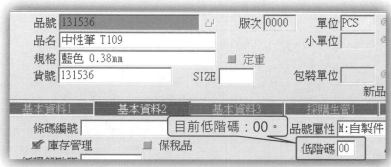

✎ 圖 8.4 低階碼計算更新前之低階碼 ✍

➢ 執行「低階碼計算更新作業」

在更新低階碼之後，再來看看 131536 現在的低階碼是多少？

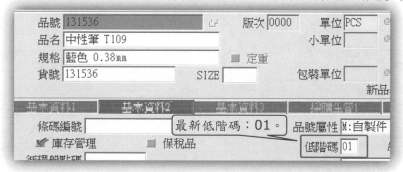

✎ 圖 8.5 低階碼計算更新後之低階碼 ✍

建立 861001 文具組合 BOM 之前，131536 藍色中性筆是系統裡的最終產品，也就是位於 BOM 最頂端，因此低階碼自然是 00(圖 8.4)。但在 861001 的 BOM 確認後，131536 就不再是最終產品，131536 相對於 861001 就變成半成品，因此低階碼就不再是 00，而是 01。

當然在低階碼更新作業執行完之後，不必每次都來檢查各品號的低階碼，但觀察 131536 低階碼的變化，發現在 2016/04 之前是 00 的低階碼，在 2016/05 時低階碼變成 01，代表品號的低階碼是可能隨著時間而變化。

第二節　開立廠內製令

為了測試市場水溫，決定先試產 500 組的文具組合。於是在 5/6 建立了一張廠內製令，考慮到新的材料採購時間會較長，因此把預計開工日定在 5/17，預計完工日定在 5/20。

製令/託外管理系統→日常異動處理→製造命令建立作業

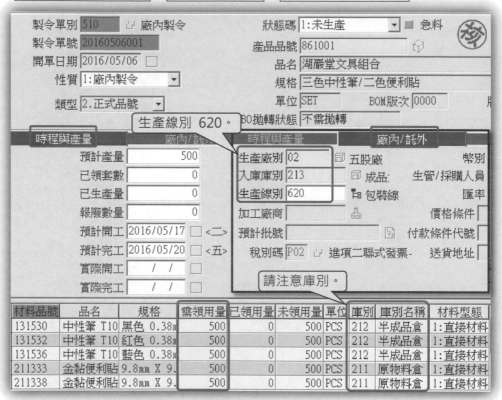

🖇 圖 8.6 文具組合 861001 之製令 ✏

依圖 8.6 建立製令的過程中，要特別注意的是庫別的正確性：

➢ 中性筆：生產完成後就進入 212 半成品倉，因此維持預設值。

➢ 便利貼：目前現有便利貼庫存均在 01 廠，但數量過少對生產幫助不大，若進行跨廠移轉不符成本效益，因此決定進行材料採購時直接將便利貼入庫到 02 廠的原物料倉，以提升領料效率。

第三節 生產材料進貨

在確定生產所需的材料之後，採購人員就向 **1001** 文群下採購單，對方也就在 **5/12** 將貨送到，所有材料都送到 **211** 原物料倉。

採購管理系統 → 日常異動處理 → 進貨單建立作業

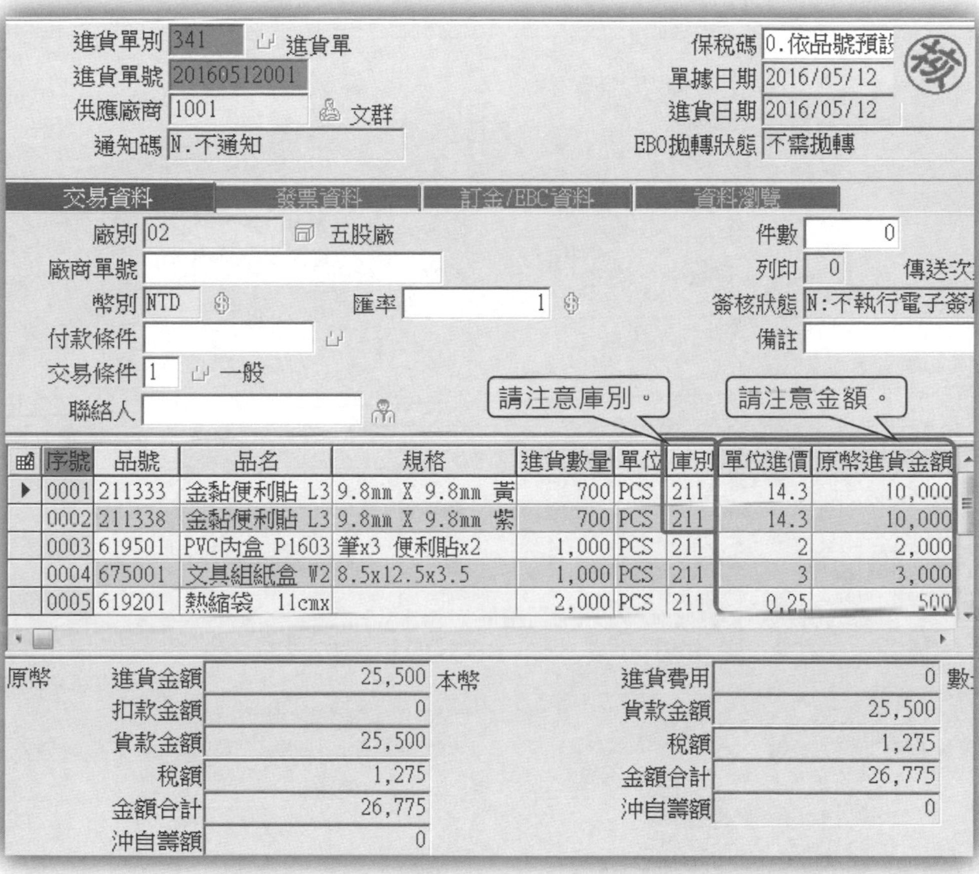

進貨單別	341	ㄩ 進貨單			保稅碼	0.依品號預設
進貨單號	20160512001				單據日期	2016/05/12
供應廠商	1001	文群			進貨日期	2016/05/12
通知碼	N.不通知				EBO拋轉狀態	不需拋轉

交易資料　　發票資料　　訂金/EBC資料　　資料瀏覽

廠別	02	五股廠		件數	0
廠商單號				列印	0　傳送次
幣別	NTD	匯率	1	簽核狀態	N:不執行電子簽核
付款條件				備註	
交易條件	1	一般			
聯絡人					

請注意庫別。　　請注意金額。

序號	品號	品名	規格	進貨數量	單位	庫別	單位進價	原幣進貨金額
0001	211333	金黏便利貼 L3	9.8mm X 9.8mm 黃	700	PCS	211	14.3	10,000
0002	211338	金黏便利貼 L3	9.8mm X 9.8mm 紫	700	PCS	211	14.3	10,000
0003	619501	PVC內盒 P1603	筆x3 便利貼x2	1,000	PCS	211	2	2,000
0004	675001	文具組紙盒 W2	8.5x12.5x3.5	1,000	PCS	211	3	3,000
0005	619201	熱縮袋　11cmx		2,000	PCS	211	0.25	500

原幣		本幣	
進貨金額	25,500	進貨費用	0　數
扣款金額	0	貨款金額	25,500
貨款金額	25,500	稅額	1,275
稅額	1,275	金額合計	26,775
金額合計	26,775	沖自籌額	0
沖自籌額	0		

✎ 圖 8.7 相關生產材料之進貨單 ✍

依圖 **8.7** 建立進貨單時，請特別注意便利貼的庫別要改成 **211**，進貨金額要手動調整為 **10,000** 元，不然便利貼就需要分庫調整…

至於沒有出現在 **BOM** 中的熱縮袋，的確是為了文具組合而購買，但由於單價低且容易有損耗，便直接作為生產線的費用不入 **BOM**。

第四節 廠內領料/生產入庫

材料到齊之後就要開始領料生產，只要製令正確加上進貨沒有問題，建立領料單和入庫單應會順利完成。為了確保成本能夠順利的結算，同樣擷取**廠內領料單**和**生產入庫單**之畫面供各位進行核對。

製令/託外管系統→日常異動處理→領料單建立作業

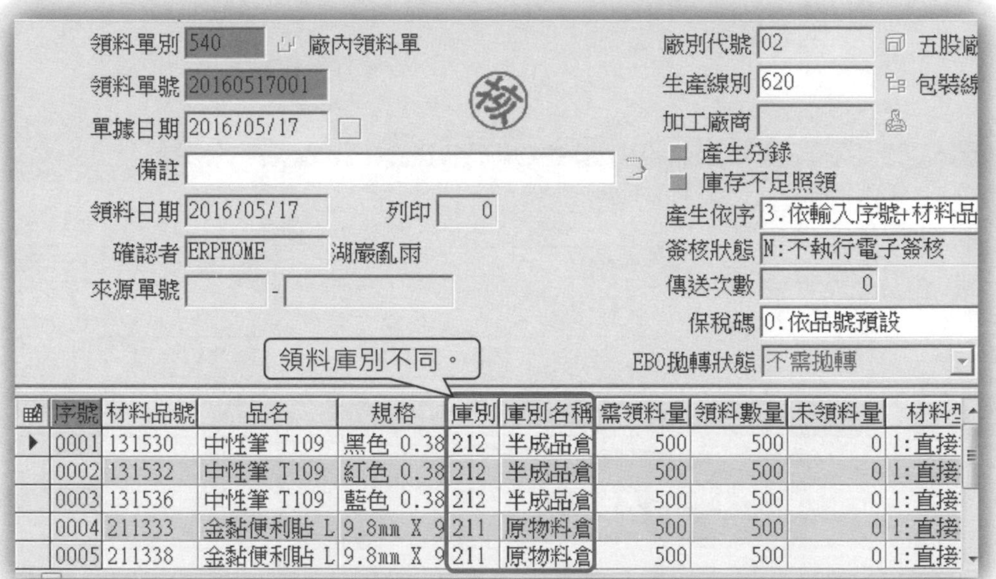

領料單別 540 廠內領料單
領料單號 20160517001
單據日期 2016/05/17
備註
領料日期 2016/05/17
列印 0
確認者 ERPHOME 湖巖亂雨
來源單號
廠別代號 02 五股廠
生產線別 620 包裝線
加工廠商
產生分錄
庫存不足照領
產生依序 3.依輸入序號+材料品
簽核狀態 N:不執行電子簽核
傳送次數 0
保稅碼 0.依品號預設
EBO拋轉狀態 不需拋轉
領料庫別不同。
序號 材料品號 品名 規格 庫別 庫別名稱 需領料量 領料數量 未領料量 材料型
0001 131530 中性筆 T109 黑色 0.38 212 半成品倉 500 500 0 1:直接
0002 131532 中性筆 T109 紅色 0.38 212 半成品倉 500 500 0 1:直接
0003 131536 中性筆 T109 藍色 0.38 212 半成品倉 500 500 0 1:直接
0004 211333 金黏便利貼 L 9.8mm X 9 211 原物料倉 500 500 0 1:直接
0005 211338 金黏便利貼 L 9.8mm X 9 211 原物料倉 500 500 0 1:直接

圖 8.8 文具組合 861001 之領料單

製令/託外管系統→日常異動處理→生產入庫單建立作業

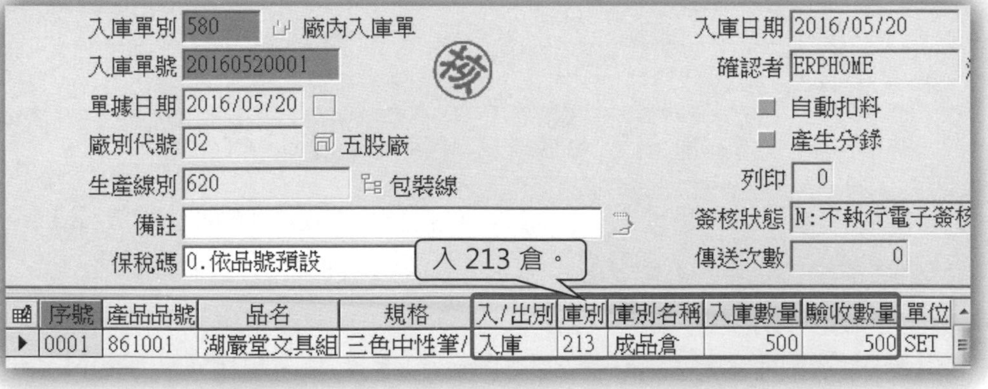

入庫單別 580 廠內入庫單
入庫單號 20160520001
單據日期 2016/05/20
廠別代號 02 五股廠
生產線別 620 包裝線
備註
保稅碼 0.依品號預設
入庫日期 2016/05/20
確認者 ERPHOME
自動扣料
產生分錄
列印 0
簽核狀態 N:不執行電子簽核
傳送次數 0
入 213 倉。
序號 產品品號 品名 規格 入/出別 庫別 庫別名稱 入庫數量 驗收數量 單位
0001 861001 湖巖堂文具組 三色中性筆/ 入庫 213 成品倉 500 500 SET

圖 8.9 文具組合 861001 之生產入庫單

第五節　閒置成本之計算

終於進入本書最後一次的月結程序，一切還是要按部就班進行：

➤ 確認單據完整性：只有四張單，應該問題不大吧。

➤ 設定帳務凍結日：**2016/05/31**

➤ 現有庫存重計：**2016/05**

➤ 月底成本計價：**2016/05**

➤ 製令工時建立：先用「製令工時產生作業」產生製令工時檔，再以「製令工時建立作業」查詢生產線別 **620** 的製令工時後，將使用人時和使用機時修改為圖 **8.10** 的內容。

基本資料管理系統→建立作業→生產線資料建立作業

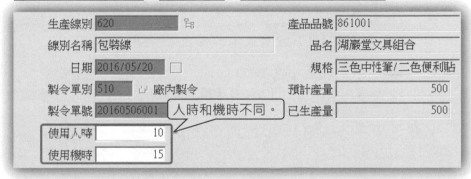

✎ 圖 **8.10** 生產線資料建立作業 ✍

　　雖然只花了 **10** 個小時就把 **500** 套文具組合組裝完成，但是由於對熱縮機的操作不熟悉，導致花了 **15** 小時(機時)才完成包裝作業。

➤ 線別工時彙總：**2016/5**

在執行完「線別工時彙總作業」之後，就會產生一筆資料：〔生產線別：**620**〕／〔年月：**2016/05**〕的線別成本檔。**620** 和 **610** 的不同點就在於 **620** 多了一台租來的熱縮機，而這台機器會有「閒置產能」，因此產生「閒置成本」。

> ➤ 線別成本建立作業：生產線別：620/年月：2016/05

成本計算管理系統 → 基本資料管理 → 線別成本建立作業【查詢】

				人工		機器	
生產線別	620		實際產能	D	10	E	15
線別名稱	包裝線		標準產能		150	F	160
年月	2016/05		閒置產能		140		145
人工成本	A	1,000					

製造費用			−	閒置製費		=	應分攤製造費用	
一	B	2,000	變動/人時 −		0	=	K	2,000
二	C	4,000	固定/機時 −	L	3,625	=	M	375
三		0	變動/人時		0	=		0
四		0	無		0	=		0
五		0	無		0	=		0
合計	R	6,000	−	S	3,625	=	T	2,375

本月單位人工	X	100	人時	標準單位人工	100
本月單位製費	Y	225		標準單位製費	200

✎ 圖 8.11 線別成本各欄位之說明 ✍

生產線 620 線別成本不像 610 般單純，因為多了「製造費用二」，而製費的分攤依據各自不同，也出現了閒置製費。以下就各重要欄位進行說明：

A：本月所產生的所有人工成本 1,000 元，在此作業輸入。

D：本月耗用的所有人工小時 10，來自於線別工時之彙總。

X：本月每小時之人工成本 $= \dfrac{A}{D} = \dfrac{1,000}{10} = 100$ 元

B：本月會隨產出而增加的製費 2,000 元，類型為「變動」。

K：由於「製造費用一」類型為變動，因此 2,000 元都分攤在本月。
本月單位製費(一)：由於 B 的分攤依據為「人時」，因此分攤依據就 D 而不是 E，因此 (本月單位製費)其中一部份的製費計算式為

$$= \frac{K}{D} = \frac{2,000}{10} = 200 \text{ 元}$$

C：本月不會隨產出而增加的製費 4,000 元。

　　類型為「固定」：表示需要計算閒置製費。

　　分攤依據為「機時」：表示計算閒置製費時，計算依據為「機器」
　　　　　　　　　　　　的實際產能 E 和標準產能 F。

E：本月耗用的所有機器小時 15，來自於線別工時之彙總。

F：來自於生產線設定的標準產能 160 小時，有必要時可以修改。

G：標準工時和實際工時之差額：G=F-E=160-15=145，
　　　　　　　　　　　　　　　　　　最小值為 0。

L：在標準產能>實際產能時不計入本月產品成本之製費。

$$= C \times \frac{G}{F} = 4,000 X \frac{145}{160} = 3,625$$

M：分攤在本月的非閒置製費，M=C-L=4,000-3,625=375。

　　而本月機器的實際產能為 15 小時，因此每小時分攤的製費為

$$= \frac{M}{E} = \frac{375}{15} = 25 \ 元$$

Y：本月單位所分攤的製費就是製造費用一和製費費用二的「應分攤
　　製造費用」的單位成本總和：

$$Y = \frac{製造費用一之應分攤製費費用}{人工之實際產能} + \frac{製造費用二之應分攤製造費用}{機器之實際產能}$$

$$= \frac{K}{D} + \frac{M}{E} = \frac{2,000}{10} + \frac{375}{15} = 200 + 25 = 225$$

　　R 是本期投入的總製費 6,000，其中 4,000 元是租熱縮機的費用，
不論用這台機器幾個小時都是要付 4,000 元的租金，所以屬於固定的
製造費用。而假設一個月應該可以運轉 160 小時，那麼每個小時應該
只需攤提 25 元，但如果產量不穩定的話就會造成每個小時所分攤的製
費會大幅波動。例如這個月只有使用 15 小時，那一小時就變成要分攤

266.7 元，因此在實際工時低於標準工時的時侯，就用標準工時來計算每小時該分攤的製費，而中間的差額就是閒置成本。

若能將閒置成本排除在正常製費分攤之外，在進行成本分析時就可以避免因為產能不足，導致製費比率異常升高，而造成分析上的誤判。而閒置成本當然不能就這麼憑空消失，因此計算出來的閒置製費就要歸入銷貨成本來處理。以本例來說就是 S 的 3,625 元，而把 R - S 所得到的 T 就是真正在本月攤入 620 生產線的製造費用 2,375 元。

這裡要提醒一下，計算閒置成本主要是為了避免閒置的產能造成單位製費的異常上升，而導致進行各期成本比較時失去一個合理的基準。因此如果實際產能高於標準產能時，閒置產能自然就不存在。

如果 620 包裝線的標準產能是 160，目前實際產能是 15，那麼本月分攤的單位製費就是 25 元：

$$\frac{製造費用二}{標準工時} = \frac{4,000}{160} = 25$$

如果實際產能是 200 小時，那麼單位製費就變成 20 元：

$$\frac{製造費用二}{實際工時} = \frac{4,000}{200} = 20$$

瞭解何種狀況的製費該列為變動或固定之後，各位在規劃製費的類別時，要考慮到製造費用實際發生的狀況。當然同時也要考量到製費的分類該以人工或是機器的產能為依據，更重要的是建立線別成本的人，一定很清楚製造費用該放到製造費用一還是該填入製造費用二。

如果無法取得標準工時及實際工時，將所有製造費用在當期攤提，這時便無法將閒置成本排除，因此 620 包裝線的製造費用就從 2,375 元變成 6,000 元(圖 8.12)，製造費用便增加 152%，便會造成相同的生產資訊卻結算出不同的成本。

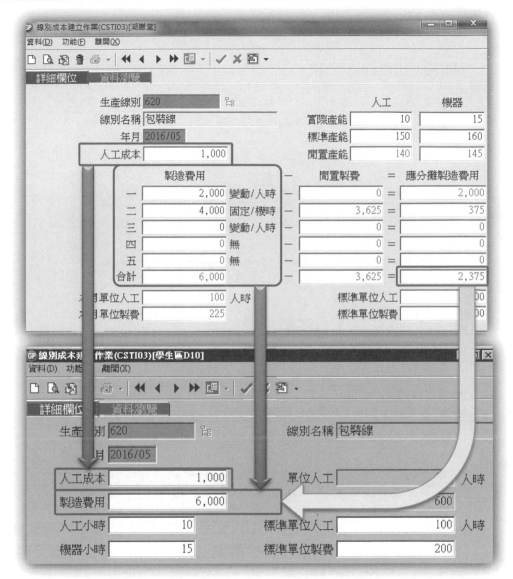

✎ 圖 8.12 不同版本之線別成本建立作業對照圖 ✐

若讀者使用的是 Workflow ERP GP2.6 版,線別成本中只能輸入
一組製造費用,成本結算的結果會與本書有差異,各位可依圖 8.12 下
半部的製費試算成本結算之結果,與本書之範例進行比較。

第六節 成本低階碼之比較

建立完成線別成本之後，下一步就是成本低階碼的更新：

成本計算管理系統→批次作業→成本低階碼計算更新作業

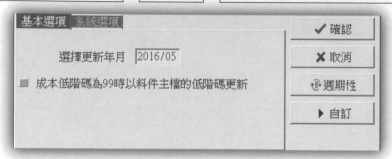

✎ 圖 8.13 成本低階碼計算更新作業 ✐

在成本低階碼更新完畢之後，執行「品號成本低階碼維護作業」查詢品號「131536」的成本低階碼。

成本計算管理系統→基本資料管理→品號成本低階碼維護作業

年月	品號	低階碼	單位	品名	規格	庫存管理	品號屬性
2016/03	131536	00	PCS	中性筆 T109	藍色 0.38mm	✔	M:自製件
2016/04	131536	00	PCS	中性筆 T109	藍色 0.38mm	✔	M:自製件
2016/05	131536	01	PCS		0.38mm	✔	M:自製件

（成本低階碼 00。）
（成本低階碼 01）

✎ 圖 8.14 藍色中性筆不同月份之成本低階碼 ✐

各位可以從圖 8.14 中看到 131536 這個品號在 2016/03 和 2016/04 這二個月份的成本低階碼是 00，但在 2016/05 因為 131536 變成了 861001 的材料之一，因此從最頂階向下降了一階，因此在 2016/05 時成本低階碼變成 01。

意即一個品號會因為 BOM 的變化，在不同月份呈現不同低階碼。如果在當月都能完成所有成本的計算自然是最好，但如果在 2016/05 想重新驗算 2016/03 的成本時，就需要有 2016/03 的低階碼才行。因此系統每個月留下一個成本低階碼，除了可以提供日後重新計算成本之用外，亦可用於一些特殊狀況的成本處理。

第七節 下階成本之說明

成本低階碼重計完之後，月結程序要繼續往下進行：

➢ 成本異常檢視表(月結前)：**2016/05**

➢ 生產成本計算作業：**2016/05**

生產成本計算完畢之後，請執行「製令成本建立作業」，查詢 **510-20160506001** 的製令成本檔：

成本計算管理系統 → 基本資料管理 → 製令成本建立作業

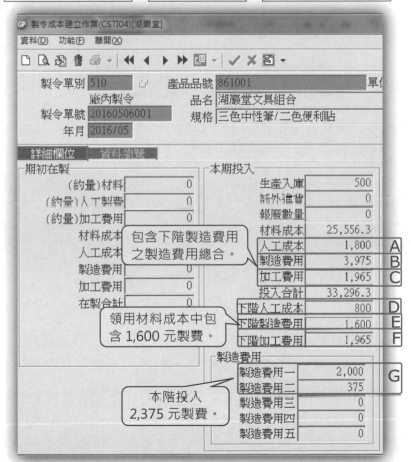

◤ 圖 8.15 文具組合 861001 製令成本分析-1 ◢

直接看 510-20160506001 的製令成本檔,雖然某些數字加加減減有後有一定的關聯,但到底這些數字是怎麼算出來的呢?先將各品號的月檔成本繪製成圖 8.16,開始進行核算成本。

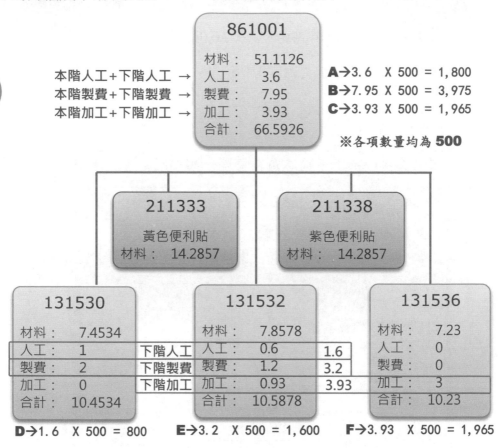

本階人工+下階人工 →
本階製費+下階製費 →
本階加工+下階加工 →

861001	
材料:	51.1126
人工:	3.6
製費:	7.95
加工:	3.93
合計:	66.5926

A→3.6 X 500 = 1,800
B→7.95 X 500 = 3,975
C→3.93 X 500 = 1,965

※各項數量均為 500

211333	
黃色便利貼	
材料:	14.2857

211338	
紫色便利貼	
材料:	14.2857

131530	
材料:	7.4534
人工:	1
製費:	2
加工:	0
合計:	10.4534

下階人工
下階製費
下階加工

131532	
材料:	7.8578
人工:	0.6
製費:	1.2
加工:	0.93
合計:	10.5878

1.6
3.2
3.93

131536	
材料:	7.23
人工:	0
製費:	0
加工:	3
合計:	10.23

D→1.6 X 500 = 800　　E→3.2 X 500 = 1,600　　F→3.93 X 500 = 1,965

✎ 圖 8.16 文具組合 861001 製令成本分析-2 ✐

在圖 8.16 中可以看見,雖然五月份只有一張生產 861001 的廠內製令,但是月檔成本中卻出現了加工費的成本,表示有非此製令生產過程中所產生的人工和製費存在。這些成本都是來自於領用材料其成本中所包含的人工、製費和加工費,也就是「下階成本」。

各種成本的分析報表,主要的分析重點在各種成本所佔的比例上。也就是說一個經過數次加工的產品,成本中有多少是純材料成本;多少是數次加工後累積所得的人工、製費或加工費,皆為成本分析上的重要

指標，因此在 861001 的月檔成本中記錄的人工、製費或加工費，就是已經包含下階成本的累計人工成本、製費成本或加工成本。

而 861001 的製令成本如何能計算出所領用的材料中，有多少材料成本、多少是人工、製費或加工費呢？當然是成本男主角「成本月檔」所提供。因此從圖 8.16 中各月檔的單位成本再乘上數量，就能計算出圖 8.15 中 A~F 的成本。當然前提是因為剛好所有數量都是 500 而且都沒有任何損耗不良的狀況下所得之成本。實務上在用類似圖 8.15 的方法在核算成本時，各製令成本應個別標明數量為宜。

假設 131530 或其他中性筆在本月份有製令存在的話，861001 的製令成本會採用 131530 的製令成本還是 131530 的月檔成本呢？回到第一章介紹製造業成本的計算原則，不管在任何情況下都是擷取 131530 的月檔成本資訊作為 861001 的成本計算依據，不會因為 131530 在本月份有沒有製令存在而有所不同。

圖 8.15 中 ABC 三個數字是此製令的成本總和；DEF 是下階所產生的成本總和，中間的差額就是此製令所產生的人工製費及加工費。下階成本是來自於各材料的月檔，只要數量資訊正確，DEF 的資訊應該是不會有問題的。但由於製令成本(圖 8.15)中沒有單獨顯示此製令所投入的各種成本，自然就要從 ABC 和 DEF 的差額中來驗算一下：

> 本階投入人工 = 本期投入[人工成本] − 本期投入[下階人工成本]
> $= A - D = 1,800 - 800 = 1,000$
>
> 本月只有一張製令，而圖 8.11 中的「線別成本建立作業」中的人工成本(A)1,000 應全額攤到此製令中，故為 1000。

> 本階投入製費 = 本期投入[製費成本] − 本期投入[下階製費成本]
> $= B - E = 3,975 - 1,600 = 2,375$
>
> 製費計算和人工成本相同，由於本月只有一張製令，所以線別成本中的所有製費都該由此製令分攤。

但由於閒置成本之影響，本階投入製費的計算就不能直接將本月生產線 620 的所有製費都攤進此製令，加上線別成本中有製造費用一和製造費用二，因此要分二部份進行計算：

G 製造費用一 = 月檔之應分攤製造費用一 × $\dfrac{\text{本製令生數數量}}{\text{本月所有製令生產總數}}$

製費分攤為【變動】，線別成本(圖 8.11)中製造費用一的〔應分攤製造費用(K)〕2,000 元，全數計入。

G 製造費用二 = 月檔之應分攤製造費用二 × $\dfrac{\text{本製令生數數量}}{\text{本月所有製令生產總數}}$

製費分攤為【固定】，線別成本(圖 8.11)中製造費用二的〔應分攤製造費用(M)〕375 元，全數計入。
＊此金額已扣除「閒置製費」(L)→ 4,000-3,625=375

因此本階投入製費為 2,000 + 375 = 2,375 元，

本階投入加工 = 本期投入[加工成本] − 本期投入[下階加工成本]
= C − F = 1,965 − 1,965 = 0

廠內製令當然不可能有加工成本，如果有那就代誌大條了。

大部份的製造業都會有半成品產生，自然就會有下階成本的出現。但如果每個月檔又另外標明本階投入的成本，那麼製令成本檔的內容可能就更顯複雜難懂。因此如果需要驗證本階投入的各種成本時，可參考本章節內容進行計算。如果只是一般的成本計算，則不必特別在意下階成本的數字。

本節重點介紹「下階成本」，因此略過材料成本的說明，各位可自行推算材料成本之變化。

第八節 成本月結程序(分庫成本調整)

在了解了製令成本中的下階成本之後，可從品號資料(圖 8.17)中查得 861001 的單位成本是 **66.5926** 元，符合圖 8.16 的成本解析：

品號 861001	版次 0000	單位 SET	庫存數量	500
品名 湖巖堂文具組合		小單位	庫存金額	33,296.3
規格 三色中性筆/二色便利貼	含下階成本的成本。	單位成本	66.5926
貨號 861001	SIZE	包裝單位	包裝數量	0

✎ 圖 8.17 文具組合 861001 的庫存成本 ✐

確定製令成本和存貨成本正確，繼續完成 **2016/05** 的月結程序：

➤ 成本異常檢視表：**2016/5** (含製令成本)
確認 8 頁內容均「報表沒有資料」之後進行下一步。

➤ 自動調整庫存成本作業：**2016/05**

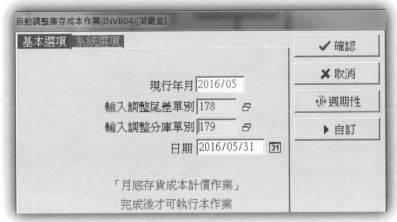

✎ 圖 8.18 自動調整庫存成本作業 ✐

執行完畢之後別忘了到佇列工作控制台查詢執行結果：

✎ 圖 8.19 自動調整庫存成本之執行結果 ✐

與第七章相同產生兩張分庫調整單，表示兩個廠都有分庫調整單：

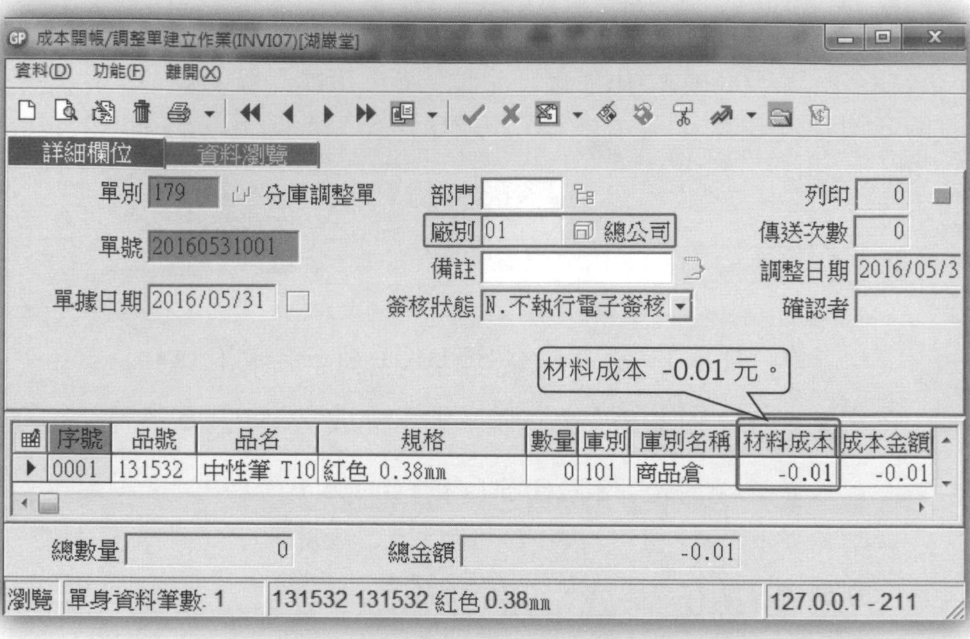

📎 圖 8.20 總公司的分庫調整單 🎥

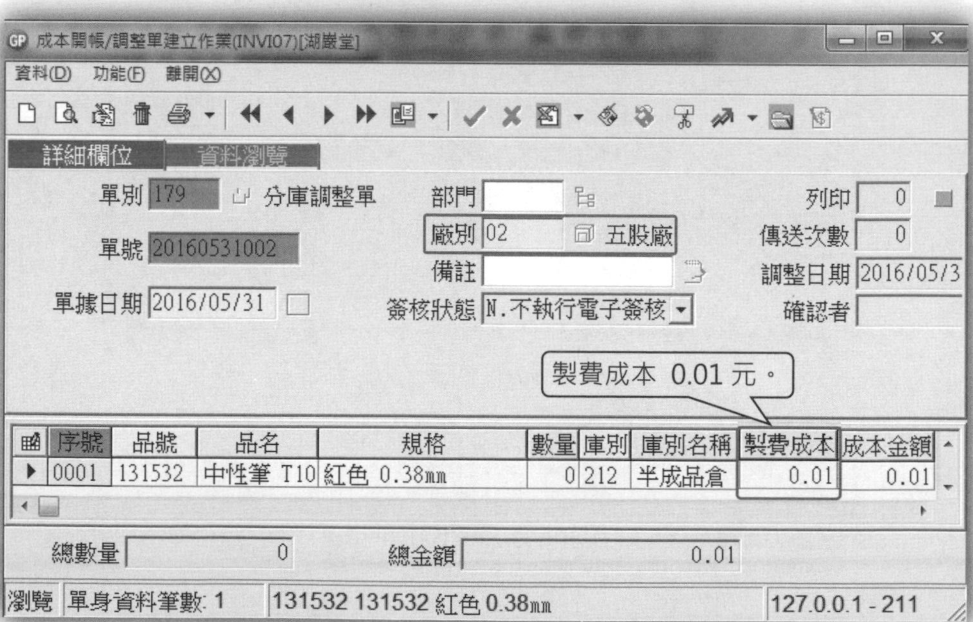

📎 圖 8.21 五股廠的分庫調整單 🎥

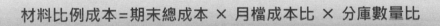

品號 131532
庫存年月 2016/05　　　單位 PCS
月初總數量 (A1) 1,000　　品名 中性筆 T109
月初總成本 10,587.76　　規格 紅色, 0.38mm
　　　　　　　　　　　備註

料工費資料　　資料瀏覽

月初成本-材料 (A2) 7,857.77　　單位成本 (B1) 10.5878
月初成本-人工 600　　單位成本-材料 (B2) 7.8578
月初成本-製費 1,199.99　　單位成本-人工 0.6
月初成本-加工 930　　單位成本-製費 1.2
　　　　　　　　　　　單位成本-加工 0.93

庫別	庫別名稱	庫性	月初成本	月初數量	本月領料數量	本月成本-材料	期末成本
101	商品倉	1:存貨倉	1,058.78 (C1)	100 (C2)	0 (C3)	0 (C4)	1,058.78
212	半成品倉	1:存貨倉	9,528.98 (D1)	900 (D2)	500 (D3)	-3,928.9 (D4)	4,235.08

✎ 圖 8.22 紅色中性筆 131532 的月檔資料 ✐

依圖 8.22 的月檔資料來計算分庫成本差，首先計算 101 倉：

材料比例成本=期末總成本 × 月檔成本比 × 分庫數量比

131532 紅色中性筆 101 倉材料比例成本

$$期末成本總和 \times \frac{[單位成本-材料]}{單位成本} \times \frac{101倉[月初數量+本月異動量]}{月初總數量+各庫本月異動量}$$

$$= (C4 + D4) \times \frac{B2}{B1} \times \frac{C1 - C2}{A1 - C2 - D2}$$

$$= (1,058.78 + 4,235.08) \times \frac{7.8578}{10.5878} \times \frac{100 \quad 0}{1,000 - 0 - 500} = 785.77$$

✎ 圖 8.23 先計算出材料比例成本 ✐

材料現時成本＝〔月初成本-材料〕＋〔本月成本-材料〕

131532 紅色中性筆 101 倉材料現時成本

$$= 101 倉月初成本 \times \frac{101 倉月初數量}{月初總數量} + 101 倉[本月成本 - 材料]$$

$$= 7,857.77 \times \frac{100}{1,000} + 0 = 785.78$$

✎ 圖 8.24 再計算出材料現時成本 ✐

101 倉之分庫調整成本 ＝ 材料比例成本 － 材料現時成本
$$= 785.77 - 785.78 = -0.01$$

✎ 圖 8.25 五股廠的分庫調整單 ✐

圖 8.23 到圖 8.25 的結果驗證圖 8.20 的調整金額-0.01 無誤，各位可以依樣畫葫蘆來驗證圖 8.21 的數字。

在確定調整單的數字正確之後，當然要記得確認後才能生效：

➤ 調整帳務凍結日：2016/05/30

➤ 確認分庫調整單：179-20160531001/179-20160531002

➤ 月底存貨結轉：2016/05

完成了 2016/05 的月結程序之後，本書的課程內容也告一段落，短短十多萬字，當然無法將製造業的成本結算說明完整，但希望能帶給讀者一個了解 ERP 成本結算的基礎，讓大家對製造業的成本結算有初步的認識，打好未來學習 ERP 進階（在製成本/重工成本/聯產品成本/製程在製程成本/成本分析...）的基礎，同時對於有心學習 ERP 導入的讀者而言也是必備之能力之一，衷心希望有更多人能讓 ERP 成為工作上的最佳拍檔。

筆者不定期於全台各地開辦 ERP 相關課程
(ERP 職能別課程/ERP 成本班/ERP 導入實務顧問養成班)，亦提供 ERP 相關課程之企業內訓。
歡迎至 湖巖堂企業管理顧問公司 網站查詢相關資訊。

275

ERP 職能別課程：業務/採購/倉管/生管/會計/MIS。

ERP 成本班：成本初階班/成本進階班。

ERP 導入實務顧問班：各項導入技巧及實際參與 ERP 導入。

若各位對本書內容有寶貴的意見，或有其他 ERP 成本結算或是 ERP 導入的問題，都歡迎各位利用筆者 FB 粉絲團
ERP 之湖巖亂雨　與筆者聯絡。

若有讀者在大陸地區工作或是有大陸的朋友對於 ERP 的成本結算有寶貴意見要進行交流的話也可以參考筆者的微博：
ERP 之湖巖亂雨

N世代人文精神的文藝復興

早上，在台北訂購了一本書送給遠在紐約的朋友
晚餐後，你們已經一同分享書裡的笑話

一條新的絲路已然成形，
流通模式不再是商品經濟，
而是知識經濟，
新絲路網路書店與華文網網路書店
為新世代的知識流通寫下新頁。

極致的尊崇、無上的便利、滿載的豐收
——線上愛書人最佳的藝文據點及諮詢顧問。

新絲路
華文網 網路書店為您提供四大服務：
1. 便利商店出貨滿額免運費、團購優惠
2. 讀書樂留言、好書隨意貼、推薦給好友
3. 紅利積點回饋、VIP會員入會贈書
4. 免費訂閱電子報

新絲路網路書店 http://www.silkbook.com　　華文網網路書店 http://www.book4u.com.tw

知識・服務・新思路　Your Personal Knowledge Service

● 客服專線：02-8245-8318
● 客戶服務傳真：02-8245-3918
● (235)新北市中和區中山路二段366巷10號10樓
● E-mail：service@mail.book4u.com.tw
● 客服時間：09:00-12:00、13:30-18:30
（週一至週五）

國家圖書館出版品預行編目資料

ERP成本結算實務入門／胡德旺（湖巖亂雨）著. ----新北市：集夢坊, 民103.04　　面；　公分

ISBN　978-986-90110-2-0（平裝）

1. 管理資訊系統

494.8　　　　　　　　　　　　　　102025966

～理想的推手～

理想需要推廣，才能讓更多人共享。采舍國際有限公司，為您的書籍鋪設最佳網絡，橫跨兩岸同步發行華文書刊，志在普及知識，散布您的理念，讓「好書」都成為「暢銷書」與「長銷書」。

歡迎有理想的出版社加入我們的行列！

采舍國際有限公司行銷總代理
angel@mail.book4u.com.tw

全國最專業圖書總經銷
台灣射向全球華文市場之箭

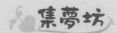

ERP成本結算實務入門

出版者●集夢坊·華文自資出版平台

作者●胡德旺（湖巖亂雨）

印行者●華文聯合出版平台

出版總監●Elsa

副總編輯●Sharon

責任編輯●Nash

美編設計●Jimmy

內文排版●胡德旺（湖巖亂雨）

台灣出版中心●新北市中和區中山路2段366巷10號10樓

電話●(02)2248-7896　　　　　傳真●(02)2248-7758

ISBN●978-986-90110-2-0

出版日期●2015年9月二刷

郵撥帳號●50017206采舍國際有限公司（郵撥購買，請另付一成郵資）

全球華文國際市場總代理●采舍國際 www.silkbook.com

地址●新北市中和區中山路2段366巷10號3樓

電話●(02)8245-8786　　　　　傳真●(02)8245-8718

全系列書系永久陳列展示中心

新絲路書店●新北市中和區中山路2段366巷10號10樓　　　　電話●(02)8245-9896

新絲路網路書店●www.silkbook.com

華文網網路書店●www.book4u.com.tw

跨視界·雲閱讀 新絲路電子書城 全文免費下載

版權所有　翻印必究

本書由著作人自資出版，透過全球華文聯合出版平台（www.book4u.com.tw）印行，並委由采舍國際有限公司（www.silkbook.com）總經銷。採減碳印製流程並使用優質中性紙（Acid & Alkali Free）與環保油墨印刷，通過碳足跡認證。

華文自資出版平台
www.book4u.com.tw
mybook@mail.book4u.com.tw

全球最大的華文自費出書集團
專業客製化自助出版·發行通路全國最強！